谨以此书致敬心怀梦想的人！

数据驱动设计创新

智能算法在产品设计中的应用

李月恩　周宁昌　王　强　著

化学工业出版社
·北京·

内容简介

本书基于大数据和人工智能技术，深入阐述了AHP、回归分析、神经网络、感性工程学、因子分析、K-平均算法、大数据聚类分析、数据挖掘技术、云计算、蚁群算法等方法在产品设计和设计创新中的实际应用。

本书案例丰富，实用性强，适合数据分析师、研发工程师、产品经理、产品运营者、设计学者、产品设计师，以及其他对数据感兴趣、并希望借助数据力量的人群阅读和参考。

图书在版编目（CIP）数据

数据驱动设计创新：智能算法在产品设计中的应用/李月恩，周宁昌，王强著.—北京：化学工业出版社，2022.1（2023.4重印）

ISBN 978-7-122-40146-5

Ⅰ.①数… Ⅱ.①李… ②周… ③王… Ⅲ.①人工智能-应用-产品设计 Ⅳ.①TB472-39

中国版本图书馆CIP数据核字（2021）第215810号

责任编辑：王　烨　　文字编辑：陈小滔　袁　宁
责任校对：李　爽　　装帧设计：刘丽华

出版发行：化学工业出版社（北京市东城区青年湖南街13号　邮政编码100011）
印　　装：天津盛通数码科技有限公司
787mm×1092mm　1/16　印张14½　字数350千字　2023年4月北京第1版第3次印刷

购书咨询：010-64518888　　售后服务：010-64518899
网　　址：http://www.cip.com.cn
凡购买本书，如有缺损质量问题，本社销售中心负责调换。

定　　价：79.80元

序

我与李月恩博士的渊源，要追溯到十年前。当时我在芝加哥哥伦比亚艺术学院产品设计专业任教——在美国大学里任教的华裔虽多，但是在艺术和设计行业的华裔教授却是凤毛麟角。当我在美国工业设计师协会的年会上有幸遇到普渡大学的钱振宇博士时，可谓一见如故，此后一直互相扶持。普渡大学作为世界排名前列的综合性研究型大学，具有更强的包容性，提供了非常优秀的进行跨学科研究的平台，吸引了众多各国顶尖的人才。年轻有为的钱博士和她的同事们招募了许多来自中国的访问学者，李月恩博士便是其中一员。

而芝加哥作为离普渡最近的大都市，有着悠久的设计传统，是美国中西部最为知名的设计之都。当普渡的中国访问学者们通过钱博士联系到我时，我自告奋勇为他们联系了两所大学的设计学院，进行了深入的交流。因此，原本没有交集的我和李博士，便这样有了第一次会面。短短数日的朝夕相处，让我对李博士的求知若渴留下了深刻的印象，他不仅是个严谨细致的学者，而且还是一名有魄力和雄心的实干家。

现代通信科技无远弗届，使天涯若比邻，我和李博士虽芝加哥一别数年，但一直保持着联系，直到 2017 年才等到了再次相聚的机会。在他的热情安排下，我前往济南为山东建筑大学讲学一周，深深为山东建筑大学师生们的创新精神所折服。

而我和周宁昌教授相识在他所创建的“中国工业设计学者联盟”微信群中，不仅合作了一篇在国际设计研究会议上发表的论文，也在数次回国期间得到了他的热心支持，参观了多家企业，收获颇丰。

当这两位年轻有为的学者邀请我为他们的新书《数据驱动设计创新：智能算法在产品设计中的应用》写序时，我是诚惶诚恐的。我对这个设计行业中的前沿研究方向认识十分粗浅，怀着对新知识的期盼，我认真拜读了这本著作。对于不熟悉统计学和大数据分析的设计师来说，这本书的确比较艰深，但它的价值也恰在此处：用量化过程来对产品设计和产业创新进行指导和分析，是大势所趋，理解这些方法论的设计人才和企业才能在时代变革中抢抓机遇，立于不败之地。

中国设计师和学者在量化分析方面有着独特的优势：一方面，近二十年中国的信息化产业高速发展，大大领先于世界，用大数据技术推动产业创新不仅是国家的发展规划重点，也是企业提高核心竞争力的必由之路；另一方面，作为一个人口大国，中国互联网的蓬勃发展积累了海量数据，这种丰富的数字资源是其他国家难以比拟的。中国强大的基础数学教学体系，也让中国设计师普遍更容易接受量化分析方法。

这本书对于设计专业的研究生尤其具有重要的参考作用，集中弄懂吃透和应用本书里的一两种分析方法，就能使我们的研究更容易得出能说服人的成果。一直以来，设计研究借用了文化人类学中的很多方法，侧重于研究人的生活状态和行为的定性研究，解读人的自然属性和社会属性，并从大量的观察和用户访问中提取 insights（独一无二的观点），来指导设计实践。然而，定量研究和定性研究并不是互相排斥的，而是互补的。我们看到，如今越来越多的研究混用两种研究体系：利用分析大数据得到初步的宏观方向，再集中精力小规模进行耗时耗力的用户观察，进一步提炼出解决问题的办法，再利用大数据分析设计方案的可行性。

而且，设计师与工程师的合作是否良好，决定了大工业产品生产的成败，一般来说工程师对于量化分析方法更加熟悉，如果设计师也懂得用这些“语言”与工程师交流，那么合作将更加愉快和顺利。而从学科的设置来说，许多工业设计专业归属于机械或者工程学院，掌握这些方法也能促进跨学科研究。

我为作者们敢于在这样一个前途广大的领域开创先河感到敬佩！同时我也想提出，量化分析虽然用了数学的方法，但仍然依赖于设计师对设计问题的感性认知。只有一个对生活敏感、共情能力强的设计师，才能洞察需要采集什么数据和如何转换量化分析的结论到造型和生产中。

共勉。

黄　涛

博士，南伊利诺伊州立大学卡本戴尔分校设计系副教授

2020 年 10 月 美国

自序

若以十年计，弹指一挥间，按照每个弹指时间0.28秒计算，大约需要10亿次，这不是一个小数字。

这本书从开始准备到今天的完成大约也是十年时间。十年前，由于各种原因，在茫茫学海中迷失了方向，幸好有一天一个如“救命稻草”般的词语出现在我的面前：大数据。

于是乎，“数字与公式、算法与代码”于我而言，便开始了这一领域穹幕下的“裸奔”。巧得很，博士期间的那一点点神经网络的知识竟然成了我以后在数字化驱动设计创新道路上的指路明灯，所有的数字化设计的思路和方法竟然也从一片荒芜的土地上开始生根发芽。

这个过程无疑是充满挑战与困难的，但也极具诱惑！时至今日，我一直信奉：“选择最短路径的同时绝对要具有克服重重困难的那一颗耐受寂寞和压力的心”。但同时也知道：“在未知领域的知识获取才是对自己的一种磨练，开展未有的研究才是人生快意的燃点。激情与自由从来不缺席科学研究”。

大数据与人工智能是这个时代科学与技术中最有特色的技术符号，必然扫过所有的科学高地。已然发现，很多地方的各种新知识和技术已经熠熠生辉，并涌现出让这个时代自豪的大量成果。然而，不可否认，在我所从事的专业，这里还并非是知识高地，甚至是常常被世人忽视的凹地，自我救赎和攀登依然是走出困境的唯一在握的工具。

于是，积跬步汇细流，困境后，终于看到丝丝曙光。2019年秋季开始着手，疫情期间的卧案整理与写作，至2020年6月份与化学工业出版社敲定出版事宜，暑期在老家“蜗牛乐园”内修改，终于在黄金十月得初稿。

这本书，不是完美之作，确有仓促应景之因，也曾几度停滞。书中太多研究还未来得及展开，研究也不深入，甚至自知某些地方还有些瑕疵，所用的方法也有不足之处，所选的案例也比较简单和初级。但是，这本书完全有可能让你从另一个视角重新看设计创新，这本书也完全可能给你一种新思路，也是一本让你看到数学、数字、数据对设计创新产生作用的书。也许，一本书，在浩瀚的知识宇宙中仅仅是沧海一粟，但对这本我用了十年自学和探索而获得的书，愿它如一粒小小的种子，生根、发芽、成长，在不同的土地上长成参天大树。

2020年是不平静的，我，作为一位“面壁十年”的“板凳先生”，已经习惯和喜欢上了用数据来说话，用算法来证明，享受孤独与宁静，在宁静里听洪流，在喧嚣下看世界。

这本书没有太多的道理叙述，绪论部分论述了数据驱动设计创新的重要性、必要性以及国内外的现状。在后续的各章节，比较粗暴的知识抛出，没有任何前因后果，就是方法的论述和案例分析及代码的给出。这些章节中大部分案例来自课题组的研究、上课的作业等。但是，由于研究还不充分，在最后两章——云计算和蚁群算法中，因为成书的时候我的课题组还没有获得有价值的成果，为了保持数据分析方法的完整性，在书中简述了别的学者的一些研究成果，所以，这本书严格意义上不完全是自己案例的总结。这一点也敬请读者谅解！

给一些名词做出定义并不是一件容易的事情，书中的名词解释多引用现在互联网上比较可靠的几个百科全书的定义。这些定义没有过多地进行整合，基本保持了原来的说法。

还有一点，书中所涉及的很多基础知识，比如统计学、数据分析知识，在本书阅读过程中的确需要读者自己学习一下，不要被这些基础知识吓住，所有的知识都不是特别复杂。在本书中出现了很多代码和程序，这里不得不需要读者朋友去学习一些基本的编程知识，书中的代码主要基于 MATLAB 和 Python 两种编辑器，学习门槛都不算高。总之，千万不要被这些形式上的困难阻碍，所谓“隔行如隔山”，但是若有“明知山有虎，偏向虎山行”的态度，所有的困难一定会“云开雾散”。本书由于篇幅以及在撰写中的精力、体力限制，相关的基础知识需要读者自行学习。

本书在写作中得到了太多人的帮助，除了文后的致谢中所提及的人，还有我的合作者周宁昌老师，他是一位自带流量的网红老师，是全国最大的四个工业设计群的群主，资源丰富，在成文、成书中作用巨大。

此外，特别鸣谢廖宏欢老师，在她的鼎力帮助下，才使得本书能面世。“学者必须与出版社联姻”，从这一点上，作者做得不够，长时间的“宅”问在家，不去与出版社联系，曾一度为了出版无门而增加了无数白发，幸得周老师引荐，廖老师竭力推荐，最终才使本书得以付梓。

成书完稿，还有很多事情要做，这不是终点，更应该是起点。感谢所有看到这些文字的人，有你们，作者，不孤单！

李月恩博士

2020 年 12 月 济南

目 录

绪 论

第一章 层次分析

第二章 回归分析

第三章 神经网络

第四章 感性工程学

第五章 因子分析

第六章 K-平均算法

第七章 大数据聚类分析

第八章 数据挖掘技术

第九章 云计算

第十章　蚁群算法

致谢

参考文献

CHAPTER

绪　论

一、概述

在笔者看来，设计创新不单纯是一种思维过程，更是一种非常复杂的技术实现过程。设计创新不可避免地具有社会科学属性，又包含自然科学属性。大部分情况下，将设计创新理解为“哲学与物理学”“艺术与技术”“思维与工程”交叉融合的产物。

传统的设计创新发端于设计师的经验凝结，设计师的理解、感悟、知识、对社会的敏感洞察力、机会捕捉能力等共同作用于设计创新的过程与程度。优秀的设计大师往往经过几十年的勤奋实践、卓越探索而获成功，设计大师的禀赋以及坚持不懈的努力是其成功的主要原因。

设计创新有很多方法，相较于传统的设计创新，新的设计创新方法逐步涌现。大数据时代的到来在为科技发展带来诸多契机的同时，也使其面临更多的挑战。问题规模的日益扩大和问题复杂度的不断增长使得现有的算法越来越难以满足现实应用的需求。人工智能算法与生俱来的自组织性、自学习能力，以及内在的并行性使其在求解高维、高度非线性和随机问题时具有明显的优势。在“互联网＋”的时代，面对市场多变的新产品快速反应，为数据驱动创新设计提供了新思路。

一般认为，传统的新产品开发（New Product Development，NPD）需要企业投入巨大的人力和物力，如图 0-1 所示，在面对越来越复杂的产品系统时，其设计难度越来越大。传统的产品开发必须面对比原来更为巨大的“投入、市场预期、品牌维护”领域的风险。

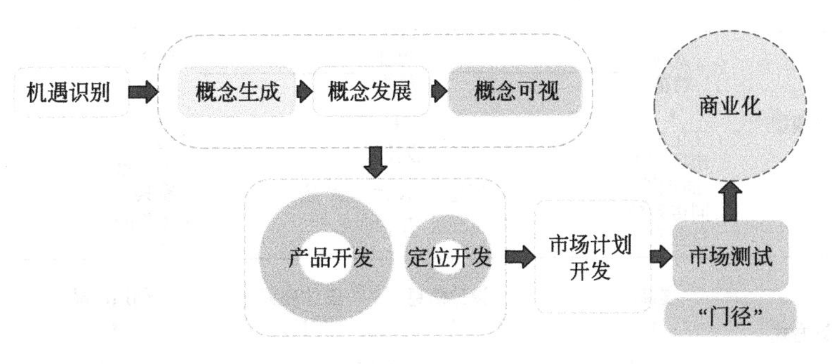

图 0-1　经典的产品开发流程

经典产品开发方法主要源于设计师的经验，设计师个人创意水平和创意程度往往决定了产品创新的程度，基于设计师经验的创新方法与过程自洽性好，而不具有通用性。近年来，新能源汽车、智能手机、现代医疗产品等产品开发广泛应用系统化、并行化、数据化、模块化的设计思路，尤其是大数据驱动的此类复杂产品开发成果逐步涌现，使得研究者在实践基础上进一步探索大数据驱动产品开发的作用机制及使动规律成为可能。

应用数据挖掘技术，由网络获取信息并将这些信息聚类直接形成新的产品设计“创意点”是大数据应用产品开发及设计创新的前瞻性愿景。图 0-2 描绘了大数据驱动产品开发的基本流程。

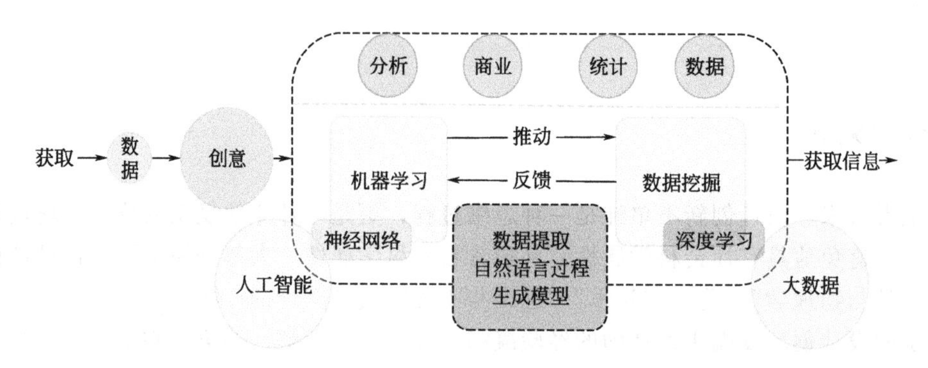

图 0-2　大数据驱动产品开发流程

因此，在大数据环境下，需根据产品开发的具体目的重构数据挖掘、数据分析、数据聚类的理论与方法。大数据驱动创新的关系模型与过程建模成为关键理论问题，大数据驱动产品设计创新的作用机制、使动规律成为关键科学问题，数据驱动产品开发系统的研制成为关键技术问题。

“大数据＋人工智能（AI）＋区块链”将在一段时间内处于新技术变革的核心地位。产品开发中所遇到的问题规模日益扩大和问题复杂度不断增长，几何级数据的增长使得产品开发面对“数据海洋”越来越呈现出无力感。项目组前期通过开发改进 K-means 算法模型，提出的依据人工智能（AI）算法提高数据聚类模型的运行效率和精度的思路，为基于产品开发重构数据挖掘、数据分析、数据聚类的理论与方法提供了可能性。

采用数据挖掘的方式提取有效信息驱动产品开发建模过程如图 0-3 所示。

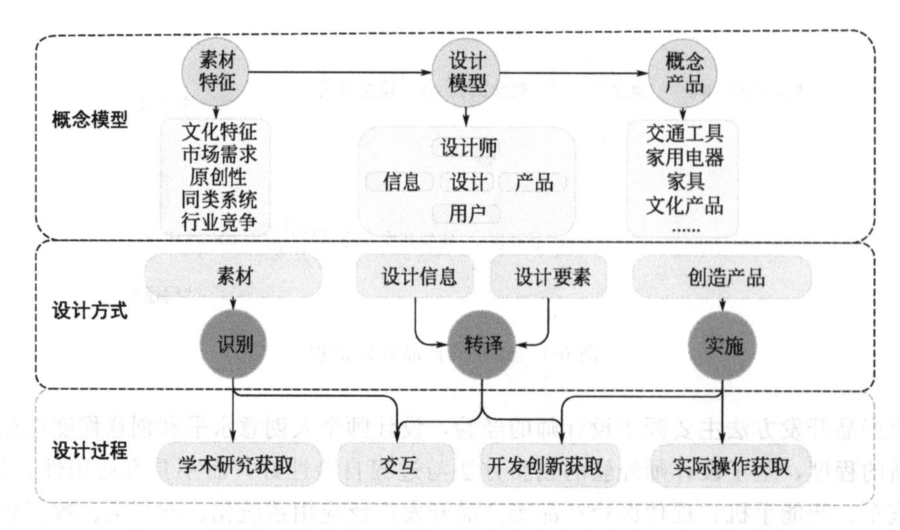

图 0-3　采用数据挖掘的方式提取有效信息驱动产品开发建模过程

数据是人类活动的信息记录，也是产品“创意”的源泉，面对海量信息，采用合理和有效的采集、清洗、转译、驱动策略可快速获取产品开发的决策信息。以网络上的产品评论为数据来源，在非结构化评论中抽取结构化数据，然后选取与可用性相关的产品特征，利用因子分析提取影响产品可用性的公共因子，从而建立产品可用性模型。由此可见，交叉应用多学科知识，分析大数据驱动创新的关系并对有效数据提取建模、数据驱动规则与策略响应、数据驱动创新建模，揭示大数据驱动创新使能作用和驱动开发机制研究具备可行性。

智能化的数据应用以及主动性的产品开发策略的推出一直是开发者最期望的一种模式，大数据作为信息来源承担了知识的作用，人工神经网络承担了知识复合与加工的作用，面对用户需求，构建三者的数据应用系统是一种理想的产品开发研究方案。图 0-4 总结了算法优化与“海量数据”及设计创新之间的关系。在本书中，详细记录了应用 BP 神经网络（一种最基本的网络）参与电焊机外观造型设计的研究，应用形态数字编码定量的方法，采用神经网络对已开发产品形态开展了预测研究，证实了可行性。本书中智能聚类算法应用在大数据聚类中，为开发“婴儿碗”提供了具体技术路径。通过以上的应用实践，面向产品整体、面向产品功能、面向产品结构、面向产品制造系统的整体产品开发在多种智能算法开发成功、应用模型成熟之后，使得构建数据驱动产品开发系统平台成为可能。

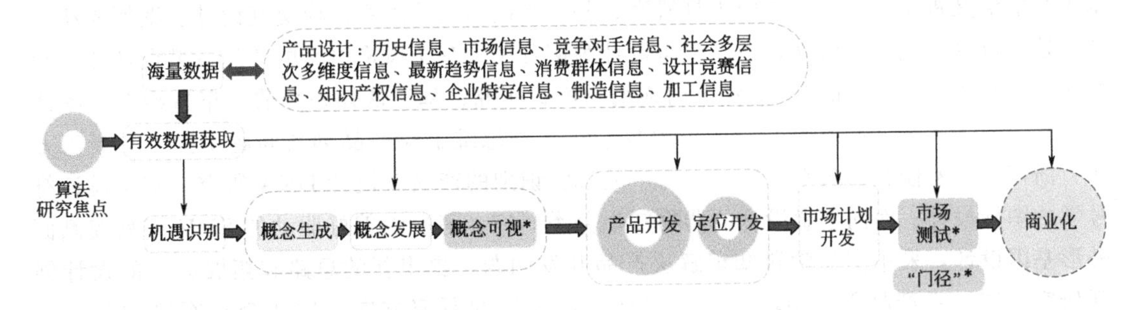

图 0-4　算法驱动海量数据的有效提取并服务产品设计开发全流程

二、国内外研究现状

1. 数据化新产品创新过程中知识运行规律

近年来，很多学者开始运用交叉学科知识解决传统产品开发设计及创新问题，浙江大学、兰州理工大学以及湖南大学等高校发表了相关研究。在以数据为基础的人工智能（AI）与产品创新研究中，浙江大学孙守迁团队在用户认知的产品外观创新设计知识模型、知识的产品开发技术研究中，提出了用于分解创新性产品外观案例的模型。根据用户认知产品经历的美学印象、语义判断和符号联系三个阶段，将产品分为形式美学、使用方式和文化时尚三种外观创新类型。利用分类学原理和外观设计创新过程，建立三种外观创新类型对应设计知识框架模型，用于抽取和重用外观创新设计知识。以上相关研究给出了设计创新与知识转译以及知识识别方面建模可行性，数据化解决产品开发的方法可以有效参与新产品的开发过程。研究中提出了一些新方法，但数据与知识、知识与目标之间的模型关系还不系统、不清晰。该项目研究采用比较成熟的数据与知识的模型解决知识获取以及模型化问题，采用感性工程学思路，借鉴情感测量、语义识别、语义差分等方法构建知识与目标之间的关系模型，通过研究和应用模型揭示产品开发过程中数据知识创造规律。

2. 模型化产品开发中解决方案及产品创新设计

西北工业大学余隋怀团队在美学家人脑模型的产品外观创新设计、遗传-蚁群算法求解司钻控制室操纵器布局优化、多约束条件下定制产品模块划分方法、意象驱动的产品形态基因网络模型构建与应用以及基于主客观综合赋权的民机客舱舒适性评价、功能模块-抽象形态模型的构建方法与关键技术研究、案例驱动的协同设计知识管理模型及实现、基于多目标粒子群优化算法的汽车造型设计决策模型等以数据驱动的产品创新中获得大量成果。研究采用多学科交叉知识解决产品设计的方法，采用模型化解决方案分析产品设计，对产品开发数据驱动研究进行了尝试。兰州理工大学苏建宁团队通过多种数学模型对产品创新方法进行了研究，其中应用数量化一类理论的感性意象与造型设计要素关系的研究、基于朴素贝叶斯法的产品造型设计可用性评价研究、产品意象造型设计中的耦合特性研究、基于进化算法的产品造型创新设计方法研究、基于感性意象的产品族造型设计方法研究进展以及在认知差异下的产品造型意象熵评价研究中大量采用工程与技术手段开展产品开发的研究，其中应用智能算法做了大量尝试。湖南大学赵江洪团队进行了数据驱动的两种产品设计模式的研究、基于层次语义特征的复杂产品工业设计研究、汽车造型的工程属性与情感属性的映射关系研究、基于高层语义视觉表征的意象版工具研究、基于智能制造的声音建模交互设计、案例驱动的产品造型设计迭代模式研究，并以汽车设计为例开展了基于风格语义的产品造型设计评价策略研究、基于图像语言的 SUV 汽车内饰编码模式研究、基于认知差异的汽车造型效果图评价方法研究等多个领域的研究，在采用数学与工程思维解决产品创新问题中提出了新的方法。浙江大学罗仕鉴团队则开展了支持产品视觉识别的产品族设计 DNA 研究、基于设计符号学的图标设计、面向创意设计的器物知识分类研究、消费者偏好驱动的 SUV 产品族侧面外形基因设计，采用交叉学科知识解决产品开发问题，提出新的思路和拓展原有的设计创新研究思路。在产品创新领域还有很多具有代表性的研究方向，比如李正军等的基于基因理论的产品设计创新模型、黄水平等的基于 TRIZ 和基因进化理论的产品功能原理创新、郑子云的基于材料感知体验的产品设计创新方法研究、刘力萌等的多方法集成的模糊前端创新设想产生研究。研究中尝试了多种模型化解决方案参与产品开发过程，采用了数据驱动产品开发的新方法，这些数据化方法是传统方法的有益补充。基于文献查阅，运用模型化解决方案解决产品开发时，对其过程控制策略及数据驱动机理还有很多盲点，比如：数据如何影响设计创意点的生成、这种数据化与模型化的“创意”产生与传统设计中偶然性“灵感创意”的形成机制驱动策略的差异等问题需要进一步探索和研究。本书采用交叉学科知识，在传统的产品开发模式的分析基础上，采用数据挖掘技术，通过分析大数据驱动产品设计创新的方法应用实践，对数据驱动产品开发“创意”的过程控制策略和数据驱动机理进行进一步揭示。

3. 智能化数据聚类算法的产品开发系统建模方法

Chien C F、Kerh R、Lin K Y 研究了以数据驱动型创新捕获用户体验的产品设计，了解产品视觉美学方面的用户偏好以及影响用户体验的因素对于产品设计师提高客户满意度至关重要。并与世界领先的电子制造服务（EMS）公司合作进行了一项经验研究。Ma J、Kim H M 研究了产品家族架构设计，采用预测性的数据驱动的产品家族设计方法解决了使用客户偏好数据确定最佳产品系列架构的挑战，通过提出的模型预测数据驱动的产品系列设计。Kim H M、Barker D E、Tucker C S研究并提出了数据挖掘驱动的可重构产品系列设计框架，该框架将数据驱动的知识发现与工程设计仿真相集成，以创建最佳产品系列。这项工作提出了关键的数据挖掘技术，运用X均值聚类方法，它无须先验地说明聚类数量。Kawaguchi K、Endo Y、Kanai S研究了数据库驱动的手持式合成和人体工程学，把3D产品模型和"数字手"组合起来，并提出了一种新的数据库驱动的抓握综合方法，该方法考虑了抓握手持产品的几何约束。Pan Z、Gao S、Wang X X对基于约束方程组的知识驱动产品设计方法展开研究，建立了约束分类策略，提出了知识约束方程组的求解算法。该算法通过简化和标准化方程组将非线性问题转化为线性问题，然后通过高斯主元素消除算法求解方程组，并通过单纯形法优化求解。Liu C、Ramirez-Serrano A、Yin G提出了协作设计环境的客户驱动产品设计和评估方法。国内学者Cong-Gang Y U、Jiang-Hong Z发表的外文文献《基于数据驱动的两种产品设计模式》，研究了基于大数据的产品设计的新模式。他们给出了数据驱动产品设计的两种模式，一种是支持产品设计的特定数据，即"产品-数据-产品"模式；另一种是基于价值的模式，产品设计的抽象数据，即"数据-产品-数据"模式。徐江研究团队在解决复杂设计认知过程及其概念演化研究的模糊与不确定问题的时候，从设计认知语义推理及链接关系表征出发，以设计认知沟通文本为基础，建立集成数据链接、过程链接和概念链接的多维设计认知模型。该模型采用矩阵存储语义链接数据，处理非结构化设计认知数据，进而融合确定性信息理论T-code编码方法与链接表求取链接节点熵值，评判设计认知过程的复杂性，实现关键创意概念捕获和剖析设计意图转换。在非时序化的概念空间关系构建方面，基于语义网络的聚类分析设计认知的概念演化，并回溯提取演化路径。以此为基础，运用实例分析验证多维建模方法的有效性，开发设计认知可视化辅助分析工具，从多维度提供设计修改和评估依据，提升设计认知计算研究效率。Zhao B、Luo J、Nie R为了实现在整个产品开发过程中使用的有效过程管理和应用程序集成，提出了一些先进的技术或方法，并将其成功地应用于产品设计中。建立了一个灵活的流程集成设计平台，该平台由表示层、流程控制层、服务层和存储库层组成。开发基于Web服务是为了实现应用程序之间的动态数据集成。在平台研究领域给出了方案。在数据驱动创新研究领域，国内外研究各有侧重，国内侧重新模式、框架研究，国外学者更侧重尝试用各种新的学科知识参与产品开发。但数据驱动设计创新的算法优化、数据驱动模型构建以及驱动机理与机制研究不多见。本书开展了BP神经网络方法在产品开发中的应用研究，数据驱动产品创新方法研究与应用，证实了采用智能算法以及结合大数据挖掘可以有效促进产品开发实践的进程，在后续研究中，项目组开展了智能聚类分析建模、各类智能算法，结合企业智能化改造需要，通过构建智能算法应用平台为企业产品开发提供智力支持，最终揭示智能化数据聚类算法的产品开发建模驱动机制。

现阶段，对于基本的数据驱动新产品的系统而言，在数据驱动产品开发领域，尽管数据已经应用到产品开发的每个阶段，然而，由于产品设计创新不仅是技术的更新，更是针对使用者（人）的一种交互物品的开发，涉及人的因素，使得创新变得异常复杂。数据与产品创新开发关联度不高、应用环境不清晰、基础理论框架薄弱以及模型少且不完整的问题是制约本领域研究的主要问题，需要从系统开发的角度进行综合性研究。

并且，以数据驱动的创新是建构在大规模数据与最终设计创新结果之间存在多元线性以及非线性关系。依据大数据作为背景的分析和探索输入与输出之间的关系，通常这是创新设计领域研究的难点，主要原因是创新设计具有强烈的社会学科属性，研究数据驱动设计创新的新理论与新方法不可避免地需要面对以数据挖掘与人工智能（AI）为应用的计算科学和以行为学为基础的社会学的研究，跨学科研究的属性较为明显。

当下，以人工智能和大数据为代表的信息技术的研究迎来了第三次黄金发展期。面对历史机遇与挑战，我国对大数据以及人工智能所表现出来的研究以及应用热情远超传统欧美强国。通过对比主要工业国家在政府层面上对于以人工智能为代表的信息技术的支持政策可以看出（表 0-1），各主要工业国家都在竭尽全力地促进其发展。

表 0-1 各国政府层面对于信息技术的支持政策以及相关基本内容（2013—2018）

国家和地区	来源：中华人民共和国科学技术部
美国	美国网络和信息技术研发小组委员会在 1998 年发布《下一代互联网研究法案》
	美国白宫在 2013 年发布国家机器人计划《机器人技术路线图：从互联网到机器人（2013 版）》，同年 4 月，美国白宫提出推动创新神经技术脑研究计划
	美国国家经济委员会和科技政策办公室在 2015 年 10 月发布新版《美国国家创新战略》，同年 11 月，美国战略与国际研究中心发布《国防 2045》政策，涉及人工智能概念
	美国国家科技委员会与美国网络和信息技术研发小组委员会在 2016 年 10 月发布《国家人工智能研究和发展战略计划》，同年 10 月，美国国家科技委发布《为未来人工智能做好准备》
	美国国会在 2017 年 9 月发布自动驾驶法案，自动驾驶提上日程。同年 10 月，美国信息产业理事会发布《人工智能政策原则》
欧洲	英国政府在 2013 年提出八项科技计划，包含人工智能产业
	英国政府科学办公室在 2016 年 12 月发布《人工智能：未来决策制定的机遇与影响》
	英国政府在 2017 年 1 月发布现代工业战略，提出要将人工智能产业列入国家战略产业，并于同年 10 月发布《在英国发展人工智能产业》政策
	德国政府于 2010 年 7 月发布《思想-创新-增长——德国高技术战略 2020》，首次提出人工智能概念，并于 2011 年 11 月，发布《将“工业 4.0”作为战略重心》
	德国联邦教育与研究部“工业 4.0 工作组”在 2013 年 4 月发布《保障德国制造业的未来：德国工业 4.0 战略实施建议》，人工智能产业将影响德国制造业的未来
	德国交通部伦理委员会于 2017 年 6 月发布《自动和联网驾驶》报告
	法国政府于 2013 年发布《法国机器人发展计划》，将人工智能产业提升到国家战略层面
	法国经济部与教研部于 2017 年 3 月发布《人工智能战略》
	法国政府在 2018 年 5 月发布了法国与欧洲人工智能战略研究报告
	欧盟在 2013 年 1 月提出“人脑项目”（Human Brain Project），将人工智能产业列入该计划
	欧盟委员会与欧洲机器人协会于 2013 年 12 月开启 SPARC 计划，正式启动人工智能项目
	欧盟 SPARC 于 2015 年 12 月开展机器人技术多年路线图
	欧盟委员会于 2016 年 6 月提出了人工智能立法动议
	欧盟议会法律事务委员会（JURI）于 2016 年 10 月发布《欧盟机器人民事法律规则》
日本	日本内阁在 2013 年 6 月发布的《日本再兴战略》中首次涉及人工智能产业，2016 年 5 月，日本内阁在《科学技术创新综合战略 2016》里再次提到人工智能
	日本经济产业省在 2015 年 1 月发布《新机器人战略》
	日本经济再生本部在 2016 年 6 月提出《日本再兴战略 2016》，提出人工智能产业是振兴日本经济的关键
	日本政府在 2017 年发布的《下一代人工智能推进战略》中正式将人工智能概念提上战略层面
	日本经济产业省在 2017 年 5 月发布《新产业构造蓝图》，内容包含人工智能产业。同年 6 月，日本内阁发布的《科学、技术和创新综合战略 2017》再次强调人工智能的重要性
	日本内阁在 2018 年 6 月连续发布两个政策《综合创新战略》和《未来投资战略 2018》，都将人工智能产业写进战略纲要

续表

国家和地区	来源:中华人民共和国科学技术部
韩国	韩国电子通信研究院在2013年发布Exobrain计划,首次提出人工智能的概念
	韩国贸易工业和能源部在2014年7月发布第二个智能机器人总体规划(2014—2018)
	韩国政府在2016年8月提出九大国家战略项目,其中包含人工智能产业
	韩国国会在2017年7月正式发布《机器人基本法案》
	韩国第四次工业革命委员会在2018年5月发布《人工智能研究与发展(R&D)战略》
中国	国务院在2015年7月发布《国务院关于积极推进"互联网+"行动的指导意见》,并在2016年3月发布的《国民经济与社会发展第十三个五年规划纲要》中把人工智能产业写入纲要
	工信部、国家发改委、财政部三部委在2016年4月发布《机器人产业发展规划(2016—2020年)》
	中共中央、国务院在2016年5月发布《国家创新驱动发展战略纲要》
	国家发改委、科技部、工信部、中央网信办四部委在2016年5月发布《"互联网+"人工智能三年行动实施方案》
	国务院在2016年7月发布的《"十三五"国家科技创新规划》中提到人工智能产业,2017年3月,国务院的《政府工作报告》中再次提到人工智能产业,同年7月,国务院正式发布《新一代人工智能发展规划》
	工信部在2017年12月发布《促进新一代人工智能产业发展三年行动计划(2017—2020年)》
	教育部在2018年4月发布《高等学校人工智能创新行动计划》

面对需求，如火如荼的人工智能研究预示着：人工智能将逐步渗透到工业甚至每个家庭生活中去。作为产品创新设计开发领域，由于产品设计开发直接与市场相联系，与使用者或者用户相联系，由此推测产品创新设计开发必然会成为人工智能与大数据应用的重要领域。通过对现有国内外人工智能领域的研究发现，作为应用人工智能的智能创新领域的确还有许多工作要开展。

大数据时代的到来在为科技发展带来诸多契机的同时，也使其面临着更多的挑战。问题规模的日益扩大和问题复杂度的不断增长使得现有的算法越来越难以满足现实应用的需求。人工智能算法与生俱来的自组织性、自学习能力，以及内在的并行性使其在求解高维、高度非线性和随机问题时具有明显的优势。综合以上分析：在“互联网+”的时代，面对市场多变的新产品快速反应，算法驱动创新设计提供了一种以建立“人”的需求评价指标为方法、以定量化为手段的新产品开发新思路。根据对现有市场的反应以及对新市场的预判，研发出直接把握消费者生活方式的新产品，从而使产品创新的层次和程度均比传统的产品高。这也是产品创新设计发展的必然需求和过程。

同时，必须看到现有基本理论、关键技术和系统平台均较难满足我国现代企业对产品创新系统的新需求。迫切需要研究产品创新设计系统的功能模块、关键技术、使能工具、集成平台和应用验证，以不断提高企业集群的综合竞争力。

CHAPTER

第一章 层次分析

一、层次分析法（AHP）简介

层次分析法（Analytic Hierarchy Process，AHP），1971 年由匹兹堡大学的 Thomas L. Saaty 教授首先提出。Saaty 教授在针对应变计划问题的研究中，采用量化的运算，寻找各种量化变量之间的关系，在找到相互之间的脉络后进行综合评估，并将这种方法应用于不确定情况下多个评估准则的决策问题。比较经典的一个问题是：1972 年 7 月，Saaty 教授对涉及埃及政治、经济和社会的相关研究因素展开了分析，形成了判断准则。在 1973 年，Saaty 教授将 AHP 方法进一步拓展，应用到苏丹运输研究，至此，AHP 理论才趋于成熟。

这种理论和方法达到比较完善的时间是在其后的 1974—1978 年间，理论与实践研究获得了比较大的进展。在 1980 年，Saaty 教授整理出版了第一本 AHP 理念专著，并在 1982—1987 年又推出了其他相关两册。AHP 的研究逐步被世界上众多学者所接受和开展后续研究。

层次分析法（AHP）作为一种基于数学和心理学的结构化技术，可用于政府、企业、工业、医疗保健和教育等领域的各种决策过程。在其组织和分析复杂的决策问题的过程中，AHP 具有特殊的应用。AHP 不能够给出一个所谓“正确”的决定，但是却可以帮助决策者寻找到最适合的目标和对问题的优化解决方案。

AHP 在解决多目标复杂决策问题的时候，将决策过程整合成一套系统，针对不同的问题，将总目标分解为多个子目标或基本准则，在整体计算过程中，将多指标分为若干层次，借助定性指标的模糊量化方法算出层次的单排序和总排序。如图 1-1 所示，通过构建 AHP 层次分析法的基本结构，将最终要给出决策的问题，按照评价准则、各层子目标、总目标的层次结构模型，建立起面向各种具体方案的顺序分解结构，然后用求解判断矩阵特征向量的方法，获得每一层次的各元素对上一层次某元素的优先权重，最后再利用加权和的方法计算

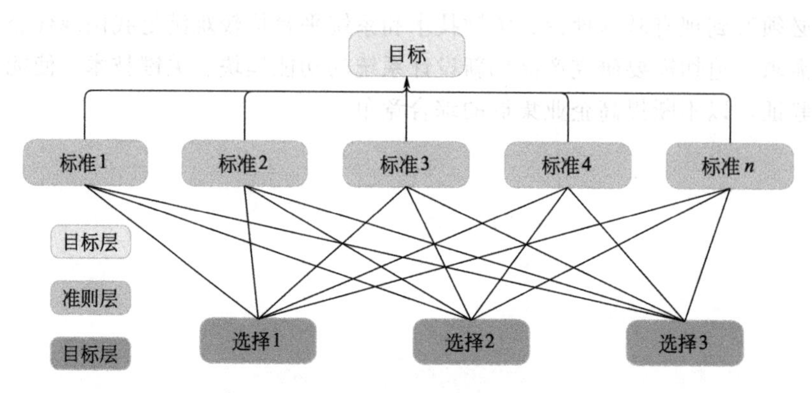

图 1-1　层次分析法（AHP）基本结构

出各备选方案对总目标的最终权重，根据计算，权重最大者对应的选择方案为最优方案。

AHP适合研究以各层存在耦合关系的分层交错评价的目标系统，其目标值又难以采用定量分析的选择判断问题。

二、 AHP建模方法

1.建立层次结构模型

层次分析法可以利用树状的层级结构，将复杂的决策问题在一个层级中区分为数个简单的子问题，并且，每个子问题可以单独进行分析。这个级别中的子问题可能包含任何形式的子问题，无论是有形还是无形的，仔细计算或粗略估算，理解清楚或模糊，只要用于决策的最终子问题，都可能包含在这里。一旦该层次建立完成，决策专家就会有系统的评估标度，对每个部分所具有的相对重要性给出权重值，然后建立一个成对比较矩阵，并求出一个特征矢量和一个特征值，以这个特征矢量代表各层次中的优先权，能够提供给决策者有关的决定信息，并组织一个有关决定的评估条件或标准（Criteria）、权重（Weight）和分析器(Analysis)，可以减少错误决策的风险。AHP的评价尺度是指每一个层级的因素之间成对比较，基本分类包括等强（Equal Strong）、稍强（Weak Strong）、颇强（Strong）、极强(Very Strong)、绝强（Absolution），并赋予了各目标度1、3、5、7、9的测量值，另设4个标度介于5个基本标度之间，并赋予了2、4、6和8的测量值，共计9个尺度。

将决策的目的、决策规则与决策对象的相互关系，按其相互作用分为最高、中间和最低三个层，绘制出一幅层次的结构图。最高级是指决定的目标，要解决问题。最低级是指在决策中作出选择的方案。中间层是面向问题的考虑因素，即决策准则。所邻近的两个层次中顶层为目标层而底层为因素层。

2.构造判断（成对比较）矩阵

根据各层次各因素之间的权重计算方法，Saaty等人提出了一致矩阵法，这种方法其本质上是将两两判断过程中的定性结果采用定量的方式计算给出。这种方法具体为：不把所有因素混合放在一起比较，而是通过两两相互比较。两两比较中的相对尺度可以有效规避多个因素在比较中引起的混乱，从而尽可能减少性质不同的各种因素相互比较的难度。

采用数学描述这个过程，其中，a_{ij}为要素i与要素j重要性比较结果。由两两比较结果构成的矩阵称作判断矩阵。判断矩阵中的元素具有如式（1-1）所示性质：

$$a_{ij}=\frac{1}{a_{ji}} \tag{1-1}$$

Thomas L. Saaty教授给出的9个重要性等级及其赋值，其判断矩阵元素a_{ij}的标度方法如表1-1。

表1-1　比例标度表

因素i比因素j	量化值
同等重要	1
稍微重要	3
较强重要	5

续表

因素 i 比因素 j	量化值
强烈重要	7
极端重要	9
两相邻判断的中间值	2、4、6、8

3. 层次单排序及其一致性检验

求解判断矩阵最大特征根，对应特征向量，其数学描述如下。

① 矩阵每一列归一化，即式（1-2）：

$$b_{ij}=\frac{b_{ij}}{\sum_{i=1}^{n} b_{ij}} i \quad j=1, 2, \cdots, n \tag{1-2}$$

② 将每一列经归一化处理后的判断矩阵按行求和，即式（1-3）：

$$\overline{\boldsymbol{W}}=(\overline{\boldsymbol{W}}_1, \overline{\boldsymbol{W}}_2, \cdots, \overline{\boldsymbol{W}}_n)^{\mathrm{T}} \tag{1-3}$$

③ 将向量归一化，如式（1-4）：

$$\boldsymbol{W}_i=\frac{\overline{\boldsymbol{W}}_i}{\sum_{i=1}^{n} \overline{\boldsymbol{W}}_i} \tag{1-4}$$

④ 计算最大特征根，即式（1-5）：

$$\lambda_{\max}=\sum_{i=1}^{n} \frac{(B\boldsymbol{W})_i}{n\boldsymbol{W}_i} \tag{1-5}$$

4. 判断矩阵的一致性检验

在指标一致性数据检查中通常需要两个检查指标：一致性的检查指标函数 CI 和随机的指标一致性的检查指标函数 RI。在精确计算两个检查指标时，需要确定对应于判断矩阵最大特征根 $\lambda_{\max}$ 的特征向量，以及同一层次因素对于上一层次某因素相对重要性的排序权值 W，这一过程称为层次单排序。能否确认层次单排序，则需要进行一致性检验，所谓一致性检验是指对 $\boldsymbol{A}$ 确定不一致的允许范围。其中，n 阶一致矩阵的唯一非零特征根为 λ，n 阶正互反矩阵 $\boldsymbol{A}$ 的最大特征根 $\lambda \geqslant n$，当且仅当 $\lambda=n$ 时，$\boldsymbol{A}$ 为一致矩阵。

由于 λ 连续依赖于 a_{ij}，则 λ 比 n 大得越多，$\boldsymbol{A}$ 的不一致性越严重。用 CI 计算一致性指标时，CI 越大，说明一致性越小。需要重视的一个问题是：当最大特征值对应的特征向量作为被比较因素对上层某因素影响程度的权向量时，其不一致程度越大，则会造成判断误差越大。因而可以用 $\lambda-n$ 数值的大小来衡量 $\boldsymbol{A}$ 的不一致程度。定义一致性指标为式（1-6）。

$$CI=\frac{\lambda-n}{n-1} \tag{1-6}$$

随机一致性指标 RI 的结果与判断矩阵的阶数关系密切，矩阵阶数越大，则最终意味着一致性随机偏离的可能性也越大，其对应关系如表 1-2。

表 1-2 随机一致性指标 *RI* 标准值（不同的标准，*RI* 的值也会有微小的差异）

矩阵阶数	1	2	3	4	5	6	7	8	9	10
RI	0	0	0.58	0.90	1.12	1.24	1.32	1.41	1.45	1.49

一致性的偏离可能是由随机原因造成的，所以需要检查矩阵函数是否完全符合或满足上述条件，还需将 CI 和随机一致性指标 RI 进行比较，得出最终的检验系数 CR，如式(1-7)。

$$CR=\frac{CI}{RI} \tag{1-7}$$

一般情况下，如果 $CR<0.1$，则认为该判断矩阵能通过一致性检验，否则就不能满足一致性要求。

5. 层次总排序及其一致性检验

计算最高层（总目标）的所有影响因素相对重要性的权值，称为层次总排序。对于一个最高的相对重要影响程度，称为最高层次因素排序。这一判断过程由最高一级到最低一级按层次顺序先后依序进行。

C 层 m 个因素 C_1，C_2，…，C_m 对总目标 O 的排序为 $\omega=\alpha_1$，α_2，…α_m。P 层 n 个因素对上层 C 中的因素 C_j 的层次单排序为（特征向量）b_{1j}，b_{2j}，…，b_{nj}（$j=1$，2，…，m）。

6. 注意事项

在运用层次分析法时，如果所选的要素不合理，其含义混淆不清，或要素间的关系不正确，都会降低 AHP 法的结果质量，甚至导致 AHP 法决策失败。为保证阶递层次结构的合理性，需把握以下原则：分解和简化问题时把握主要因素，不要遗漏也不要添加；注意相比较元素之间的强度关系，相差过于悬殊的要素不要在同一层次进行比较。

7. 优缺点

（1）优点

① 系统性的分析方法。

该方法将所面对的研究对象统一成一个系统，按照系统构建的思想进行分解、比较、判断、综合。采用这种思想的优点在于不割裂每个因素对最终结果的影响。实际上，在层次分析法中，每一层的权重最后都会直接或间接影响到最终的选择结果，且每层中的因素对最终结果的影响，均采用量化的方式，这使得整个系统结构非常明确清楚。应用这种方法可以对无结构特性的系统做出评价，并针对多目标、多准则、多时期等的系统展开评价。

② 简洁实用的决策方法。

该方法数学原理简单，注重所参与因素的行为、逻辑和推理，运用定性定量两种方法且有机结合。在运算中，将复杂的系统进行分解，最大化模拟人的思维过程，并且进行数学化、公式化以及系统化，让应用者更容易接受。将多目标、多准则且难以绝对量化处理的决策问题转变为多层次单目标问题，通过两两比较确定同一层次元素相对上一层次元素的数量关系后，进行简单的数学运算。这种方法非常容易被人接受和使用。

③ 所需定量数据信息较少。

该方法主要通过参与评价的人对所评价问题的内在属性和基本要素进行评价，在定量计算的过程中非常重视定性的分析和判断，最大限度地结合了两种分析方法的优点。这种模拟人类思维的方式是将判断各要素的权重问题转化为判断者对于各参与要素的认知，并将其认知简化为权重。这种方法能处理许多传统方法和技术无法解决的实际问题。

（2）缺点

① 不能为决策提供新方案。

该方法的择优只能是在已有的备选方案中选出较为可靠和优秀的方案。然而，由于备选方案的限制，很有可能选择的方案是在所有备选方案里最好的，但未必是企业或者选择对象所希望的结果。也就是说，本方法只能择优而不能创造优秀。但对于大部分决策者而言，一种分析工具能辅助选择者分析出已知方案中的最优者，并可以指出已知方案的不足，同时如果还可以提出进一步的改进方式，则理论上这种分析工具将会是非常完美的。不过，AHP 并不具有这种能力。

② 定量数据较少，定性成分多，不易令人信服。

在人们普遍的认知里面，科学的评价方法应该构建在严密的逻辑、严格的数学和全部的定量方法上，才可以满足使用者对于这种方法科学性的判断。由于，真实的世界中所存在的问题以及思考者的大脑在面向决策时，无法用各种简单的数学来描述，同时，也必须清楚地认识到，现有数学在解决实际问题时还不能完全通达人类的认识，致使，AHP 方法必然携带很多的定性方式。

③ 指标过多时，数据统计量大，且权重难以确定。

越普遍的问题，其构成因素也就越多，参与实际决策的影响因素就变得越来越庞杂，AHP 方法的指标选择也就更显得复杂，数量也就非常地多。伴随着指标的增多，所构造的层次也就越深刻，数量和规模也就越庞大，于是更大的判断矩阵也使得问题异常复杂，同时需要更多的两两指标进行比较。鉴于常规两两比较的 1 至 9 方式，太多的指标使得对每两个指标相对的重要程度的判断就愈发困难，以至于对整个层次的单排序和总排序的一致性会产生影响，从而造成一致性检验不能通过。当遇到这种情况的时候，则需要返回调整比较结果，最终使得在多指标数量的情况下调整也不至于起到作用。

④ 特征值和特征向量的精确求法比较复杂。

该方法的关键计算在于求判断矩阵的特征值和特征向量，基本方法与多元统计所用的方法一样，面对二阶、三阶问题，计算比较容易解决，不过随着指标数量的增加，阶数也随之增加，计算的困难也随之上升。面对这些缺点，已有很多优秀的解决方法，例如和法、幂法和根法。

8. 计算软件介绍

很多未深入学习数学的读者面对此类问题比较棘手，可以寻求一些现有的方法进行改进后使用。比如 MATLAB 的一些计算程序代码，还有一款非常优秀的统计学软件 SPSS，此款软件可以非常好地对 AHP 问题进行计算。一些针对此类问题非常具有创造性的小程序和小软件需要读者自己去发掘。其中，Yaahp 是一款灵巧且实用的针对 AHP 计算的小软件，该软件使用图形化设计，操作简单，很容易上手，初学者可以借助本软件开展 AHP 的练习。

三、设计创新应用案例

1. 选择设计方案

本案例主要针对四款户外净水器的设计方案进行选择与决策，净水器要求过滤面积大，体积小，在有效空间内能完成流量过大的需求。下面选取了四款净水器的设计方案（图 1-2）。

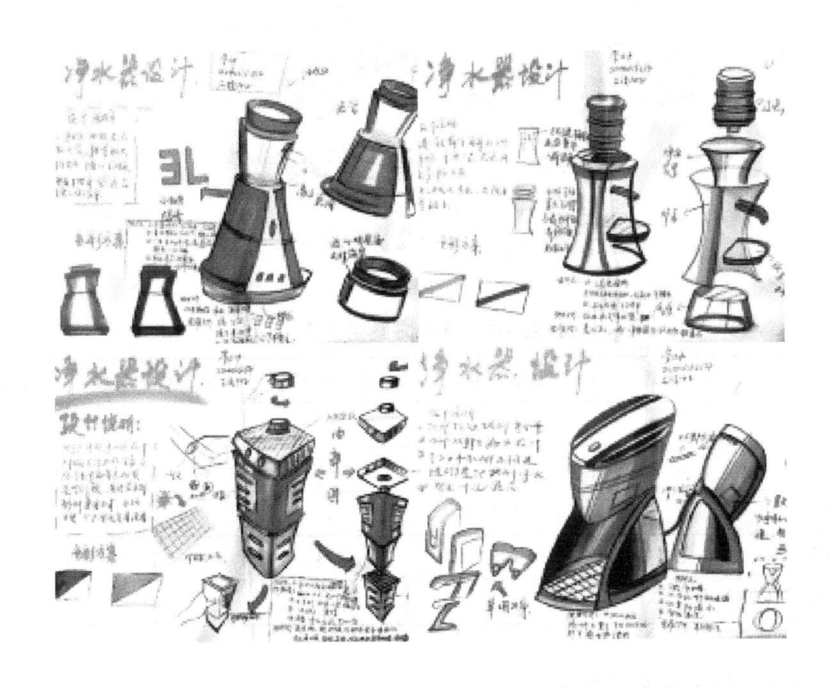

图 1-2　净水器设计方案：推拉式、旋钮式、连接式、对接式

2. 用层次分析法进行决策分析的过程

（1）建立模型

影响净水器的因素有美学因素、制造因素、价格因素、竞争对手因素、市场盈利因素等，从上到下依次为顶层目标、中间层规则、底层方案（图 1-3）。对其两两进行比较，通过 Yaahp 软件计算出两两之间的权重比，最后得出选择结果。在选择的过程中要遵循一定的规则，不能出现矛盾，以减少决策过程中的困难。

（2）构造成对比较矩阵

① 对中间层规则进行分析。

从矩阵表中可以看出，美学因素不是那么受关注，大都追求实用、价格与盈利等因素，通过比较两两之间的权重，可以明显地看出哪个因素更受关注，从表 1-3 中可以看出，市场盈利更受关注一些，*CR* 值为 0.06，通过了比较的一致性，说明两两之间存在差异，但是差异不是很大。

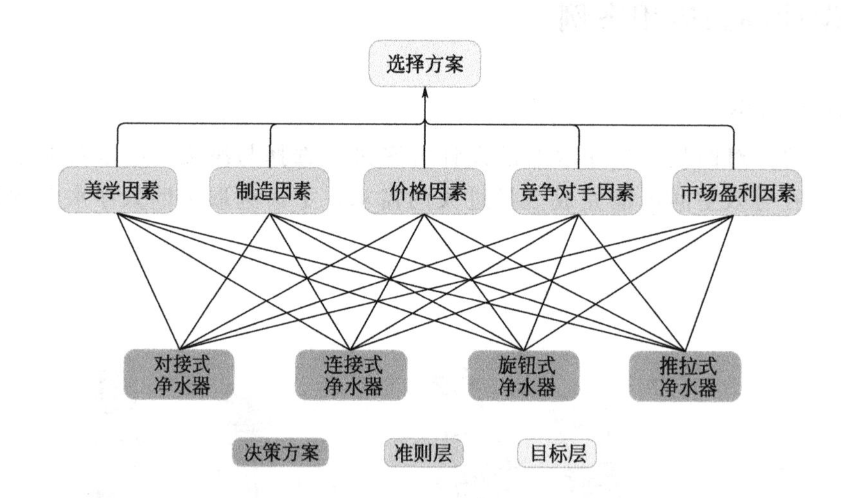

图 1-3　净水器层次结构模型

表 1-3　选择方案矩阵表

选择方案	美学因素	制造因素	价格因素	竞争对手因素	市场盈利因素
美学因素	1	1/3	1/2	1/2	1/4
制造因素	3	1	2	3	1/3
价格因素	2	1/2	1	3	1/4
竞争对手因素	2	1/3	1/3	1	1/3
市场盈利因素	4	3	4	3	1

② 美学因素对每个方案的影响分析。

在美学因素方面，通过两两比较，可以看出连接式净水器在外观方面比较占据优势，成为了最受关注的一个点。推拉式净水器在外观上没有占据优势（表 1-4）。

表 1-4　美学因素矩阵表

美学因素	对接式净水器	连接式净水器	旋钮式净水器	推拉式净水器
对接式净水器	1	1/3	1/2	3
连接式净水器	3	1	2	4
旋钮式净水器	2	1/2	1	3
推拉式净水器	1/3	1/4	1/3	1

③ 制造因素对每个方案的影响分析。

在制造因素方面，仍然是连接式净水器具有较大的优势，对接式净水器显现出了明显的不足（表 1-5）。

表 1-5　制造因素矩阵表

制造因素	对接式净水器	连接式净水器	旋钮式净水器	推拉式净水器
对接式净水器	1	1/3	1/2	1/2
连接式净水器	3	1	2	2
旋钮式净水器	2	1/2	1	2
推拉式净水器	2	1/2	1/2	1

④ 价格因素对每个方案的影响分析。

在这个方面数字上下浮动范围不是很大，连接式净水器只占据微弱的优势，总体来看，每一款净水器都有自己的价格优势（表 1-6）。

表 1-6　价格因素矩阵表

价格因素	对接式净水器	连接式净水器	旋钮式净水器	推拉式净水器
对接式净水器	1	1/3	2	1/3
连接式净水器	3	1	3	2
旋钮式净水器	1/2	1/3	1	1/3
推拉式净水器	3	1/2	3	1

⑤ 竞争对手因素对每个方案的影响分析。

从表 1-7 中可以得出，连接式净水器仍然占据优势，推拉式净水器相对其他几个比较差。

表 1-7　竞争对手因素矩阵表

竞争对手因素	对接式净水器	连接式净水器	旋钮式净水器	推拉式净水器
对接式净水器	1	1/3	1/2	2
连接式净水器	3	1	2	3
旋钮式净水器	2	1/2	1	2
推拉式净水器	1/2	1/3	1/2	1

⑥ 市场盈利因素对每个方案的影响。

在表 1-8 中市场盈利因素对每个产品的影响也不是特别大，没有拉开较大的差距。

表 1-8　市场盈利因素矩阵表

市场盈利因素	对接式净水器	连接式净水器	旋钮式净水器	推拉式净水器
对接式净水器	1	1/3	1/3	2
连接式净水器	3	1	2	3
旋钮式净水器	3	1/2	1	2
推拉式净水器	1/2	1/3	1/2	1

（3）报表

① 得分表，见图 1-4。

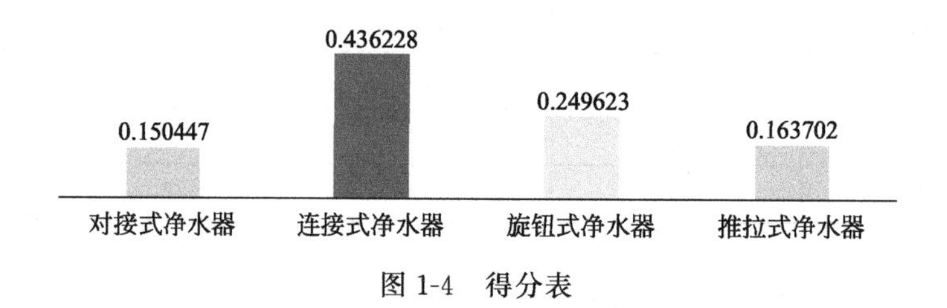

图 1-4 得分表

② 权重分配图，见图 1-5。

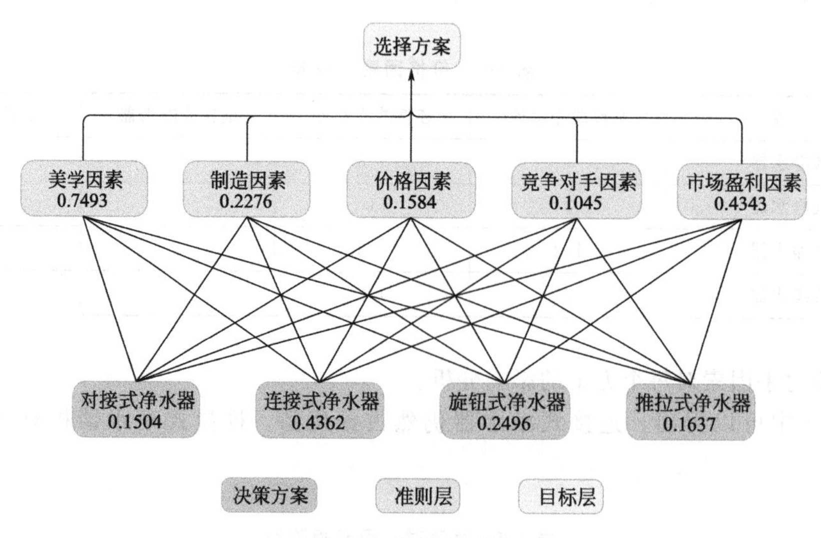

图 1-5 权重分配图

③ 矩阵明细表，见表 1-9。

表 1-9 矩阵明细表

底层权重(得分)表:群决策	
方案	得分(权重)
对接式净水器	0.150447
连接式净水器	0.436228
旋钮式净水器	0.249623
推拉式净水器	0.163702

中间层权重表:群决策		
节点	同级权重	全局权重
美学因素	0.0749366	0.0749366
制造因素	0.227686	0.227686
价格因素	0.15844	0.15844
竞争对手因素	0.104564	0.104564
市场盈利因素	0.434374	0.434374

续表

底层权重(得分)表:专家 1	
方案	权重(得分)
对接式净水器	0.150447
连接式净水器	0.436228
旋钮式净水器	0.249623
推拉式净水器	0.163702

权重矩阵:选择方案　λ_{max}=5.28076;CR=0.06267;CI=0.0701901

选择方案	美学因素	制造因素	价格因素	竞争对手因素	市场盈利因素	W_i
美学因素	1	1/3	1/2	1/2	1/4	0.0749366
制造因素	3	1	2	3	1/3	0.227686
价格因素	2	1/2	1	3	1/4	0.15844
竞争对手因素	2	1/3	1/3	1	1/3	0.104564
市场盈利因素	4	3	4	3	1	0.434374

权重矩阵:选择方案——美学因素　λ_{max}=4.08747;CR=0.03276;CI=0.0291574

美学因素	对接式净水器	连接式净水器	旋钮式净水器	推拉式净水器	W_i
对接式净水器	1	1/3	1/2	3	0.180264
连接式净水器	3	1	2	4	0.459765
旋钮式净水器	2	1/2	1	3	0.272347
推拉式净水器	1/3	1/4	1/3	1	0.0876243

权重矩阵:选择方案——制造因素　λ_{max}=4.07101;CR=0.0266;CI=0.0236709

制造因素	对接式净水器	连接式净水器	旋钮式净水器	推拉式净水器	W_i
对接式净水器	1	1/3	1/2	1/2	0.120942
连接式净水器	3	1	2	2	0.416802
旋钮式净水器	2	1/2	1	2	0.269481
推拉式净水器	2	1/2	1/2	1	0.192776

权重矩阵:选择方案——价格因素　λ_{max}=4.12132;CR=0.04544;CI=0.0404401

价格因素	对接式净水器	连接式净水器	旋钮式净水器	推拉式净水器	W_i
对接式净水器	1	1/3	2	1/3	0.150078
连接式净水器	3	1	3	2	0.435082
旋钮式净水器	1/2	1/3	1	1/3	0.105633
推拉式净水器	3	1/2	3	1	0.309207

权重矩阵:选择方案——竞争对手因素　λ_{max}=4.07101;CR=0.0266;CI=0.0236709

竞争对手因素	对接式净水器	连接式净水器	旋钮式净水器	推拉式净水器	W_i
对接式净水器	1	1/3	1/2	2	0.170673
连接式净水器	3	1	2	3	0.449519
旋钮式净水器	2	1/2	1	2	0.259615
推拉式净水器	1/2	1/3	1/2	1	0.120192

续表

权重矩阵:选择方案——市场盈利因素 $\lambda_{max}=4.14313; CR=0.05361; CI=0.0477099$					
市场盈利因素	对接式净水器	连接式净水器	旋钮式净水器	推拉式净水器	W_i
对接式净水器	1	1/3	1/3	2	0.156034
连接式净水器	3	1	2	3	0.439569
旋钮式净水器	3	1/2	1	2	0.28541
推拉式净水器	1/2	1/3	1/2	1	0.118987

总排序的一致性	
父级	一致性
选择方案	0.0417762

④ 敏感度交互，见图 1-6。

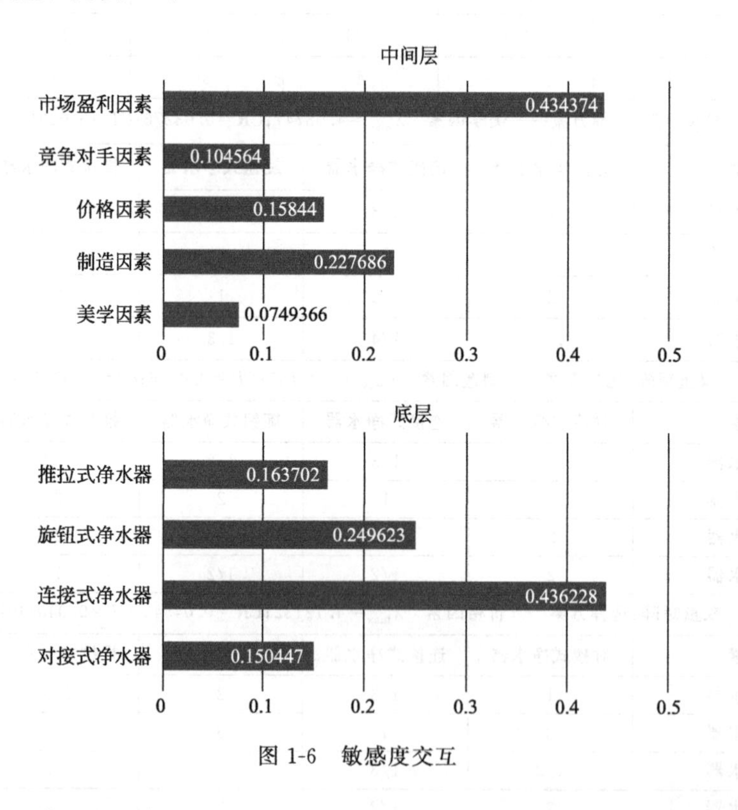

图 1-6 敏感度交互

经过对报表的分析与决策，最后选择的净水器为连接式净水器。在进行两两比较之后，连接式净水器在美学因素、价格因素、制造因素、市场盈利因素、竞争对手因素方面占据较大的优势，所以最终选择的方案为连接式净水器。

本章案例选自：研究生课程《产品创新设计》课程作业。

CHAPTER

第二章 回归分析

一、回归分析简介

回归分析（Regression Analysis）是一种统计学上分析数据的方法，其基本的方式是解决和寻找两个或多个变量间所存在的交互关系以及相关程度。通过分析数据之间的关系，建立自变量与因变量之间的关系模型。更具体地说，回归分析可以给出自变量变化时因变量的变化量，从而建立数学模型。

回归计算应用最普遍的方式是最小二乘法，由勒让德（Legendre）和高斯（Gauss）提出。勒让德和高斯运用这种方法对天文现象进行观测，并有效地解决了太阳系的彗星运行轨道问题。高斯在1821年推动了最小二乘理论的进一步发展，提出了高斯-马尔可夫定理。“回归”（regression）一词最早由Francis Galton所使用。其对亲子相互之间的身高问题展开研究，在研究中发现父母的身高会遗传给子女，不过，孩子的身高却逐渐“回归到中等身高”。实事求是地讲，这种回归的概念与现在数学上的回归分析意义并不相同。在1950—1960年期间，由于回归分析的计算量大，经济学家已经开始应用机械电子计算机来计算回归。很多复杂的计算，在1970年之前，有时候需要一整天的计算时间。

1. 回归分析模型

回归分析应用数据统计的基本原理，通过对大量数据进行统计学的数学处理，对数据进行必要的筛选和分析，得到数据所要反映的真实的事物的内部规律。根据数据间的关系，在因变量和自变量之间确定数据的交互关系，建立相关性稳定的回归方程，从而得出依据本回归方程确定的自变量对因变量的变化结果。一般认为，回归分析包括一元回归分析和多元回归分析，多元回归分析预测法的自变量有两个以上，而依据自变量和因变量之间的相关关系不同，可分为线性回归预测和非线性回归预测。

回归模型主要包括以下变量：

未知参数，记为β，可以代表一个标量或一个向量，自变量为X，因变量为Y。

回归模型将Y和一个关于X和β的函数关联起来。

在不同的应用领域有各自不同的术语代替这里的“自变量”和“因变量”。

$$Y \approx f(X, \beta) \tag{2-1}$$

这个估计值通常写作：

$$E(X|Y) = f(X, \beta) \tag{2-2}$$

在进行回归分析时，函数f的形式必须预先指定。有时函数f的形式是在对Y和X之间关系的已有知识上建立的，而不是在数据的基础之上。如果没有这种已有知识，那么就要选择一个灵活和便于回归的f的形式。

假设现在未知量β的维数为k。为了进行回归分析，必须要先有关于Y的信息：如果以

(Y,X) 的形式给出了 N 个数据点，当 $N<k$ 时，大多数传统的回归分析方法都不能进行，因为数据量不够导致回归模型的系统方程不能完全确定 β。

如果恰好有 $N=k$ 个数据点，并且函数 f 的形式是线性的，那么方程 $Y=f(X,\beta)$ 能精确求解。这相当于解一个有 N 个未知量和 N 个方程的方程组。在 X 线性无关的情况下，这个方程组有唯一解。但如果 f 是非线性形式的，解可能有多个或不存在。实际中 $N>k$ 的情况占大多数。在这种情况下，有足够的信息用于估计一个与数据最接近的 β 值，这时当回归分析应用于这些数据时，可以看作是解一个关于 β 的超定方程。在最后一种情况下，回归分析提供了一种完成以下任务的工具：

① 找出一个未知量 β 的解，使因变量 Y 的预测值和实际值差别最小（又称最小二乘法）。

② 在特定统计假设下，回归分析使用数据中的多余信息给出关于因变量 Y 和未知量 β 之间的关系。

2. 回归分析预测法的步骤

（1）确定自变量和因变量

通过明确预测的具体目标，进而确定因变量。在预测中，若具体目标是 Y，那么其就是因变量。通过真实环境中的影响因素，确定对预测目标的影响因素，命名为自变量。总结主要影响因素，建立基本的逻辑关系式。

（2）构建回归预测模型

根据自变量和因变量的关系，建立两个变量之间的关系模型，应用本模型进行预测分析。

（3）依据数据关系，进行模型分析

回归预测模型是根据实际过程建立起来的影响因素和预测对象之间的梳理统计分析模型。此处需要明确自变量与因变量真实地存在某种数量关系，只有如此，所建立的回归方程才有价值。所以，自变量的因素与因变量的预测对象是否存在相关联的关系、相关程度的大小、判断相关程度的可能性的大小，均是进行回归分析的首要问题。常规的做法是进行必要的分析，通过运算求出相关关系，并应用相关系数的大小来判断自变量和因变量的关联程度。

（4）检验回归预测模型，计算预测误差

回归预测分析所构建起来的模型是否可用于实际预测，取决于对回归预测模型的检验和对预测误差的计算。确定回归方程模型的准确程度，必须通过各种检验，实验数据与预测误差越小，所获得的回归预测模型越准确。只有这种回归模型才可以进行数据预测。

（5）确定预测值

经过计算，可以获得回归预测模型的各种参数，建立预测模型并计算预测值，对预测值进行综合分析，从而最后确定预测值。

3. 应用回归预测法时应注意的问题

确定变量之间是否存在相互的关联。如果在实际的应用中，确定变量之间的关联不存在，则变量在回归预测模型中就会出现错误的应用结果，由此，在建立回归模型的时候需要注意如下问题：

① 采用定性分析，对各种现象之间的依存关系进行判断。

② 回归预测模型具有一定应用范围，不能够超过其应用外延。

③ 选择符合实际需求的合适的有效数据。

在真实的事物发展过程中，变量之间的关系分成两类：其中一类为确定的关系，即为函数关系，此关系可以应用函数来进行运算；而另一类则是不确定关系，也就是相关关系，此类关系的相关性比较弱，相互之间的具体关系不够明确，需要通过大量数据进行回归计算才可以获得其明确的关系模型。

面对非线性回归，常规的方法是应用必要的数学工具将非线性问题化为线性回归，研究线性回归问题，从而非线性回归也就可以解决。有些非线性回归也可以直接进行求解，例如多项式回归。在现实社会现象中，由于因变量和自变量之间的关系大多是随机性的，所以获得明确的关系比较困难，通常需要通过大量统计观察才能找出其中的规律。

回归分析法可以简单地理解为信息获取、分析与预测三个部分。其中的信息获取指的是统计数据，分析是对信息进行数学运算，而预测就是加以外推，也就是适当扩大已有自变量取值范围，承认该回归方程在该扩大的定义域内成立，并对回归方程进行有效控制。确定关系和不确定关系均可以通过回归分析进行研究，只要存在相关关系都可以选择一适当的数学关系式，用来说明在一个或多个变量的情况下，另一个或多个变量的平均变化。

4. 回归分析模型及步骤

(1) 回归模型

在计算过程中需要明确变量之间是否存在相关关系，一般情况下，若存在，则可以找出数学表达式，并根据一个或几个变量的值，预测或控制另一个或其他几个变量的值，通过多个数据的修订，估计这种控制或预测所能达到的精确度。

(2) 回归分析步骤

第一步：根据自变量与因变量的现有数据以及关系，初步设定回归方程。

第二步：求出合理的回归系数。

第三步：进行相关性检验，确定相关系数。

第四步：建立合理的相关性后，根据已得的回归方程模型并与具体条件相结合，确定所要研究事物的未来状况，同时确定计算预测值的置信区间。

5. 一元线性回归案例

(1) 案例叙述

[陈涛（指导教师陈国栋）：回归分析在实际案例中的应用] 数据实验的主要问题集中在大坝库水位和大坝沉陷量之间的一元线性回归方程的模型。数据如表 2-1。

表 2-1　大坝库水位和大坝沉陷量

编号	库水位/m	沉陷量/mm	编号	库水位/m	沉陷量/mm
1	102.714	−1.96	7	135.046	−5.46
2	95.154	−1.88	8	140.373	−5.69
3	114.364	−3.96	9	144.958	−3.94
4	120.170	−3.31	10	141.011	−5.82
5	126.630	−4.94	11	130.308	−4.18
6	129.393	−5.69	12	121.234	−2.90

（2）数据输入与分析

设库水位为 x，沉陷量为 y，输入的数据在 Excel 中进行分析，得到 y 关于 x 的散点图，如图 2-1 所示。

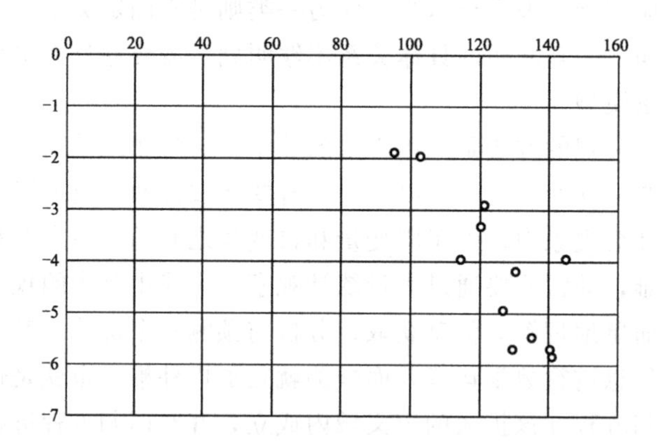

图 2-1　大坝库水位和大坝沉陷量散点图

基于提取的数据所包含的各方面的影响因素，综合考虑其他因素的影响，可以注意到 y 和 x 成线性相关关系，所以，建立了库水位 x 与沉陷量 y 的一元回归线性模型，用式（2-3）表示：

$$y=\beta_0+\beta_1 x+\varepsilon \tag{2-3}$$

（3）手动解算方法

解：计算 β_0、β_1 的值：

$$\overline{x}=\frac{1}{10}\sum_{i=1}^{10} x_i=124.9813 \tag{2-4}$$

$$\overline{y}=\frac{1}{10}\sum_{i=1}^{10} y_i=-4.26 \tag{2-5}$$

$$S_{xx}=\frac{1}{10}\sum_{i=1}^{n}(x_i-\overline{x})^2=2537.87 \tag{2-6}$$

$$S_{xy}=\sum_{i=1}^{n}(x_i-\overline{x})(y_i-\overline{y})=-190.0911 \tag{2-7}$$

$$\widehat{\beta_1}=\frac{S_{xy}}{S_{xx}}=\frac{-190.0911}{2537.87}=-0.0749 \tag{2-8}$$

$$\widehat{\beta_0}=\overline{y}-\overline{x}\widehat{\beta_1}=5.0967 \tag{2-9}$$

故回归方程为式（2-10）：

$$\widehat{y}=5.0967-0.0749x \tag{2-10}$$

（4）矩阵的 MATLAB 解算

在 MATLAB 中输入编码如下：

```
x = [102.714 95.154 114.364 120.170 126.630 129.393 135.046 140.373 144.958 141.011]; % 输入 x 的数据
y = [-1.96 -1.88 -3.96 -3.31 -4.94 -5.69 -5.46 -5.69 -3.94 -5.82]; % 输入 y 的数据
X = sum(x)/10; % 求 x 数据的平均值
Y = sum(y)/10; % 求 y 数据的平均值
A = ones(1,10) * X; % 构建一个 1 行 10 列值为 X 的矩阵
B = ones(1,10) * Y; % 构建一个 1 行 10 列值为 Y 的矩阵
Sx = x-A; % 矩阵减法
Sy = y-B; % 矩阵减法
Sxx = sum(Sx. * Sx); % 对矩阵 Sx 中的值先平方再求和
Sxy = sum(Sx. * Sy); % 矩阵 Sx 中的值与矩阵 Sxy 中的值先相乘再求和
P1 = Sxy/Sxx;
P0 = Y-X * P1;
结果输出:
P1 = Sxy/Sxx
P1 =
   -0.0749
P0 = Y-X * P1
P0 =
5.0967
```

故回归模型为式（2-11）：

$$\hat{y}=5.0967-0.0749x \tag{2-11}$$

（5）多项式法解算

在 MATLAB 中输入程序编码，利用多项式求解参数：

```
x = [102.714 95.154 114.364 120.170 126.630 129.393 135.046 140.373 144.958 141.011]; % 输入 x 的数据
y = [-1.96 -1.88 -3.96 -3.31 -4.94 -5.69 -5.46 -5.69 -3.94 -5.82]; % 输入 y 的数据
[P,S] = polyfit(x,y,1); % 确定多项式系数的 MATLAB 命令
结果输出:
P =   -0.0749      5.0967
```

故回归模型为式（2-12）：

$$\hat{y}=5.0967-0.0749x \tag{2-12}$$

（6）模型参数的显著性检验

在 MATLAB 中输入以下编码：

```
X = [ones(10,1),x']; % 构建 10 行 2 列矩阵 X,第一列值都为 1,第二列为 x 的转置
[b,bint,r,rint,s] = regress(y',X); % 计算 y'、X 相关系数,分析其相关程度,以 0.05 的显著性水平检验相关系数的显著性
s2 = sum(r.^2)/8; % r 中值的平方求和除以 8
b,bint
```

```
结果输出：
b =
      5.0967
     -0.0749
bint =
      0.0046   10.1887
     -0.1153  -0.0345
```

参数 $b_1=5.0967$、$b_2=-0.0749$ 均在其置信区间［0.0046，10.1887］、［−0.1153，−0.0345］内，所以模型参数满足要求。

模型检验：

同样在 MATLAB 中可以得到残差数据，如图 2-2 所示。

s＝

0.6954　18.2659　0.0027　0.7795

s2＝

0.7795

由这些数据可知：

$R^2=0.6954$，$F=18.2659$，$p=0.0027$，$S^2=0.7795$。

此处 $p=0.0027<0.05$，基本符合要求，模型有效。

同时在 MATLAB 中输入编码 rcoplot(r,rint)，得到模型的初始残差分布如图 2-2，由图知第九组数据存在问题。

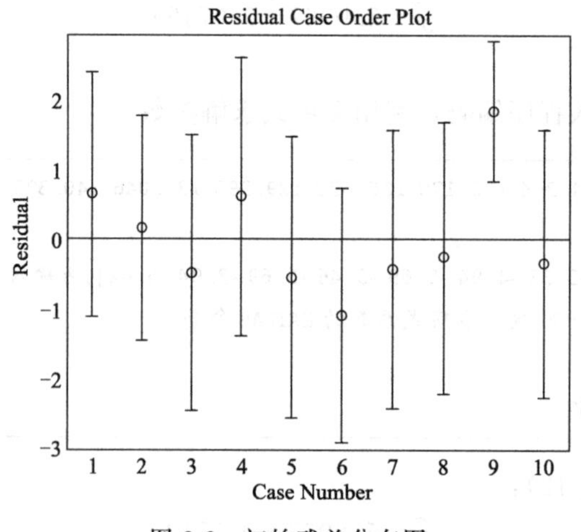

图 2-2　初始残差分布图

将第九组数据剔除，取一到八组和十、十一组数据重新计算得到以下模型和数据，式(2-13)：

$$\hat{y}=7.0218-0.0916x \tag{2-13}$$

bint＝

3.6458　10.3979

−0.1187　−0.0644

模型参数满足要求。

s=

0.8833　60.5277　　0.0001　　0.2973

s2=

0.2973

$R^2=0.8833$，$F=60.5277$，$p=0.0001$，$S^2=0.2973$；$p=0.0001<0.05$。

满足要求，模型有效。

剔除异常点的残差分布如图 2-3 所示。

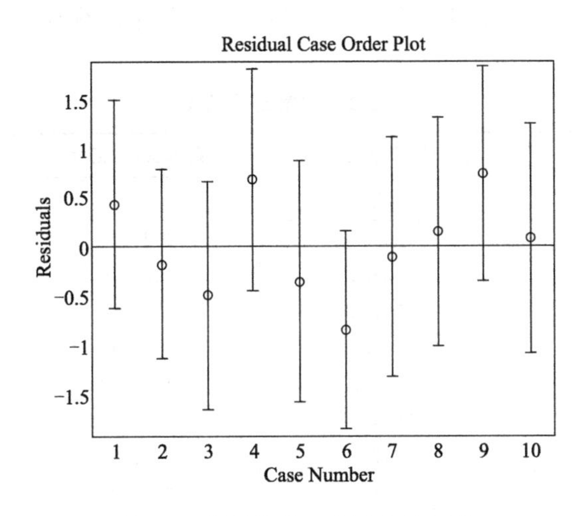

图 2-3　剔除异常点的残差分布图

此时残差图显示所有数据都满足要求，模型比剔除异常点前的模型更好；此处将最后一组数据代入发现结果差别较大，因此最后一组数据应该也属于异常点。

在剔除两个异常点后，可以再画 y 关于 x 的散点图，如图 2-4 所示。

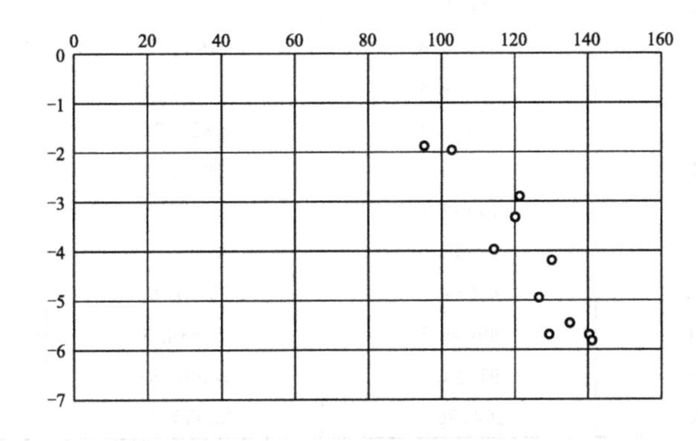

图 2-4　无异常点的散点图

通过对比会发现剔除异常点后的散点图更能体现库水位和沉陷量之间的线性关系，所以最终的回归模型为式（2-14）所示：

$$\hat{y}=7.0218-0.0916x \tag{2-14}$$

（7）利用回归方程进行预测和预报控制

通过得到的回归模型可知，要使得大坝在理论上的沉陷量为零，大坝的库水位应该为 $x=7.0218/0.0916=76.66$（m），虽然在现实生活中不一定能够达到这样的要求，这个数据也不一定就是实际上使得大坝的沉陷量为零的库水位值，但是至少也是理论上的一个与实际真值相差最小的值，能够为大坝管理人员提供一个用于评估和研究的理论数据。

6.多元线性回归案例分析

（1）案例叙述

（国家税收增长因素的多元回归分析）影响“财政收入”的因素为“国内生产总值（GDP）”“财政支出”“商品零售物价指数”。指标摘自《中国统计年鉴》，如表 2-2 数据。

表 2-2　收集到的数据

年份	财政收入/亿元	国内生产总值/亿元	财政支出/亿元	商品零售物价指数/%
	y	x_1	x_2	x_3
1978	519.28	3624.1	1122.09	100.7
1979	537.82	4038.2	1281.79	102
1980	571.7	4517.8	1228.83	106
1981	629.89	4862.4	1138.41	102.4
1982	700.02	5294.7	1229.98	101.9
1983	775.59	5934.5	1409.52	101.5
1984	947.35	7171	1701.02	102.8
1985	2040.79	8964.4	2004.25	108.8
1986	2090.73	10202.2	2204.91	106
1987	2140.36	11962.5	2262.18	107.3
1988	2390.47	14928.3	2491.21	118.5
1989	2727.4	16909.2	2823.78	117.8
1990	2821.86	18547.9	3083.59	102.1
1991	2990.17	21617.8	3386.62	102.9
1992	3296.91	26638.1	3742.2	105.4
1993	4255.3	34636.4	4642.3	113.2
1994	5126.88	46759.4	5792.62	121.7
1995	6038.04	58478.1	6823.72	114.8
1996	6909.82	67884.6	7937.55	106.1
1997	8234.04	74462.6	9233.56	100.8
1998	9262.8	78345.2	10798.18	97.4
1999	10682.58	82067.5	13187.67	97
2000	12581.51	89468.1	15886.5	98.5
2001	15301.38	97314.8	18902.58	99.2
2002	17636.45	104790.6	22053.15	98.7

（2）数据输入与分析

按表中数据将 y、x_1、x_2、x_3 输入 MATLAB 中进行分析，数据分析可以设为多元回归模型，如式（2-15）：

$$y=\beta_0+\beta_1 x_1+\beta_2 x_2+\beta_3 x_3+\varepsilon \tag{2-15}$$

(3) 解算方法

在MATLAB中利用矩阵编写程序代码进行解算，程序编码如下：

```
format long % 设置浮点型的输出格式
y = [519.28 537.82 571.7 629.89 700.02 775.59 947.35 2040.79 2090.73 2140.36 2390.47 2727.4
2821.86 2990.17 3296.91 4255.3 5126.88 6038.04 6909.82 8234.04 9262.8 10682.58 12581.51 15301.38
17636.45]; % y 的数据
X1 = [3624.1 4038.2 4517.8 4862.4 5294.7 5934.5 7171 8964.4 10202.2 11962.5 14928.3 16909.2
18547.9 21617.8 26638.1 34636.4 46759.4 58478.1 67884.6 74462.6 78345.2 82067.5 89468.1 97314.8
104790.6]; % X1 的数据
X2 = [1122.09 1281.79 1228.83 1138.41 1229.98 1409.52 1701.02 2004.25 2204.91 2262.18 2491.21
2823.78 3083.59 3386.62 3742.2 4642.3 5792.62 6823.72 7937.55 9233.56 10798.18 13187.67 15886.5
18902.58 22053.15]; % X2 的数据
X3 = [100.7 102 106 102.4 101.9 101.5 102.8 108.8 106 107.3 118.5 117.8 102.1 102.9 105.4 113.2
121.7 114.8 106.1 100.8 97.4 97 98.5 99.2 98.7]; % X3 的数据
n = 25;;m = 3;
X = [ones(n,1),x1',x2',x3']; % 构造 n 行 4 列矩阵 X,第一列为 1,第二列为 X1 转置……
[b,bint,r,rint,s] = regress(y',X); % 计算 y'、X 相关系数,分析其相关程度,以 0.05 的显著性水平检验
相关系数的显著性
s2 = sum(r.^2)/(n-m-1); % r 中值的平方求和除以(n-m-1)
b,bint,s,
结果输出:
b =
   1.0e + 03 *
  -2.582755482904195
   0.000022067154277
   0.000702104075794
   0.023985062289075
```

故所求模型为：

$$\hat{y}=-2582.755483+0.022067x_1+0.702104x_2+23.985062x_3 \tag{2-16}$$

(4) 模型参数的显著性检验

在解算的同时可以求出以下参数：

bint=

　　1.0e+03 *

−4.538864982100863	−0.626645983707528
0.000010468615698	0.000033665692856
0.000632985821410	0.000771222330178
0.005812781056010	0.042157343522140

由于

b=

　　1.0e+03 *

　−2.582755482904195

0.000022067154277

0.000702104075794

0.023985062289075

b_1、b_2、b_3、b_4 都在其置信区间 [－4538.864982100863，－626.645983707528]、[0.010468615698，0.033665692856]、[0.632985821410，0.771222330178]、[5.812781056010，42.157343522140] 内，所以模型参数满足要求。

（5）模型检验

同样在 MATLAB 中可以得到以下残差数据：

s＝

1.0e＋04 *

0.000099743048911 0.271725387862814　0.000000000000000　6.967443168409442

s2＝

6.967443168409445e＋04

$R^2=0.99743$，$F=2717.2538786$，$p=0.000$，$S^2=69674.43168$；此处 $p<0.05$。

输入 rcoplot(r,rint) 代码可得残差分布，如图 2-5 所示。

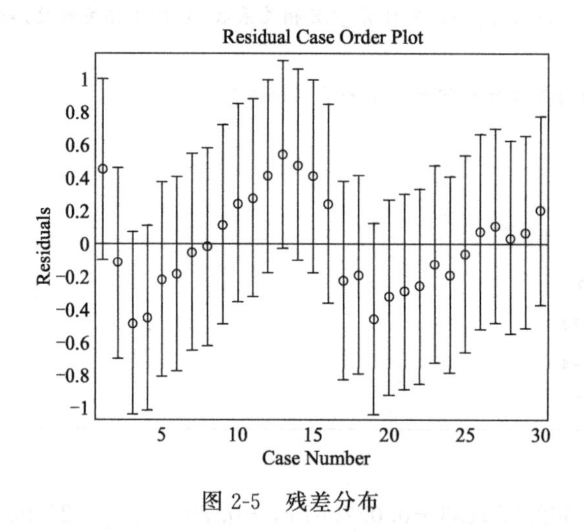

图 2-5　残差分布

由图 2-5 可知，残差在零点上下分布均匀且相隔不远，没有异常点，所以模型检验合格、有效。

（6）利用回归方程进行预测和预报控制

根据求出来的回归模型可知，财政收入总体的趋势是处于上涨趋势，这是非常积极的；另一方面，影响财政收入的最主要原因是商品零售物价指数，政府应该在这方面给予重视，国内生产总值对财政收入的影响比较小，财政支出的影响也相对适中。

二、回归分析在产品创新中应用的案例

① 一款产品的销量受很多个因素影响，各种因素之间的关系很复杂，一个好的设计是各种因素共同作用的结果。假设影响一款产品销量的因素有美学因素、价格因素、制造因

素，其数值如表 2-3。

表 2-3 多个因素数据统计

产品	美学因素	价格因素	制造因素	销量
1	16.5	6.2	11.2	587
2	20.5	6.4	13.4	643
3	26.3	9.3	40.7	635
4	16.5	5.3	5.3	692
5	19.2	7.3	24.8	1248
6	16.5	5.9	12.7	643
7	20.2	6.4	20.9	1964
8	21.3	7.6	35.7	1531
9	17.2	4.9	8.7	713
10	14.3	6.4	8.6	749
11	18.1	6	14.5	7895
12	23.1	7.4	26.9	762
13	19.1	5.8	15.7	2793
14	24.7	8.6	36.2	741
15	18.6	6.5	18.1	625
16	24.9	8.3	28.9	854
17	17.9	6.7	14.9	716
18	22.4	8.6	25.8	921
19	20.2	8.4	21.7	595
20	16.9	6.7	25.7	3353

② 将美学因素、价格因素、制造因素分别设为 x_1、x_2、x_3，产品销量设为 y，设变量之间的关系为：

$$y=ax_1+bx_2+cx_3 \tag{2-17}$$

③ 使用非线性回归方法求解。

对回归模型建立 m 文件 model. m：

```
function yy = model(beta0,X);
%每个元素
a = beta0(1);
b = beta0(2);
c = beta0(3);
%每一列
x1 = X(:,1);
x2 = X(:,2);
x3 = X(:,3);
```

```
yy = a * x1 + b * x2 + c * x3
```

主程序 program. m 如下：

```
X = [16.5,6.2,11.2;
    20.5,6.4,13.4;
    26.3,9.3,40.7;
    16.5,5.3,5.3;
    19.2,7.3,24.8;
    16.5,5.9,12.7;
    20.2,6.4,20.9;
    21.3,7.6,35.7;
    17.2,4.9,8.7;
    14.3,6.4,9.6;
    18.1,6,14.5;
    23.1,7.4,26.9;
    19.1,5.8,15.7;
    24.7,8.6,36.2;
    18.6,6.5,18.1;
    24.9,8.3,28.9;
    17.9,6.7,14.9;
    22.4,8.6,25.8;
    20.2,8.4,21.7;
    16.9,6.7,25.7];
y = [587,643,635,692,1248,643,1964,1531,713,749,7895,762,2793,741,625,854,716,921,595,
3353]';
beta0 = [1,1,1]';
betafit = nlinfit(X,y,'model',beta0);
```

结果为：

```
X = [16.5,6.2,11.2;
    20.5,6.4,13.4;
    26.3,9.3,40.7;
    16.5,5.3,5.3;
    19.2,7.3,24.8;
    16.5,5.9,12.7;
    20.2,6.4,20.9;
    21.3,7.6,35.7;
    17.2,4.9,8.7;
    14.3,6.4,9.6;
    18.1,6,14.5;
    23.1,7.4,26.9;
    19.1,5.8,15.7;
    24.7,8.6,36.2;
```

```
    18.6,6.5,18.1;
    24.9,8.3,28.9;
    17.9,6.7,14.9;
    22.4,8.6,25.8;
    20.2,8.4,21.7;
    16.9,6.7,25.7];
y = [587,643,635,692,1248,643,1964,1531,713,749,7895,762,2793,741,625,854,716,921,595,3353]';
beta0 = [1,1,1]';
betafit = nlinfit(X,y,'model',beta0);
```

根据数据得到最后的回归方程为：

$$y=158.0757x_1-195.7119x_2-19.2323x_3 \tag{2-18}$$

三、多元非线性回归分析在产品设计评价中应用的案例

① 产品销售预测问题：产品销量与价格因素、市场营销因素、制造因素、竞争对手因素等有关。表 2-4 列出了这款产品各种因素的 20 组原始数据，试构造预测模型。

表 2-4　产品销售预测数据

价格因素 x_1	市场营销因素 x_2	制造因素 x_3	竞争对手因素 x_4	销量 y
90.8	64.4	50.2	27.8	2300
91.7	65	66.7	44.7	2457
88.9	65.4	78	56.4	3579
87.3	66.3	84.6	63.1	4589
84	74.1	90.9	66.8	4357
82.8	74.6	92.6	69.7	5327
80.5	76.2	95.7	69.7	5467
79.4	77.4	96.6	70.1	5535
78.7	77.2	97.3	68.4	6375
78	76.3	97.5	69.3	6578
77.8	78.1	100.4	66.7	6846
76	77.5	98.6	65.9	7268
75.3	78.5	101.7	63.8	7489
73	78.9	106.5	67.9	7609
72.1	81.5	104.3	62.6	8393
70.8	81.9	108.6	64.8	8490
67.5	80.4	110.9	50	8673
63.9	82.6	113.9	68.4	8867
62.8	82.9	114.9	65.3	9480
60	81.9	109.7	56	9604

② 设价格因素、市场营销因素、制造因素、竞争对手因素分别为 x_1、x_2、x_3、x_4，产品销量为 y，设变量之间的关系为：

$$y=ax_1+bx_2+cx_3+dx_4 \tag{2-19}$$

③ 使用非线性回归方法求解。

对回归模型建立 m 文件 model. m，如下：

```
function yy = model(beta0,X)   %一定是两个参数,第一个为系数数组,b(1),b(2),…,b(n)%分别代表每个系数,而第二个参数代表所有的自变量,%是一个矩阵,它的每一列分别代表一个自变量.
a = beta0(1);
b = beta0(2);%每个元素
c = beta0(3);
d = beta0(4);
x1 = X(:,1);   %每一列
x2 = X(:,2);
x3 = X(:,3);
x4 = X(:,4);
yy = a * x1 + b * x2 + c * x3 + d * x4
```

主程序 program. m 如下：

```
X = [90.8,64.4,50.2,27.8;
91.7,65,66.7,44.7;
88.9,65.4,78,56.4;
87.3,66.3,84.6,63.1;
84,74.1,90.9,66.8;
82.8,74.6,92.6,69.7;
80.5,76.2,95.7,69.7;
79.4,77.4,96.6,70.1;
78.7,77.2,97.3,68.4;
78,76.3,97.5,69.3;
77.8,78.1,100.4,66.7;
76,77.5,98.6,65.9;
75.3,78.5,101.7,63.8;
73,78.9,106.5,67.9;
72.1,81.5,104.3,62.6;
70.8,81.9,108.6,64.8;
67.5,80.4,110.9,50;
63.9,82.6,113.9,68.4;
62.8,82.9,114.9,65.3;
60,81.9,109.7,56];
y = [2300;2457;3579;4589;4357;5327;5467;5535;6375;6578;6846;7268;7489;7609;8393;8490;8673;8867;9480;9604];
beta0 = [1 1 1 1 ];
betafit = nlinfit(X,y,'model',beta0)
```

```
结果为:
betafit =
-68.8798
82.6439
82.9110
-39.9590
>>program
betqfit =
-68.8798    82.6439    82.9110    -39.9590
>>program
betafit =
-68.8798   82.6439   82.9110   -39.9590
a = -68.8798   b = 82.6439   c = 82.9110   d = -39.9590
```

根据计算的结果，最终获得产品销量与价格因素、市场营销因素、制造因素、竞争对手因素的线性关系，如式（2-20）：

$$y=-68.8798x_1+82.6439x_2+82.9110x_3-39.9590x_4 \tag{2-20}$$

本章案例选自：研究生课程《产品创新设计》课程作业。

CHAPTER

第三章 神经网络

一、神经网络（ANN）简介

人工神经网络（Artificial Neural Network，ANN）针对机器学习和认知科学研究，采用生物仿真的思路建立类似人类神经思维的网络结构和功能的数学模型，通过计算机算法对其所建立的函数进行求解。理论上，人工神经网络支持在外界信息基础上改变内部结构，是一种自适应且具备学习功能的系统。神经网络在解决非线性问题的过程中，通过基于数字分析的统计数学方法，建立基于数学逻辑的函数表达的局部结构空间，从而展开对相关预测问题的运算。在人工智能领域，依据所建立起来的数学模型和计算机算法完全可以对人工感知方面的重要问题进行研究，此方法比正式的逻辑推理演算更具有自身的优势。例如在机器视觉和语音识别领域，人工神经网络表现出非常突出的作用，比传统基于规则的编程更有优势。

人类对神经系统的观测启发了对人工神经系统网络的概念。在人工神经网络中，简单的人工节点称为神经元（neurons），它们连接起来形成了一个网状结构，类似于生物神经网。人工神经网络的正式技术定义目前尚未统一。然而，具有以下几种特点的流体统计力学模型，可以被称为“神经化”：

① 具有可调整的权重值。

② 分析可预测估计值与输入输出数据之间的非线性取值函数相互关系。

③ 这些可以被调整的强度权重被广泛认为可以是两个神经元之间连接的最大强度。

人工神经网络与生物神经网络相似，不同之处是可以集体地、并行地计算函数的各个部分，不需要特别描述单一单元的具体任务。神经网络这个词一般指统计学、认知心理学和人工智能领域使用的模型，而控制中央神经系统的神经网络属于理论神经科学和计算神经科学。

1. 发展历史

① 人工神经网络模型诞生于二十世纪八十年代后期由高度符号化的人工智能向低符号化的机器学习转变的过程。

② 沃伦·麦卡洛克和沃尔特·皮茨在1943年基于数学开发出一种称为阈值逻辑的算法，并给出了一种神经网络的计算模型。此模型使得神经网络的研究分裂为两种不同研究思路。一种主要关注大脑中的生物学过程，另一种主要关注神经网络在人工智能中的应用。

③ 在二十世纪四十年代后期，心理学家唐纳德·赫布根据神经可塑性的机制构造了赫布型学习。赫布型学习被认为是一种典型的非监督式学习规则，它后来的变种是长期增强作用的早期模型。

④ 1954年，法利和韦斯利·A·克拉克首次使用计算机，在MIT建立了一个赫布网络。1956年，纳撒尼尔·罗切斯特等在一台IBM公司704计算机上模拟了抽象神经网络的

行为。

⑤ 弗兰克·罗森布拉特开发出了一种感知机，作为一种模式识别算法，本方法采用简单的加减法实现了两层的计算机学习网络。在研究中，罗森布拉特也用数学符号描述了基本感知机里没有的反馈，这种反馈在当时无法被神经网络处理，直到1975年，保罗·韦伯斯提出了反向传播算法。

⑥ 1969年，马文·明斯基和西摩尔·派普特发表了一项关于机器学习的研究报告，发现造成神经网络研究停滞不前的主要原因是：第一是基本感知机无法处理偏差和反馈，第二是计算机的计算能力限制。在计算机具有更强的计算能力之前，神经网络的进展比较缓慢。

⑦ 1975年，保罗·韦伯斯提出了反向传播算法（BP）。这个算法有效地解决了异或问题，提高了网络训练的应用普遍性。

⑧ 在二十世纪八十年代中期，伴随着分布式并行运算的发展。戴维·鲁姆哈特和詹姆斯·麦克里兰德出版的书籍中对联结主义在计算机模拟神经中的应用进行了全面的论述。

⑨ 伴随着2000年后的深度学习，人们对人工神经网络产生出新的热情。

⑩ 2006年之后，人们用CMOS创造了用于生物物理模拟和神经形态计算的计算设备。

⑪ 从2009年到2012年，Jürgen Schmidhuber研发出的循环神经网络以及前馈神经网络赢得了模式识别和机器学习的八项国际性比赛。

⑫ Dan Ciresan和同事编写的基于GPU的神经网络模型赢得了多项模式识别的竞赛，使人工神经网络第一次在基础测试中达到或超过人类水平。

2. 人工神经网络的组成部分

① 结构：神经网络中的变量以及相关的拓扑结构。

② 激励函数：人工神经网络模型依据瞬态的动力学规则，通过其他神经元的活动情况确定现有神经元的活动状态，通常激励函数依赖神经网络所确定的权重。

③ 学习规则：伴随着时间的推进，网络中的权重会发生调整，这被认为是一种长时间尺度的动力学规则。通常，学习规则的形成根据神经元的激励值变化。其来源可以是监督者提供的目标值或当前权重值。数据周而复始被激励的过程就是输入神经元对于下一个激励值加权后再一次调整其他神经元的过程，这个过程重复进行，直到输出神经元被激发。

3. 人工神经网络特征

人工神经网络是一种非程序化、自适应、模拟大脑的信息处理模型，其本质是通过网络的调整以及动力学行为从而获得并行分布式的信息处理功能。人工神经网络涉及神经科学、人工智能、计算机科学、思维科学等多个交叉学科。人工神经网络有4个基本特征。

（1）非线性

人工神经元处于激活或抑制两种不同的状态，这种行为在数学上表现为一种非线性关系。非线性关系是自然界的普遍特性。大脑的智慧就是一种非线性现象。具有阈值的神经元构成的网络具有更好的性能，可以提高容错性和存储容量。

（2）非局限性

神经网络通常由多个神经元广泛连接而成。一个系统的整体行为不仅取决于单个神经元的特征，而且可能主要由单元之间的相互作用、相互连接所决定。通过单元之间的大量连接模拟大脑的非局限性。

（3）非常定性

人工神经网络具有自适应、自组织、自学习能力。神经网络处理的信息不但可以有各种变化，而且在处理信息的同时，非线性动力系统本身也在不断变化。

（4）非凸性

神经网络系统的演化方向，在一定条件下将取决于某个特定的状态函数。非凸性是指这种函数有多个极值，系统具有多个较稳定的平衡态，这是产生系统演化多样性的主要原因。

在人工神经网络（图 3-1）中，神经元处理单元（图 3-2）可表示不同的对象。网络中处理单元的类型分为 3 类：输入单元、输出单元和隐单元。输入单元接收外部世界的信号与数据；输出单元实现系统处理结果的输出；隐单元是处在输入和输出单元之间，不能由系统外部观察的单元。神经元间的连接权值反映了单元间的连接强度，信息的表示和处理体现在网络处理单元的连接关系中。

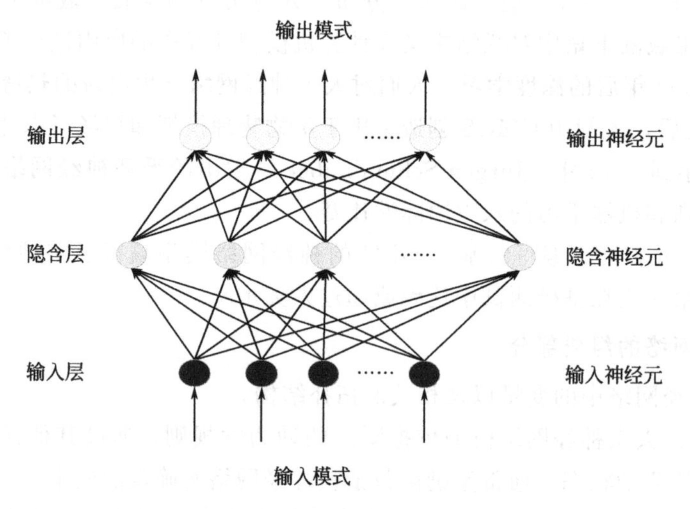

图 3-1 典型的神经网络结构

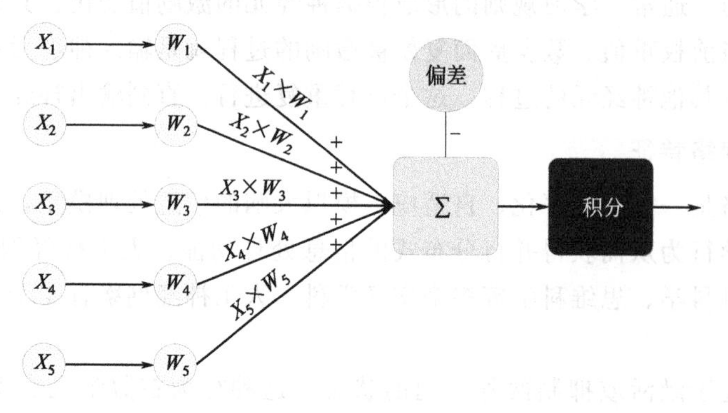

图 3-2 神经元处理单元

人工神经网络采用了与传统人工智能和信息处理技术完全不同的机理，是并行分布式系统，克服了传统的基于逻辑符号的人工智能在处理直觉、非结构化信息方面的缺陷。

人工神经网络是崭新且令人兴奋的研究领域，它有很大的发展潜力，但也同时遭受到一些尚未克服的困难。其优点可列举如下：

① 可处理噪声：一个人工神经网络训练完成后，即使输入的数据中有部分遗失，它仍然有能力辨认样本。

② 人工神经网络以分布式的方法来表示数据，当某些单元损坏时，网络依然可以正常地工作。

③ 可以平行处理。

④ 可以学习新的观念。

⑤ 为智能机器提供了一个较合理的模式。

⑥ 成功地运用在一般传统方法很难解决的问题上。

⑦ 有希望实现联合内存。

⑧ 它提供了一个工具，来模拟并探讨人脑的功能。

4. 神经网络程序

神经网络的运算流程如图 3-3 所示，主要包括的内容如下。

(1) 数据表达和特征提取

对于一个非深度学习神经网络，数据表达和特征提取是影响模型准确度的主要因素。选

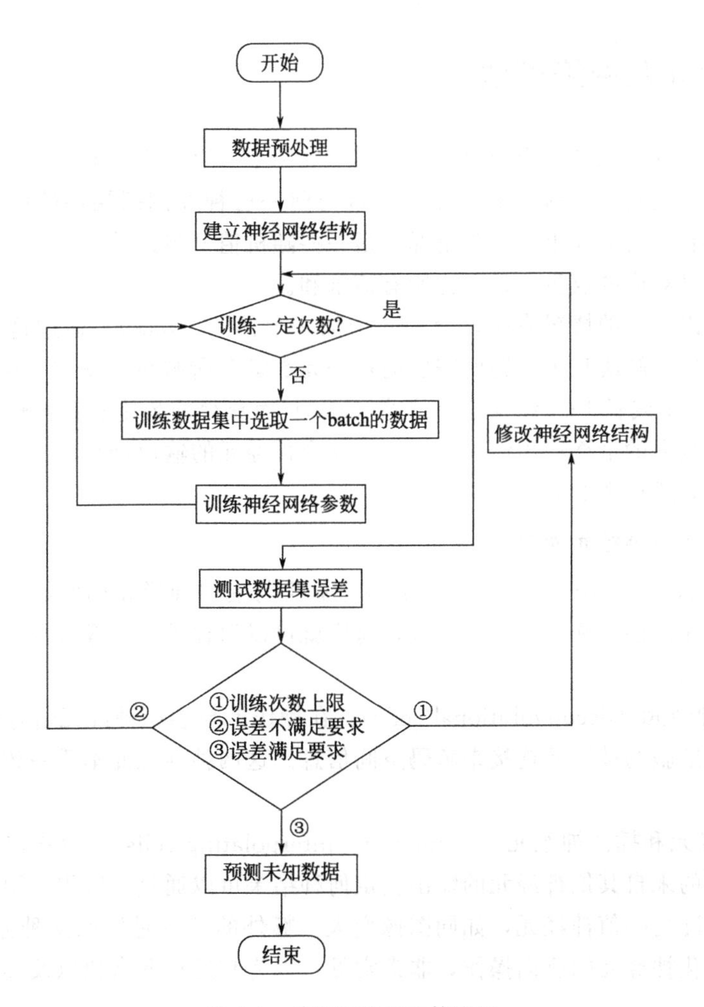

图 3-3　神经网络的运算流程

择合适的数据表达可以极大地降低解决问题的难度，面对同样的一组数据，在欧式空间和非欧空间，一般存在着不同的分布状态。不同的思考问题的思路会使得问题变得复杂或简单。特征的提取在机器学习中是一件非常重要且比较困难的事。在现有的解决问题的能力下，面对一些复杂问题，有时候需要通过人工的方式获得有效的特征集合，由此需要付出很多的时间和精力。

（2）定义神经网络的结构

面对不同的实际问题，不同结构的神经网络有可能会得到不同的效果。选择合适的神经网络结构非常重要。

（3）训练神经网络的参数

训练的目的是利用神经网络输出误差反向传播，修正神经网络中的参数或者结构。反向传播过程中，步长大小的选择对神经网络的训练有着重要的影响，并有可能在此基础上产生多种训练方法。

（4）使用训练好的神经网络预测未知数据

经过训练后的神经网络是用来解决预测问题的工具，通过输入数据，就可以获得未知预测数据。

二、神经元及网络模型

人工神经网络神经元结构很简单，这种简单的类型可以在常规的前馈人工神经网络架构里面找到。神经元之间的连接具有权重，通过与前一层神经网络层中的所有神经元相互连接，每个连接都有各自的权重，通常情况下是一些随机值。与此神经元相连接的所有神经元的值都会乘以各自对应的权重。最后把所有值求和。

为了避免输出为零的情况发生，会额外增加一个偏差（bias），通过这个操作可以提高准确度，并可能使得解决某个问题所需要的神经元数量有所减少。偏差（bias）一般也是一个数字（常常是−1或者1）。结合这个偏差（bias）而获得的最终总和被输入到一个激活函数中，这个激活函数的最终输出结果也就成了这个神经元的输出结果。

神经元表示方式见图3-4。

1. 人工神经网络神经元简介

① 卷积神经元（convolutional cells）：在理解上与前馈神经元相似，当前神经元只与前一层的部分神经元连接，并不是全部连接，这样就可以保存类似图像数据、语音数据等方面的信息，非常实用。

② 解卷积神经元（deconvolutional cells）：在操作上与卷积神经元恰好相反，当前神经元与下一层神经细胞的神经元连接来解码空间信息。这两种神经元本质一致，但是适用方式却不同。

③ 池化神经元和插值神经元（pooling and interpolating cells）：池化神经元就如同开关一样，对接收到的来自其他神经元的输出决定何种结果可以通过。应用在图像领域为图像的缩小。另一种情况是插值神经元，如同图像变大，额外的信息是按照某种方式制造出来的。插值神经元是池化神经元的反向操作，非常常见，因为其运行非常快以及实现简单等而被广泛采用。

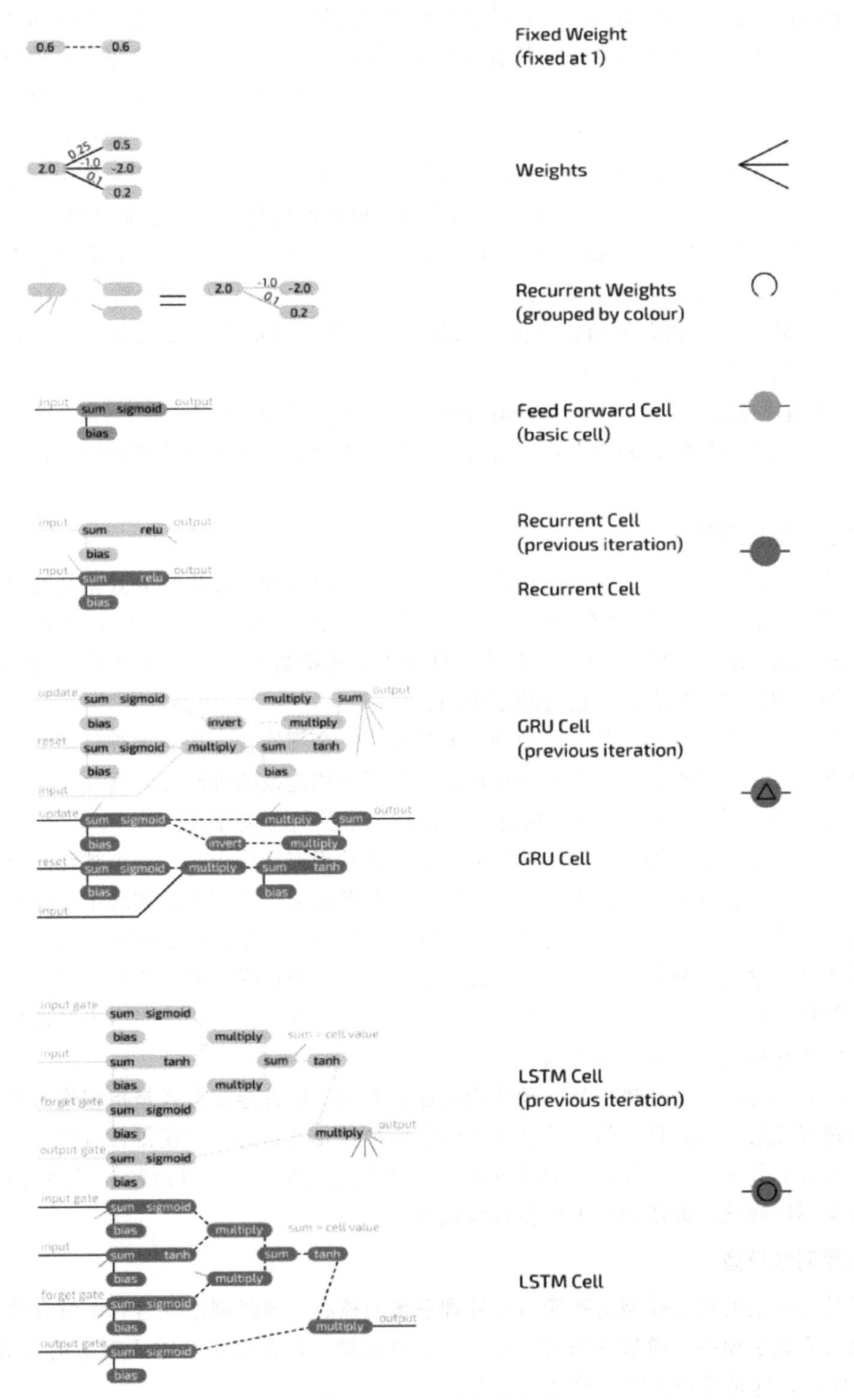

An informative chart to build
Neural Network Cells
©2016 Fjodor van Veen - asimovinstitute.org
Fixed Weight
(fixed at 1)
Weights
Recurrent Weights
(grouped by colour)
Feed Forward Cell
(basic cell)
Recurrent Cell
(previous iteration)
Recurrent Cell
GRU Cell
(previous iteration)
GRU Cell
LSTM Cell
(previous iteration)
LSTM Cell

图 3-4　神经元表示方式

④ 均值神经元和标准方差神经元（mean and standard deviation cells）：均值和标准方差属于概率统计的专属名词，是用来描述数据概率分布的神经元。所有值的平均值就是均值，标准方差则是这些数据偏离均值的距离绝对值。通常情况下，每一层的神经元是相互连接的，不存在偏差。

⑤ 循环神经元（recurrent cells）：神经元在神经细胞层之间互相连接，在时间轴上也互相连接在一起。在神经元内部会保存其前面神经元的值。伴随着神经元的更新，神经元具有额外权重。在特定状态下如果不对这个状态持续更新，这个状态则会消失，当前值和存储的先前值之间的权重的工作机制与非永久性存储器的工作机制相近。其结果来自先前通过激活函数获得的值。每一次的更新，均会把这个值和其他权重一起输入到激活函数中，信息会不断地流失。很多情况下，经过 4～5 次的迭代更新，所有的信息几乎都会流失掉。

⑥ 长短期记忆神经元（long short term memory cells）：此类神经元主要用于克服循环神经元中信息快速流失的问题。具有逻辑回路的 LSTM 神经元，受到计算机内存单元设计的启发，LSTM 有 4 个状态的值：当前输出值、先前值、记忆神经元状态的当前值、先前值。还有 3 个门：输入门、输出门、遗忘门。

⑦ 门控循环神经元［gated recurrent units（cells）］：这种神经元是 LSTM 神经元的变形。通过运用门来抑制信息的消失，包含更新门和重置门。此神经元使得神经元构建所付出的代价不高，速度较快。

2. 神经细胞层的概念

在由神经细胞层形成一个神经网络的过程中，最简单的神经元连接方式是把神经元与其他所有的神经元相连接，这种连接是全连接方式，比如 Hopfield 神经网络和玻尔兹曼机（Boltzmann machines）的连接方式。在使用过程中，连接数量会随着神经元个数的增加呈指数级增加，相应的函数表达力也会越来越强。

所谓全连接并非是真正的某一层的神经元与另一层全部连接，而是把神经网络分解成不同的神经细胞层，神经细胞层定义了一群彼此之间不互相连接的神经元，这些神经元仅仅与本层神经元连接。图 3-5 展示了以上所介绍的神经网络及其连接方式。

在连接方式上，还有卷积连接。这种方式是指在卷积连接层中的每一个神经元只与相邻的神经元层连接。在处理图像和声音的神经网络中存在此类连接方式，实践中，这种连接方式所需的代价低于全连接的形式。通过卷积连接方式的过滤作用，决定何种联系在一起的信息包是重要的，这是一种用于数据降维的好思路。另外一种选择是随机连接神经元，这种方式有助于线性地降低人工神经网络的性能，在大规模人工神经网络中，当全连接遇到性能问题的时候使用这种连接方式非常普遍。

除此之外，时间滞后连接也是一种常用的连接方式。这种连接方式是指相连的神经元不从前面的神经元层获取信息，信息是来自先前层的神经元的状态。这使得暂时联系在一起的信息可以被存储起来。采用经过手动设置的时间滞后连接方式，可以清楚神经网络的状态，这种连接会不断变化，即便网络未处在训练状态。

3. 神经网络模型

人工神经网络的算法模型是智能信息处理系统的核心，神经网络在运算中没有输入与输出的映射关系数学模型，通过训练而学习某种运算规则，从而输出与输入对应的近似结果。如图 3-6 所示，这是常用的算法模型图形表示。

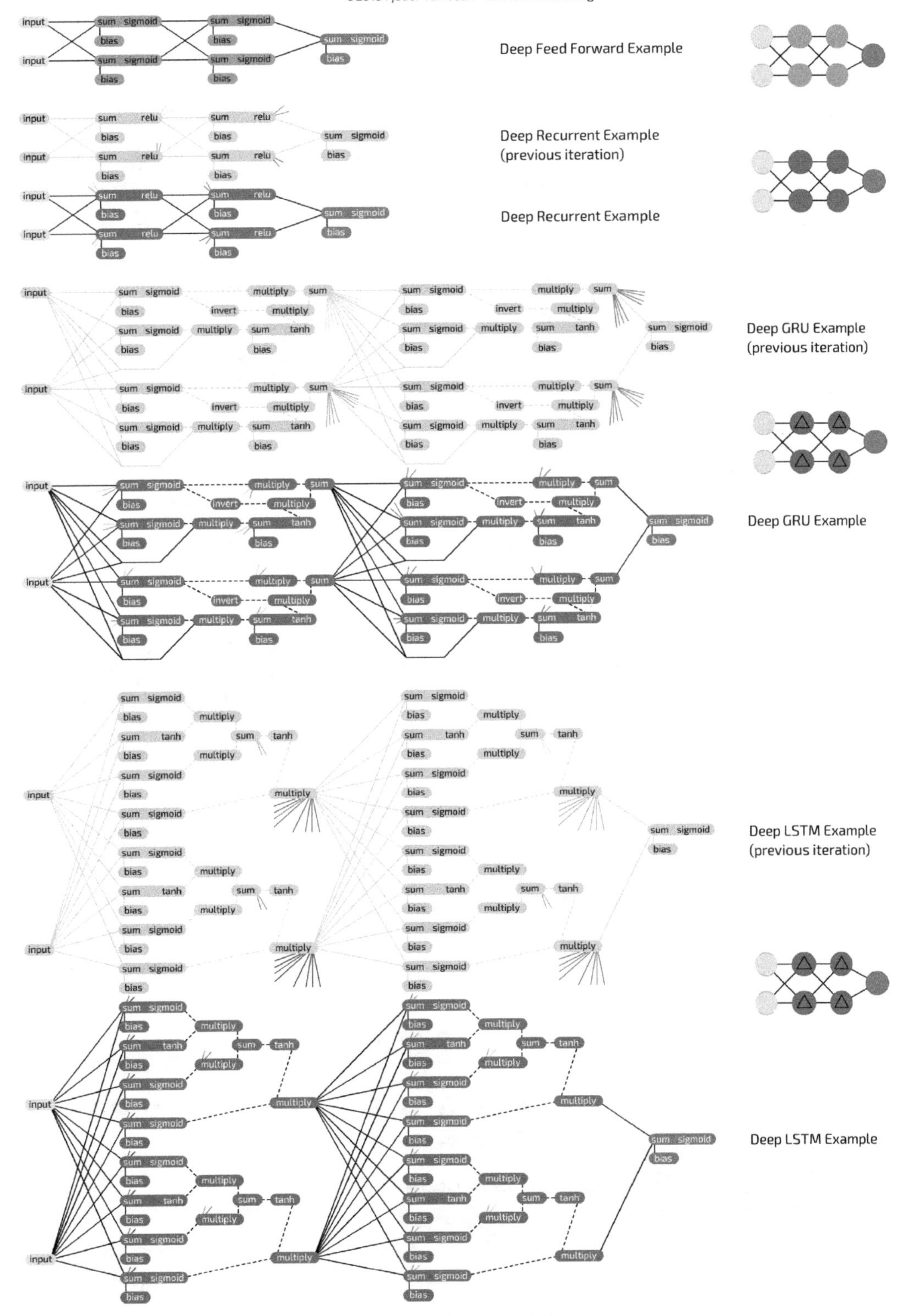

图 3-5　神经网络及其连接方式

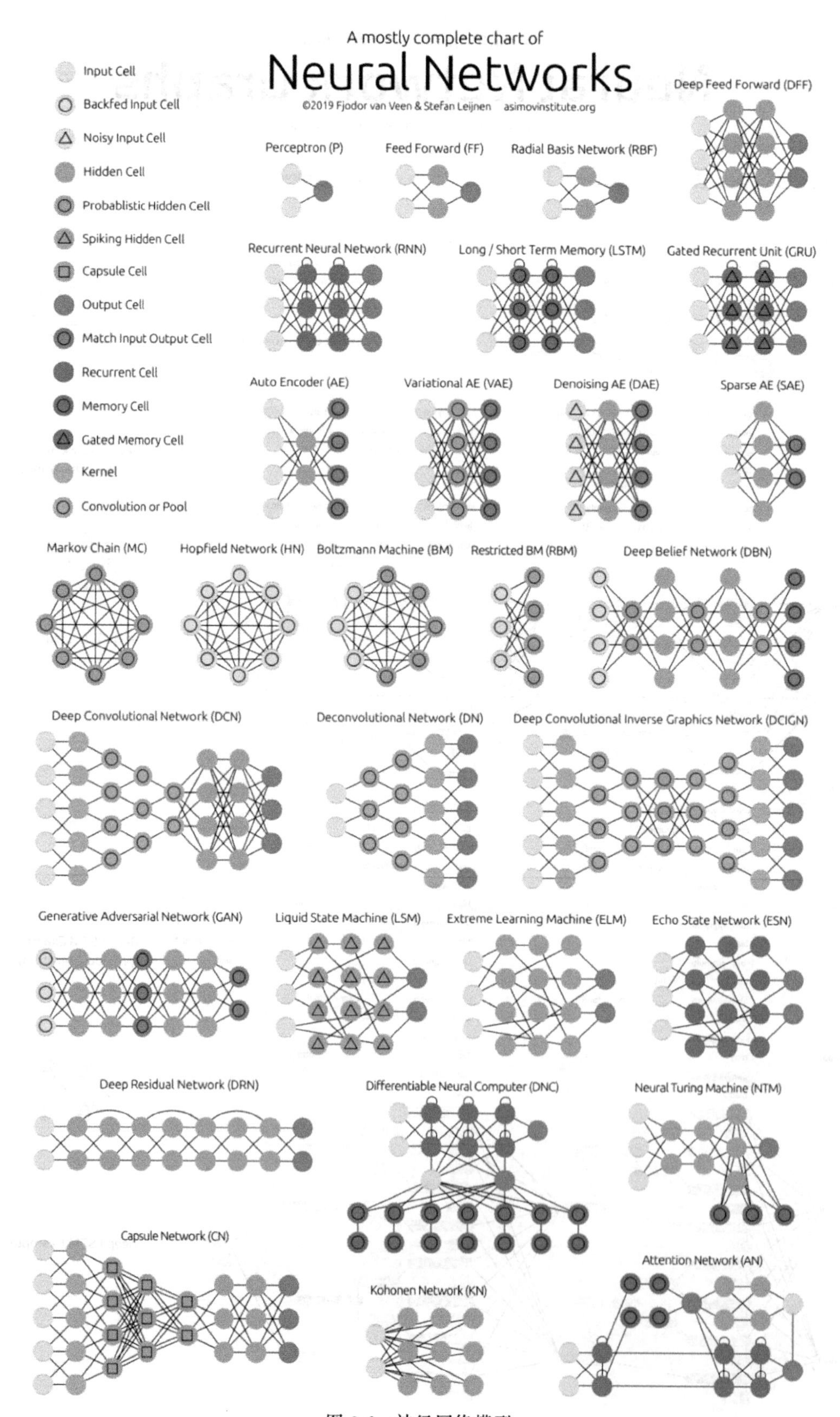
A mostly complete chart of
Neural Networks
©2019 Fjodor van Veen & Stefan Leijnen asimovinstitute.org
Input Cell
Backfed Input Cell
Noisy Input Cell
Hidden Cell
Probablistic Hidden Cell
Spiking Hidden Cell
Capsule Cell
Output Cell
Match Input Output Cell
Recurrent Cell
Memory Cell
Gated Memory Cell
Kernel
Convolution or Pool
Perceptron (P)
Feed Forward (FF)
Radial Basis Network (RBF)
Deep Feed Forward (DFF)
Recurrent Neural Network (RNN)
Long / Short Term Memory (LSTM)
Gated Recurrent Unit (GRU)
Auto Encoder (AE)
Variational AE (VAE)
Denoising AE (DAE)
Sparse AE (SAE)
Markov Chain (MC)
Hopfield Network (HN)
Boltzmann Machine (BM)
Restricted BM (RBM)
Deep Belief Network (DBN)
Deep Convolutional Network (DCN)
Deconvolutional Network (DN)
Deep Convolutional Inverse Graphics Network (DCIGN)
Generative Adversarial Network (GAN)
Liquid State Machine (LSM)
Extreme Learning Machine (ELM)
Echo State Network (ESN)
Deep Residual Network (DRN)
Differentiable Neural Computer (DNC)
Neural Turing Machine (NTM)
Capsule Network (CN)
Kohonen Network (KN)
Attention Network (AN)

图 3-6　神经网络模型

人工神经网络模型是开展系统辨识、模式识别、智能控制等领域研究的关键钥匙，其自学习能力尤其体现了智能网络模型的优势。网络模型是模拟人类实际神经网络的最基本模式，是人工智能研究的重点内容。表 3-1 给出了各种网络的简单介绍。

表 3-1　各种常用网络简介

网络名称	英文名称	简单介绍	图示
前馈神经网络(FFNN)	FF or FFNN:Feed Forward Neural Networks	信息从前往后流动。单独的神经细胞层内部,神经元之间互不相连;而一般相邻的两个神经细胞层则是全连接。最简单却最具有实用性的神经网络由两个输入神经元和一个输出神经元构成,也就是一个逻辑门模型。它是所谓的监督式学习	
径向基神经网络(RBF)	RBF:Radial Basis Function	一种以径向基核函数作为激活函数的前馈神经网络。大多数以其他函数作为激活函数的 FFNN 都没有自己的名字	
霍普菲尔网络(HN)	HN:Hopfield Networks	每一个神经元都跟其他神经元相互连接的网络。此神经网络的训练,是先把神经元的值设置到期望模式,然后计算相应的权重。在这以后,权重将不会再改变了	
马尔可夫链(MC)	MC:Markov Chain	从当前所处的节点开始,走到任意相邻节点的状态由前一个状态决定。跟 BM、RBM、HN 一样,MC 并不总被认为是神经网络	
玻尔兹曼机(BM)	BM:Boltzmann Machines	一些神经元作为输入神经元,剩余的则作为隐神经元。在整个神经网络更新过后,输入神经元成为输出神经元。刚开始神经元的权重都是随机的,通过反向传播(BP)算法进行学习,大多数 BM 的神经元激活模式都是二元的。BM 是一个随机网络	
受限玻尔兹曼机(RBM)	RBM:Restricted Boltzmann Machines	与 BM 出奇地相似,不过,RBM 更具实用价值,此网络不会随意在所有神经元间建立连接,只在不同神经元群之间建立连接,因此任何输入神经元都不会同其他输入神经元相连,任何隐神经元也不会同其他隐神经元相连	
自编码机(AE)	AE:Auto Encoders	自编码机的基本思想是自动对信息进行编码,它也因此而得名。整个网络的形状酷似一个沙漏计时器,中间的隐含层较小,两边的输入层、输出层较大。自编码机总是对称的,以中间层为轴。最小的层总是在中间,在这里信息压缩程度最大。中间层之前为编码部分,中间层之后为解码部分,中间层则是编码部分	

续表

网络名称	英文名称	简单介绍	图示
稀疏自编码机(SAE)	SAE:Sparse Auto Encoders	用训练自编码机的方式来训练稀疏自编码机，几乎所有的情况，都是得到毫无用处的恒等网络。为避免这种情况，需要在反馈输入中加上稀疏驱动数据。稀疏驱动的形式可以是阈值过滤，这样就只有特定的误差才会反向传播用于训练，而其他的误差则被忽略为0，不会用于反向传播	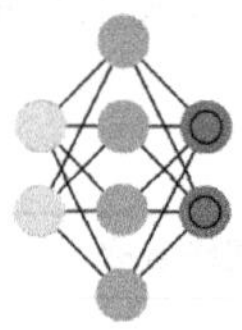
变分自编码机(VAE)	VAE:Variational Auto Encoders	把影响纳入考虑，如果在一个地方发生了一件事情，另外一件事情在其他地方发生了，不一定就是关联在一起的。如果不相关，那么误差传播应该考虑这个因素。如果可以在神经网络的某些节点排除一些来自于其他节点的影响，网络将更具有实用性	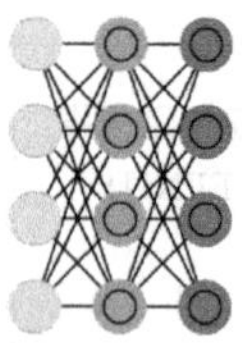
去噪自编码机(DAE)	DAE:Denoising Auto Encoders	这是一种自编码机，它的训练过程不仅要输入数据，还要再加上噪声数据。在计算误差的时候跟自编码机一样，去噪自编码机的输出也是和原始的输入数据进行对比。这种形式的训练旨在鼓励去噪自编码机不要去学习细节，而要学习一些更加宏观的特征，因为细微特征受到噪声的影响，通过学习细微特征得到的模型最终表现出来的性能总是很差	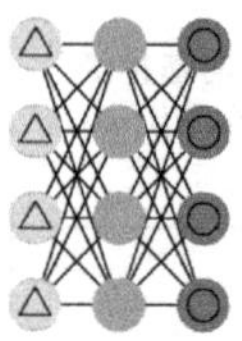
深度信念网络(DBN)	DBN:Deep Belief Networks	通过对比散度算法或者反向传播算法进行训练，它会慢慢学着以一种概率模型来表征数据，就好像常规的自编码机或者受限玻尔兹曼机。一旦经过非监督式学习，训练或者收敛到了一个稳定的状态，那么这个模型就可以用来产生新的数据。如果以对比散度算法进行训练，那么它甚至可以用于区分现有的数据，因为那些神经元已经被引导来获取数据的不同特征	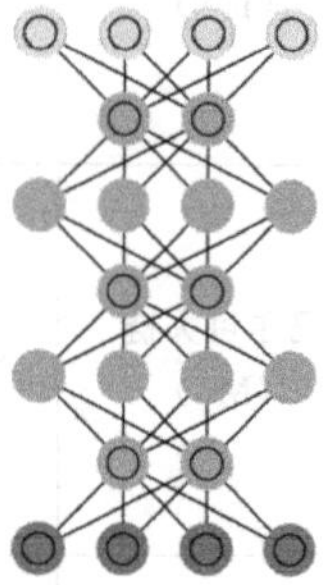
卷积神经网络(CNN)	CNN:Convolutional Neural Networks	主要用于处理图像数据，但也可用于其他形式数据的处理。卷积神经网络是从一个数据扫描层开始，这种形式的处理并没有尝试在一开始就解析整个训练数据	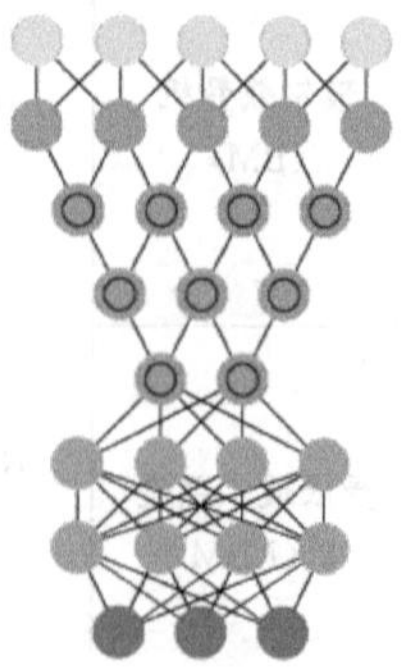
解卷积网络(DN)	DN:Deconvolutional Networks	是逆向的卷积神经网络，跟常规CNN一样，DN也可以结合FFNN使用，但没必要为这个新的缩写重新作图解释。可被称为深度解卷积网络，但把FFNN放到DN前面和后面是不同的，两种架构对于是否需要不同的名字有争论	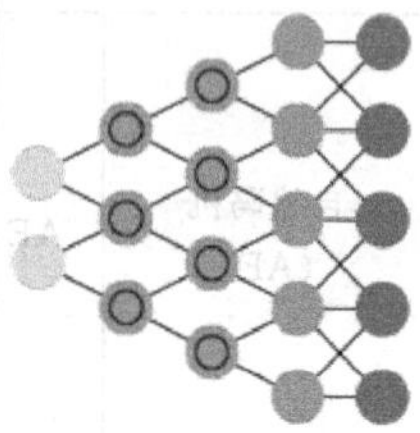

续表

网络名称	英文名称	简单介绍	图示
深度卷积逆向图网络(DCIGN)	DCIGN:Deep Convolutional Inverse Graphics Networks	这些网络尝试在编码过程中对“特征”进行概率建模,这样一来,只要用猫和狗的独照,就能生成一张猫和狗的合照。同理,可以输入一张猫的照片,如果猫旁边有一只恼人的邻家狗,可以把狗去掉。很多演示表明,这种类型的网络能学会基于图像的复杂变换。一般也是用反向传播算法来训练此类网络	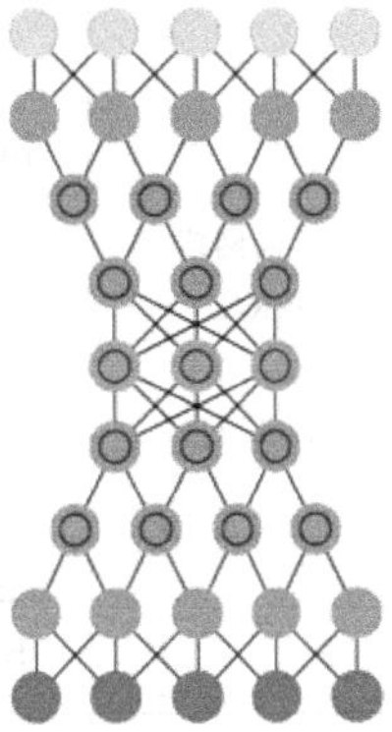
生成式对抗网络(GAN)	GAN:Generative Adversarial Networks	鉴别网络(discriminating network)同时接收训练数据和生成网络(generative network)生成的数据。鉴别网络的准确率,被用作生成网络误差的一部分。这就形成了一种竞争:鉴别网络越来越擅长于区分真实的数据和生成数据,而生成网络也越来越善于生成难以预测的数据	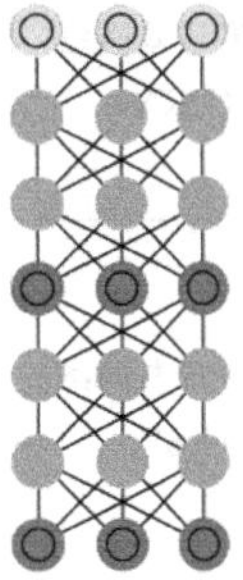
循环神经网络(RNN)	RNN:Recurrent Neural Networks	神经元的输入信息,不仅包括前一神经细胞层的输出,还包括它自身在先前通道的状态。输入顺序将会影响神经网络的训练结果。直觉上,这不算什么大问题,因为这些都只是权重,而非神经元的状态,但随时间变化的权重正是来自过去信息的存储	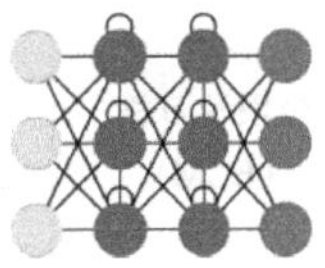
长短期记忆(LSTM)	LSTM:Long Short Term Memory	输入门决定了有多少前一神经细胞层的信息可留在当前记忆单元,输出层在另一端决定下一神经细胞层能从当前神经元获取多少信息。遗忘门乍看很奇怪,但有时候遗忘部分信息是很有用的:比如说它在学习一本书,并开始学一个新的章节,那遗忘前面章节的部分角色就很有必要了	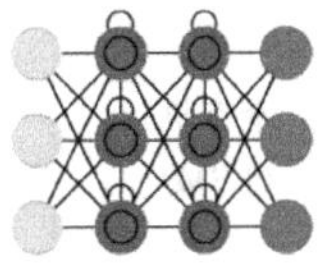
门循环单元(GRU)	GRU:Gated Recurrent Units	采用了一个更新门(update gate),而非LSTM所用的输入门、输出门、遗忘门。更新门决定了保留多少上一个状态的信息,还决定了收取多少来自前一神经细胞层的信息。重置门(reset gate)跟LSTM遗忘门的功能很相似,但它存在的位置却稍有不同	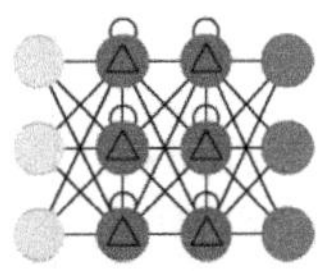
神经图灵机(NTM)	NTM:Neural Turing Machines	NTM不是把记忆单元设计在神经元内,而是分离出来。NTM试图结合常规数字信息存储的高效性、永久性与神经网络的效率及函数表达能力。它的想法是设计一个可作内容寻址的记忆库,并让神经网络对其进行读写操作	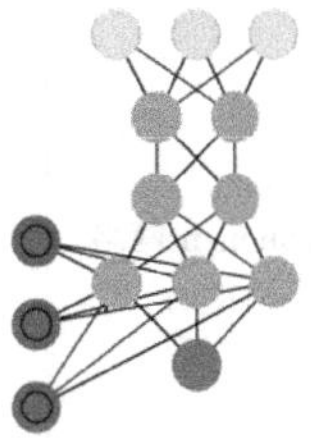

续表

网络名称	英文名称	简单介绍	图示
双向网络(BiRNN、BiLSTM、BiGRU)	BiRNN: Bidirectional Recurrent Neural Networks BiLSTM: Bidirectional Long Short Term Memory Networks BiGRU: Bidirectional Gated Recurrent Units	这些网络不仅与过去的状态有连接，而且与未来的状态也有连接。比如，通过一个一个地输入字母，训练单向的 LSTM 预测“鱼(fish)”(在时间轴上的循环连接记住了过去的状态值)。在 BiLSTM 的反馈通路中输入序列中的下一个字母，这使得它可以了解未来的信息是什么。这种形式的训练使得该网络可以填充信息之间的空白，而不是预测信息。因此，它在处理图像时不是扩展图像的边界，而是填补一张图片中的缺失	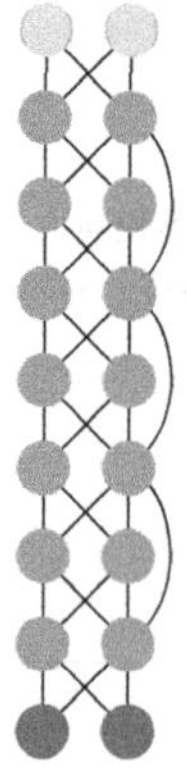
深度残差网络(DRN)	DRN: Deep Residual Networks	该网络的目的不是要找输入数据与输出数据之间的映射，而是致力于构建输入数据与输出数据＋输入数据之间的映射函数。本质上，它在结果中增加一个恒等函数，并跟前面的输入一起作为后一层的新输入	
回声状态网络(ESN)	ESN: Echo State Networks	神经元之间的连接是随机的(没有整齐划一的神经细胞层)，其训练过程也有所不同。不同于输入数据后反向传播误差，ESN 先输入数据、前馈，而后更新神经元状态，最后观察结果	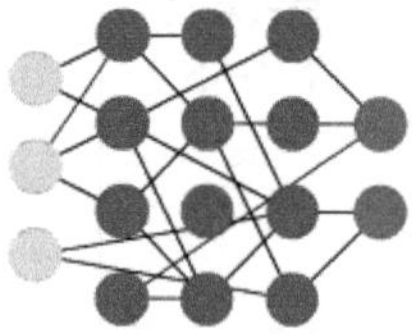
极限学习机(ELM)	ELM: Extreme Learning Machines	与 LSM、ESN 极为相似，除了循环特征和脉冲性质，还不使用反向传播。相反，先给权重设定随机值，然后根据最小二乘法拟合来一次性训练权重。这使 ELM 的函数拟合能力较弱，但其运行速度比反向传播快多了	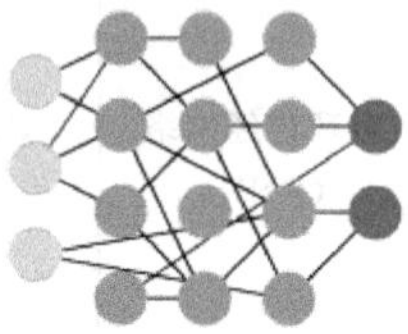
液态机(LSM)	LSM: Liquid State Machines	一种脉冲神经网络(spiking neural networks)，用阈值激活函数(threshold functions)取代了 sigmoid 激活函数，每个神经元同时也是具有累加性质的记忆单元。当神经元状态更新时，其值不是相邻神经元的累加值，而是它自身状态值的累加。一旦累加到阈值，它就释放能量至其他神经元	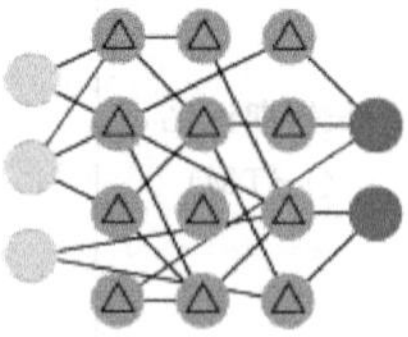
支持向量机(SVM)	SVM: Support Vector Machines	先在平面图表上标绘所有数据，然后找出那条能够最好区分这两类数据点的线。这条线能把数据分为两部分，线的这边全是史努比，线的那边全是加菲猫。而后移动并优化该直线，令两边数据点到直线的距离最大化。对新的数据分类，将该数据点画在这个图表上，然后查看这个数据点在分隔线的哪一边	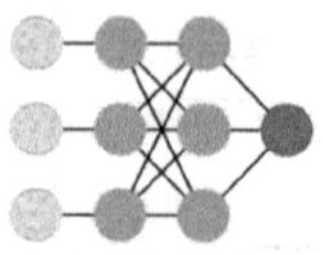
Kohonen 网络(KN)	KN: Kohonen Network	KN 利用竞争学习来对数据进行分类，不需要监督。先给神经网络一个输入，而后它会评估哪个神经元最匹配该输入。然后这个神经元会继续调整以更好地匹配输入数据，同时带动相邻的神经元。相邻神经元移动的距离，取决于与最佳匹配单元之间的距离。KN 有时也不被认为是神经网络	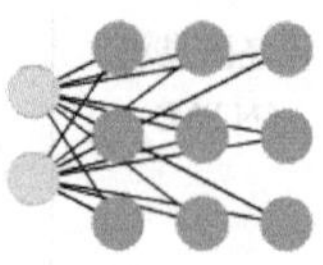

续表

网络名称	英文名称	简单介绍	图示
注意网络（AN）	AN：Attention Network	通过单独存储先前的网络状态并在状态之间切换注意力，使用注意力机制来消除信息衰减。编码层中每次迭代的隐藏状态都存储在存储单元中。解码层连接到编码层，但它也从存储单元接收通过注意上下文过滤的数据	
胶囊网络（CapsNet）	CapsNet：Caps Network	是受生物学启发的池替代方法，其中神经元与多个权重而不是一个权重相连。该网络可以使神经元传递更多的信息，而不仅是检测到某个特征	
可分化神经图灵机（DNTM）	DNTM：Differentiable Neural Turing Machines	具有可扩展内存的增强型神经图灵机，其灵感来自人类海马体如何存储内存。用 RNN 代替 CPU，后者可以学习何时以及从 RAM 中读取什么内容。除了拥有大量的数字作为内存，DNTM 还具有三种注意机制。这些机制使 RNN 可以查询与内存条目相关的输入相似性、内存中任意两个条目之间的时间关系以及最近是否更新了一个内存条目	

三、 BP 神经网络

1. BP 神经网络简介

BP（Back Propagation）神经网络是 1986 年由以 Rumelhart 和 McClelland 为首的科学家提出的概念，是一种按照误差逆向传播算法训练的多层前馈神经网络，是应用最广泛的神经网络。在人工神经网络的发展历史上，感知机（Multi-layer Perceptron，MLP）网络曾对人工神经网络的发展发挥了极大的作用，也被认为是一种真正能够使用的人工神经网络模型，它的出现曾掀起了人们研究人工神经元网络的热潮。单层感知网络（M-P 模型）作为最初的神经网络，具有模型清晰、结构简单、计算量小等优点。但是，随着研究工作的深入，人们发现它还存在不足，例如无法处理非线性问题，即使计算单元的作用函数不用阈函数而用其他较复杂的非线性函数，仍然只能解决线性可分问题，不能实现某些基本功能，从而限制了它的应用。增强网络的分类和识别能力、解决非线性问题的唯一途径是采用多层前馈网络，即在输入层和输出层之间加上隐含层，构成多层前馈感知机网络。

20世纪80年代中期，David Runelhart、Geoffrey Hinton和Ronald Willians、David Parker等人分别独立发现了误差反向传播算法（Error Back Propagation Training），简称BP，该系统解决了多层神经网络隐含层连接权学习问题，并在数学上给出了完整推导。人们把采用这种算法进行误差校正的多层前馈网络称为BP网。

BP神经网络具有任意复杂的模式分类能力和优良的多维函数映射能力，解决了简单感知机不能解决的异或（Exclusive OR，XOR）和一些其他问题。从结构上讲，BP网络具有输入层、隐藏层和输出层；从本质上讲，BP算法就是以网络误差平方为目标函数，采用梯度下降法来计算目标函数的最小值。BP神经网络是一种按误差反向传播（简称误差反传）训练的多层前馈网络，其算法称为BP算法，它的基本思想是梯度下降法，利用梯度搜索技术，以期使网络的实际输出值和期望输出值的误差均方差为最小。

基本BP算法包括信号的前向传播和误差的反向传播两个过程。即计算误差输出时按从输入到输出的方向进行，而调整权值和阈值则从输出到输入的方向进行。前向传播时，输入信号通过隐含层作用于输出节点，经过非线性变换，产生输出信号，若实际输出与期望输出不相符，则转入误差的反向传播过程。误差反传是将输出误差通过隐含层向输入层逐层反传，并将误差分摊给各层所有单元，以从各层获得的误差信号作为调整各单元权值的依据。通过调整输入节点与隐层节点的连接强度和隐层节点与输出节点的连接强度以及阈值，使误差沿梯度方向下降，经过反复学习训练，确定与最小误差相对应的网络参数（权值和阈值），训练即告停止。此时经过训练的神经网络即能对类似样本的输入信息，自行处理成输出误差最小的经过非线性转换的信息。

BP网络是在输入层与输出层之间增加若干层（一层或多层）神经元，这些神经元称为隐单元，与外界没有直接的联系，但其状态的改变，能影响输入与输出之间的关系，每一层可以有若干个节点。BP神经网络的计算过程由前向计算过程和反向计算过程组成。前向传播过程中，输入模式从输入层经隐单元层逐层处理，并转向输出层，每一层神经元的状态只影响下一层神经元的状态。如果在输出层不能得到期望的输出，则转入反向传播，误差信号沿原来的连接通路返回，通过修改各神经元的权值，使得误差信号最小。

2. 网络状态初始化

BP神经网络无论在网络理论还是在性能方面已比较成熟。其突出优点就是具有很强的非线性映射能力和柔性的网络结构。网络的中间层数、各层的神经元个数可根据具体情况任意设定，并且随着结构的变化其性能也有所不同。但是BP神经网络也存在以下的一些主要缺陷。

① 学习速度慢，即使是一个简单的问题，一般也需要几百次甚至上千次的学习才能收敛。

② 容易陷入局部极小值。

③ 网络层数、神经元个数的选择没有相应的理论指导。

④ 网络推广能力有限。

对于上述问题，已经有了许多改进措施，研究最多的就是如何加速网络的收敛速度和尽量避免陷入局部极小值的问题。在人工神经网络的实际应用中，绝大部分的神经网络模型都采用 BP 网络及其变化形式。它也是前向网络的核心部分，体现了人工神经网络的精华。

BP 网络主要用于以下四个方面：

① 函数逼近：用输入向量和相应的输出向量训练一个网络逼近某函数。

② 模式识别：用一个待定的输出向量将它与输入向量联系起来。

③ 分类：把输入向量所定义的合适方式进行分类。

④ 数据压缩：减少输出向量维数以便于传输或存储。

3. BP 神经网络建模

（1）BP 算法的推导

图 3-7 所示是一个简单的三层（两个隐藏层、一个输出层）神经网络结构，假设使用这个神经网络来解决二分类问题，给这个网络一个输入样本（x_1，x_2），通过前向运算得到输出值 $\hat{y}$。输出值 $\hat{y}$ 的值域为［0，1］，例如 $\hat{y}$ 的值越接近 0，代表该样本是“0”类的可能性越大，反之是“1”类的可能性大。

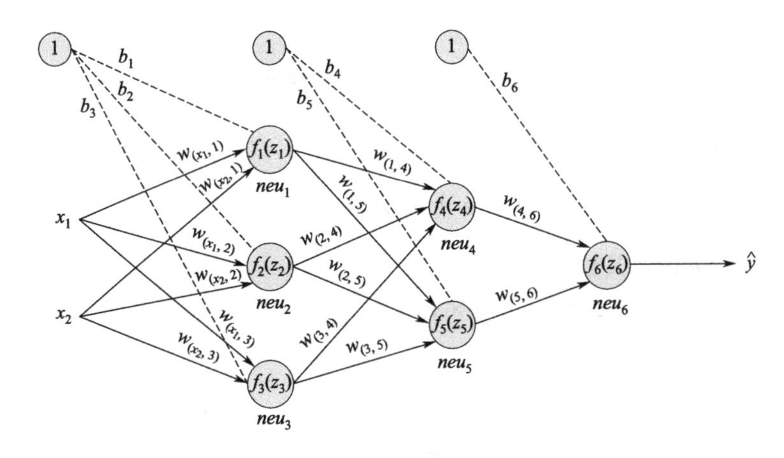

图 3-7 一个简单的三层神经网络

（2）前向传播的计算

为了便于理解后续的内容，需要先搞清楚前向传播的计算过程，以图 3-7 所示的内容为例。

输入的样本为：

$$\overline{\boldsymbol{\alpha}}=(x_1, x_2)$$

第一层网络的参数为：

$$\boldsymbol{W}^{(1)}=\begin{bmatrix} w_{(x_1,1)}, & w_{(x_2,1)} \\ w_{(x_1,2)}, & w_{(x_2,2)} \\ w_{(x_1,3)}, & w_{(x_2,3)} \end{bmatrix} \quad \boldsymbol{b}^{(1)}=[b_1, b_2, b_3] \tag{3-1}$$

第二层网络的参数为：

$$\boldsymbol{W}^{(2)}=\begin{bmatrix} w_{(1,4)}, & w_{(2,4)}, & w_{(3,4)} \\ w_{(1,5)}, & w_{(2,5)}, & w_{(3,5)} \end{bmatrix} \quad \boldsymbol{b}^{(2)}=[b_4, b_5] \tag{3-2}$$

第三层网络的参数为：

$$\boldsymbol{W}^{(3)}=[w_{(4,6)},\ w_{(5,6)}] \quad \boldsymbol{b}^{(3)}=[b_0] \tag{3-3}$$

（3）第一层隐藏层的计算

见图 3-8。

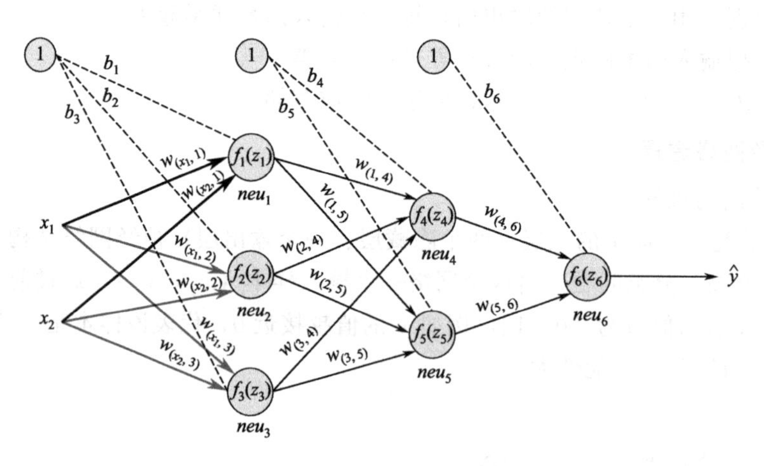

图 3-8 计算第一层隐藏层

第一层隐藏层有三个神经元：neu_1、neu_2 和 neu_3。该层的输入为：

$$\boldsymbol{z}^{(1)}=\boldsymbol{W}^{(1)}\times\overline{\boldsymbol{\alpha}}^{\mathrm{T}}+(\boldsymbol{b}^{(1)})^{\mathrm{T}} \tag{3-4}$$

以 neu_1 神经元为例，其输入为：

$$z_1=w_{(x_1,1)}\times x_1+w_{(x_2,1)}\times x_2+b_1 \tag{3-5}$$

同理有：

$$z_2=w_{(x_1,2)}\times x_1+w_{(x_2,2)}\times x_2+b_2 \tag{3-6}$$

$$z_3=w_{(x_1,3)}\times x_1+w_{(x_2,3)}\times x_2+b_3 \tag{3-7}$$

假设选择函数 $I(x)$ 作为该层的激活函数，那么该层的输出为：$f_1(z_1)$、$f_2(z_2)$ 和 $f_3(z_3)$。

（4）第二层隐藏层的计算

见图 3-9。

第二层隐藏层有两个神经元：neu_4 和 neu_5。该层的输入为：

$$\boldsymbol{z}^{(2)}=\boldsymbol{W}^{(2)}\times[z_1,\ z_2,\ z_3]^{\mathrm{T}}+(\boldsymbol{b}^{(2)})^{\mathrm{T}} \tag{3-8}$$

即第二层的输入是第一层的输出乘以第二层的权重，再加上第二层的偏置。因此得到 neu_4 和 neu_5 的输入分别为：

$$z_4=w_{(1,4)}\times z_1+w_{(2,4)}\times z_2+z_3+b_4 \tag{3-9}$$

$$z_5=w_{(1,5)}\times z_1+w_{(2,5)}\times z_2+w_{(3,5)}\times z_3+b_5 \tag{3-10}$$

该层的输出分别为：$f_4(z_4)$ 和 $f_5(z_5)$。

（5）输出层的计算

见图 3-10。

输出层只有一个神经元：neu_6。该层的输入为：

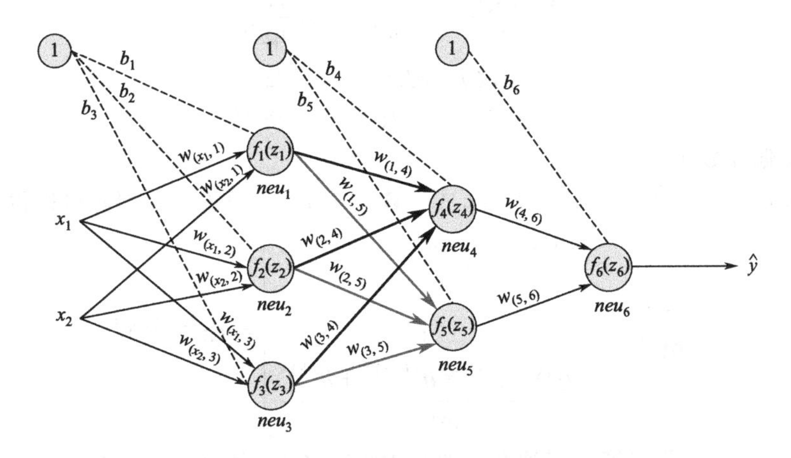

图 3-9　计算第二层隐藏层

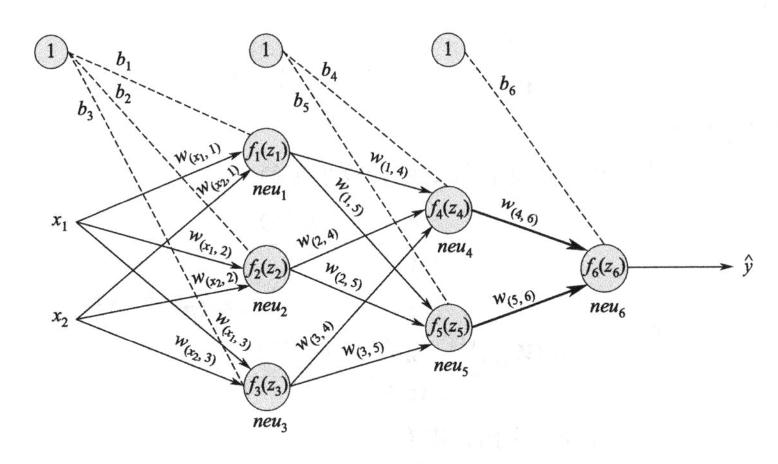

图 3-10　计算输出层

$$\boldsymbol{z}^{(3)}=\boldsymbol{W}^{(3)}\times[z_4,\ z_5]^{\mathrm{T}}+(\boldsymbol{b}_3)^{\mathrm{T}} \tag{3-11}$$

即：

$$z_6=w_{(4,6)}\times z_4+w_{(5,6)}\times z_5+b_6 \tag{3-12}$$

因为该网络要解决的是一个二分类问题，所以输出层的激活函数也可以使用一个 Sigmoid 型函数，神经网络最后的输出为 $f_6(z_6)$。

(6) 反向传播的计算

前面介绍的主要是数据沿着神经网络前向传播的过程，更重要的是反向传播的计算过程。假设使用随机梯度下降的方式来学习神经网络的参数，损失函数定义为 $L(y,\hat{y})$，其中 y 是该样本的真实类标。使用梯度下降进行参数的学习，必须计算出损失函数关于神经网络中各层参数（权重 $\boldsymbol{W}$ 和偏置 $\boldsymbol{b}$）的偏导数。假设要对第 k 层隐藏层的参数 $\boldsymbol{W}^{(k)}$ 和 $\boldsymbol{b}^{(k)}$ 求偏导数。假设 $\boldsymbol{z}^{(k)}$ 代表第 k 层神经元的输入，即：

$$\boldsymbol{z}^{(k)}=\boldsymbol{W}^{(k)}\times\boldsymbol{n}^{(k-1)}+\boldsymbol{b}^{(k)} \tag{3-13}$$

其中 $\boldsymbol{n}^{(k-1)}$ 为前一层神经元的输出，则根据链式法则有：

$$\frac{\partial L(y,\hat{y})}{\partial \boldsymbol{W}^{(k)}}=\frac{\partial L(y,\hat{y})}{\partial \boldsymbol{z}^{(k)}}\times\frac{\partial \boldsymbol{z}^{(k)}}{\partial \boldsymbol{W}^{(k)}} \tag{3-14}$$

$$\frac{\partial L(y,\hat{y})}{\partial \boldsymbol{b}^{(k)}}=\frac{\partial L(y,\hat{y})}{\partial \boldsymbol{z}^{(k)}}\times\frac{\partial \boldsymbol{z}^{(k)}}{\partial \boldsymbol{b}^{(k)}} \tag{3-15}$$

（7）计算偏导数 1

前面说过，第 k 层神经元的输入为 $\boldsymbol{z}^{(k)}=\boldsymbol{W}^{(k)}\times\boldsymbol{n}^{(k-1)}+\boldsymbol{b}^{(k)}$，因此可以得到偏导数：

$$\frac{\partial \boldsymbol{z}^{(k)}}{\partial \boldsymbol{W}^{(k)}}=\begin{bmatrix}\dfrac{\partial(\boldsymbol{W}_{1:}^{(k)}\times\boldsymbol{n}^{(k-1)}+\boldsymbol{b}^{(k)})}{\partial \boldsymbol{W}^{(k)}}\\ \vdots \\ \dfrac{\partial(\boldsymbol{W}_{m:}^{(k)}\times\boldsymbol{n}^{(k-1)}+\boldsymbol{b}^{(k)})}{\partial \boldsymbol{W}^{(k)}}\end{bmatrix}\Rightarrow(\boldsymbol{n}^{(k-1)})^{\mathrm{T}} \tag{3-16}$$

上式中，$\boldsymbol{W}_{m:}^{(k)}$ 代表第 k 层神经元的权重矩阵 $\boldsymbol{W}^{(k)}$ 的第 m 行，$\boldsymbol{W}_{mn}^{(k)}$ 代表第 k 层神经元的权重矩阵 $\boldsymbol{W}^{(k)}$ 的第 m 行中的第 n 列。假设要计算第一层隐藏层的神经元关于权重矩阵的导数，则有：

$$\frac{\partial \boldsymbol{z}^{(1)}}{\partial \boldsymbol{W}^{(1)}}=(x_1,\ x_2)^{\mathrm{T}}=\begin{pmatrix}x_1\\x_2\end{pmatrix} \tag{3-17}$$

（8）计算偏导数 2

因为偏置 $\boldsymbol{b}$ 是一个常数项，因此偏导数的计算也很简单：

$$\frac{\partial \boldsymbol{z}^{(k)}}{\partial \boldsymbol{W}^{(k)}}=\begin{bmatrix}\dfrac{\partial(\boldsymbol{W}_{1:}^{(k)}\times\boldsymbol{n}^{(k-1)}+\boldsymbol{b}^{(k)})}{\partial \boldsymbol{W}^{(k)}}\\ \vdots \\ \dfrac{\partial(\boldsymbol{W}_{m:}^{(k)}\times\boldsymbol{n}^{(k-1)}+\boldsymbol{b}^{(k)})}{\partial \boldsymbol{W}^{(k)}}\end{bmatrix}\Rightarrow(\boldsymbol{n}^{(k-1)})^{\mathrm{T}} \tag{3-18}$$

依然以第一层隐藏层的神经元为例，则有：

$$\frac{\partial \boldsymbol{z}^{(1)}}{\partial \boldsymbol{b}^{(1)}}=\begin{bmatrix}1&0&0\\0&1&0\\0&0&1\end{bmatrix} \tag{3-19}$$

（9）计算偏导数 3

偏导数$\dfrac{\partial L(y,\hat{y})}{\partial \boldsymbol{z}^{(k)}}$又称为误差项，一般用 $\boldsymbol{\delta}$ 表示，例如 $\boldsymbol{\delta}^{(1)}=\dfrac{\partial L(y,\hat{y})}{\partial \boldsymbol{z}^{(k)}}$是第一层神经元的误差项，其值的大小代表了第一层神经元对于最终总误差的影响大小。根据前向计算方法，知道第 $k+1$ 层的输入与第 k 层的输出之间的关系为：

$$\boldsymbol{z}^{(k+1)}=\boldsymbol{W}^{(k+1)}\times\boldsymbol{n}^{(k)}+\boldsymbol{b}^{(k+1)} \tag{3-20}$$

又因为 $\boldsymbol{n}^{(k)}=f_k(\boldsymbol{z}^{(k)})$，根据链式法则，可以得到 $\boldsymbol{\delta}^{(k)}$：

$$\begin{aligned}\boldsymbol{\delta}^{(k)}&=\frac{\partial L(y,\hat{y})}{\partial \boldsymbol{z}^{(k)}}\\&=\frac{\partial \boldsymbol{n}^{(k)}}{\partial \boldsymbol{z}^{(k)}}\times\frac{\partial \boldsymbol{z}^{(k+1)}}{\partial \boldsymbol{n}^{(k)}}\times\frac{\partial L(y,\hat{y})}{\partial \boldsymbol{z}^{(k+1)}}\\&=\frac{\partial \boldsymbol{n}^{(k)}}{\partial \boldsymbol{z}^{(k)}}\times\frac{\partial \boldsymbol{z}^{(k+1)}}{\partial \boldsymbol{n}^{(k)}}\times\boldsymbol{\delta}^{(k+1)}\end{aligned}$$

$$=f_k'(\boldsymbol{z}^{(k)})\times(\boldsymbol{W}^{(k+1)})^{\mathrm{T}}\times\boldsymbol{\delta}^{(k+1)} \tag{3-21}$$

由上式可以看到，第 k 层神经元的误差项 $\boldsymbol{\delta}^{(k)}$ 是由第 $k+1$ 层的误差项乘以第 $k+1$ 层的权重，再乘以第 k 层激活函数的导数（梯度）得到的。这就是误差的反向传播。

现在已经计算出了偏导数$\frac{\partial L(y,\hat{y})}{\partial \boldsymbol{z}^{(k)}}$、$\frac{\partial \boldsymbol{z}^{(k)}}{\partial \boldsymbol{W}^{(k)}}$和$\frac{\partial \boldsymbol{z}^{(k)}}{\partial \boldsymbol{b}^{(k)}}$、$\frac{\partial L(y,\hat{y})}{\partial \boldsymbol{b}^{(k)}}$，可表示为：

$$\frac{\partial L(y,\hat{y})}{\partial \boldsymbol{W}^{(k)}}=\frac{\partial L(y,\hat{y})}{\partial \boldsymbol{z}^{(k)}}\times\frac{\partial \boldsymbol{z}^{(k)}}{\partial \boldsymbol{W}^{(k)}}=\boldsymbol{\delta}^{(k)}\times(\boldsymbol{n}^{(k-1)})^{\mathrm{T}} \tag{3-22}$$

$$\frac{\partial L(y,\hat{y})}{\partial \boldsymbol{b}^{(k)}}=\frac{\partial L(y,\hat{y})}{\partial \boldsymbol{z}^{(k)}}\times\frac{\partial \boldsymbol{z}^{(k)}}{\partial \boldsymbol{W}^{(k)}}=\boldsymbol{\delta}^{(k)} \tag{3-23}$$

4. BP 神经网络计算举例

用简单的数字代入公式进行计算，再将实际的数据代入图 3-11 所示的神经网络中，完整地计算一遍。

(1) BP 算法

依然使用如图 3-11 所示的简单的神经网络，其中所有参数的初始值如下。

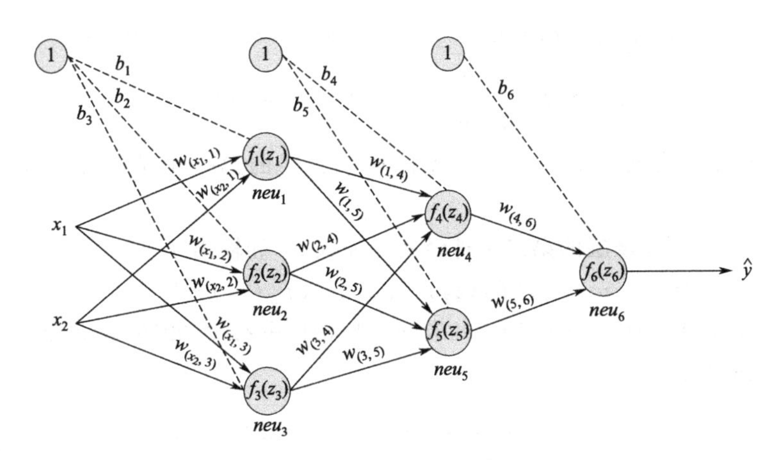

图 3-11　图解 BP 算法

输入的样本为（假设其真实类标为“1”）：

$$\bar{\boldsymbol{\alpha}}=(x_1,\ x_2)=(1,\ 2) \tag{3-24}$$

第一层网络的参数为：

$$\boldsymbol{W}^{(1)}=\begin{bmatrix} w_{(x_1,1)}, & w_{(x_2,1)} \\ w_{(x_1,2)}, & w_{(x_2,2)} \\ w_{(x_1,3)}, & w_{(x_2,3)} \end{bmatrix}=\begin{bmatrix} 2 & 1 \\ 1 & 3 \\ 3 & 2 \end{bmatrix} \quad \boldsymbol{b}^{(1)}=[b_1,b_2,b_3]^{\mathrm{T}}=[1,2,3]^{\mathrm{T}} \tag{3-25}$$

第二层网络的参数为：

$$\boldsymbol{W}^{(2)}=\begin{bmatrix} w_{(1,4)}, & w_{(2,4)}, & w_{(3,4)} \\ w_{(1,5)}, & w_{(2,5)}, & w_{(3,5)} \end{bmatrix}=\begin{bmatrix} 1 & 1 & 2 \\ 3 & 2 & 2 \end{bmatrix} \quad \boldsymbol{b}^{(2)}=[b_4,b_5]^{\mathrm{T}}=[2,1]^{\mathrm{T}} \tag{3-26}$$

第三层网络的参数为：

$$\boldsymbol{W}^{(3)}=[w_{(4,6)},\ \ w_{(5,6)}]=[1\ \ 3] \quad \boldsymbol{b}^{(3)}=[b_6]^{\mathrm{T}}=[2]^{\mathrm{T}} \tag{3-27}$$

假设所有的激活函数均为 Logistic 函数：$f_k(x)=\frac{1}{1+e^x}$。使用均方误差函数作为损失函数：$L(y-\hat{y})=E(y-\hat{y})^2$。为了方便求导，将损失函数简化为：

$$L(y-\hat{y})=\frac{1}{2}\sum(y-\hat{y})^2 \tag{3-28}$$

（2）前向传播

首先初始化神经网络的参数，计算第一层神经元：

$$z_1=w_{(x_1,1)}\times x_1+w_{(x_2,1)}\times x_2+b_1=2\times1+1\times2+1=5 \tag{3-29}$$

$$f_1(z_1)=\frac{1}{1+e^{-z_1}}=0.993307149075715 \tag{3-30}$$

式（3-29）、式（3-30）中计算出了第一层隐藏层的第一个神经元的输入 z_1 和输出 $f_1(z_1)$，同理可以计算第二个和第三个神经元的输入和输出：

$$z_2=w_{(x_1,2)}\times x_1+w_{(x_2,2)}\times x_2+b_2=1\times1+3\times2+2=9 \tag{3-31}$$

$$f_2(z_2)=\frac{1}{1+e^{-z_2}}=0.999876605424014 \tag{3-32}$$

$$z_3=w_{(x_1,3)}\times x_1+w_{(x_2,3)}\times x_2+b_3=3\times1+2\times2+3=10 \tag{3-33}$$

$$f_3(z_3)=\frac{1}{1+e^{-z_3}}=0.999954602131298 \tag{3-34}$$

接下来是第二层隐藏层的计算，首先计算第二层的第一个神经元的输入 z_4 和输出 $f_4(z_4)$：

用同样方法可以计算该层的第二个神经元的输入 z_5 和输出 $f_5(z_5)$：

$$\begin{aligned}z_5&=w_{(1,5)}\times f_1(z_1)+w_{(2,5)}\times f_2(z_2)+w_{(3,5)}\times f_3(z_3)+b_5\\&=3\times0.9933714907515+3\times0.999876605424014+2\times0.999954602131298+1\\&=8.97946047761783\end{aligned} \tag{3-35}$$

$$f_5(z_5)=\frac{1}{1+e^{-z_5}}=0.999874045072167 \tag{3-36}$$

最后计算输出层的输入 z_6 和输出 $f_6(z_6)$：

$$\begin{aligned}z_6&=w_{(4,6)}\times f_4(z_4)+w_{(5,6)}\times f_5(z_5)+b_6\\&=1\times0.997510281884102+3\times0.999874045072167+2\\&=5.997132417100603\end{aligned} \tag{3-37}$$

$$f_6(z_6)=\frac{1}{1+e^{-z_6}}=0.997520293823002 \tag{3-38}$$

（3）误差反向传播

首先计算输出层的误差项 $\delta^{(3)}$，误差函数为 $L(y,\hat{y})=\frac{1}{2}\sum(y-\hat{y})^2$，由于该样本的类标为“1”，而预测值为 0.997520293823002，因此误差为 0.002479706176998，输出层的误差项为：

$$\begin{aligned}\delta^{(3)}&=\frac{\partial L(y,\hat{y})}{\partial \boldsymbol{z}^{(3)}}=\frac{\partial L(y,\hat{y})}{\partial \boldsymbol{n}^{(3)}}\times\frac{\partial \boldsymbol{n}^{(3)}}{\partial \boldsymbol{z}^{(3)}}=-0.002479706176998\times f^{(3')}\boldsymbol{z}^{(3)}\\&=0.002473557234274\times-0.002479706176998\end{aligned}$$

$$=-0.000006133695153 \tag{3-39}$$

接着计算第二层隐藏层的误差项，根据误差项的计算公式有：

$$\boldsymbol{\delta}^{(2)}=\frac{\partial L(y,\hat{y})}{\partial \boldsymbol{z}^{(2)}}=f^{(2)'}(\boldsymbol{z}^{(2)})\times((\boldsymbol{W}^{(3)})^{\mathrm{T}}\times\boldsymbol{\delta}^{(3)})$$

$$=\begin{bmatrix} f_4'(z_4) & 0 \\ 0 & f_5'(z_5) \end{bmatrix}\times\left(\begin{bmatrix} 1 \\ 3 \end{bmatrix}\times[-0.000006133695153]\right)$$

$$=\begin{bmatrix} 0.002483519419601 & 0 \\ 0 & 0.000125939363189 \end{bmatrix}\times\begin{bmatrix} -0.000006133695153 \\ -0.000018401085459 \end{bmatrix}$$

$$=\begin{bmatrix} -0.000000015233151 \\ -0.000000002317415 \end{bmatrix} \tag{3-40}$$

最后计算第一层隐藏层的误差项：

$$\boldsymbol{\delta}^{(1)}=\frac{\partial L(y,\hat{y})}{\partial \boldsymbol{n}^{(1)}}=f^{(1)'}(\boldsymbol{n}^{(1)})\times((\boldsymbol{W}^{(2)})^{\mathrm{T}}\times\boldsymbol{\delta}^{(2)})$$

$$=\begin{bmatrix} f_1'(z_1) & 0 & 0 \\ 0 & f_2'(z_2) & 0 \\ 0 & 0 & f_3'(z_3) \end{bmatrix}\times\left(\begin{bmatrix} 1 & 1 & 2 \\ 3 & 2 & 2 \end{bmatrix}^{\mathrm{T}}\times\begin{bmatrix} -0.000000015233151 \\ -0.000000002317415 \end{bmatrix}\right)$$

$$=\begin{bmatrix} 0.006648056670790 & 0 & 0 \\ 0 & 0.000123379349765 & 0 \\ 0 & 0 & 0.000045395807735 \end{bmatrix}\times$$

$$\left(\begin{bmatrix} 1 & 1 & 2 \\ 3 & 2 & 2 \end{bmatrix}^{\mathrm{T}}\times\begin{bmatrix} -0.000000015233151 \\ -0.000000002317415 \end{bmatrix}\right)$$

$$=\begin{bmatrix} -0.000000000147490 \\ -0.000000000002451 \\ -0.000000000001593 \end{bmatrix} \tag{3-41}$$

(4) 更新参数

依据已经计算出的每一层的误差项和梯度来更新每一层的参数，权重 $\boldsymbol{W}$ 和偏置 $\boldsymbol{b}$ 的更新公式如下：

$$\boldsymbol{W}^{(k)}=\boldsymbol{W}^{(k)}-\alpha(\boldsymbol{\delta}^{(k)}\boldsymbol{n}^{(k-1)})^{\mathrm{T}}+\boldsymbol{W}^{(k)}$$

$$\boldsymbol{b}^{(k)}=\boldsymbol{b}^{(k)}-\alpha\boldsymbol{\delta}^{(k)} \tag{3-42}$$

通常权重 $\boldsymbol{W}$ 的更新会加上一个正则化项来避免过拟合，这里为了简化计算，省去了正则化项。上式中的 $\boldsymbol{\alpha}$ 是学习率，设其值为 0.1。参数更新的计算相对简单，每一层的计算方式都相同，因此仅演示第一层隐藏层的参数更新：

$$\boldsymbol{W}^{(1)}=\boldsymbol{W}^{(1)}-0.1(\boldsymbol{\delta}^{(1)}\boldsymbol{n}^{(0)})^{\mathrm{T}}+\boldsymbol{W}^{(1)}$$

$$=\begin{bmatrix} 2 & 1 \\ 1 & 3 \\ 3 & 2 \end{bmatrix}-0.1\times\begin{bmatrix} -0.000000000147490 \\ -0.000000000002451 \\ -0.000000000001593 \end{bmatrix}\times[x_1 \quad x_2]+\begin{bmatrix} 2 & 1 \\ 1 & 3 \\ 3 & 2 \end{bmatrix}$$

$$=\begin{bmatrix} 2 & 1 \\ 1 & 3 \\ 3 & 2 \end{bmatrix}-0.1\times\begin{bmatrix} -0.000000000147490 \\ -0.000000000002451 \\ -0.000000000001593 \end{bmatrix}\times[1 \quad 2]+\begin{bmatrix} 2 & 1 \\ 1 & 3 \\ 3 & 2 \end{bmatrix}$$

$$=\begin{bmatrix}2 & 1\\1 & 3\\3 & 2\end{bmatrix}-0.1\times\begin{bmatrix}1.999999999852510 & 0.999999999705020\\0.999999999997549 & 2.999999999995098\\2.999999999998407 & 1.999999999996814\end{bmatrix}$$

$$=\begin{bmatrix}1.800000000014749 & 0.900000000029498\\0.900000000000245 & 2.700000000000490\\2.700000000000159 & 1.800000000000319\end{bmatrix} \tag{3-43}$$

$$\boldsymbol{b}^{(1)}=\boldsymbol{b}^{(1)}-\alpha\boldsymbol{\delta}^{(1)}$$

$$=[1,2,3]^{\mathrm{T}}-0.1\times\begin{bmatrix}-0.000000000147490\\-0.000000000002451\\-0.000000000001593\end{bmatrix}$$

$$=\begin{bmatrix}0.999999999985251\\1.999999999999755\\2.999999999999841\end{bmatrix} \tag{3-44}$$

5. 程序代码

（1）数据归一化

进行数据归一化的主要原因是：

① 数据的范围可能特别大，神经网络收敛慢、训练时间长，需要获得无量纲数据。

② 数据范围大的输入在模式分类中的作用可能会偏大，而数据范围小的输入作用就可能会偏小。

③ 由于神经网络输出层的激活函数的值域是有限制的，因此需要将网络训练的目标数据映射到激活函数的值域。

（2）归一化算法

将输入数据映射到［0,1］或［−1,1］区间或其他的区间之内：

$$y=(x-x_{\min})/(x_{\max}-x_{\min}) \tag{3-45}$$

$$y=2\times(x-x_{\min})/(x_{\max}-x_{\min})-1 \tag{3-46}$$

（3）参数对BP神经网络性能的影响

① 选择隐含层神经元节点个数。

② 激活函数类型的选择。

③ 学习效率。

④ 初始阈值与权值。

⑤ 交叉验证。

⑥ 训练集。

⑦ 测试集。

⑧ 验证集。

⑨ 留一法。

（4）BP神经网络代码

根据MATLAB提供的运行代码和数据调整数据库。

```
%% I.清空环境变量
clear all
```

```
clc
%% II. 训练集/测试集产生
%%
% 1. 导入数据
load spectra_data.mat
%%
% 2. 随机产生训练集和测试集
temp = randperm(size(NIR,1));
% 训练集——50 个样本
P_train = NIR(temp(1:50),:)';
T_train = octane(temp(1:50),:)';
% 测试集——10 个样本
P_test = NIR(temp(51:end),:)';
T_test = octane(temp(51:end),:)';
N = size(P_test,2);
%% III. 数据归一化
[p_train,ps_input] = mapminmax(P_train,0,1);
p_test = mapminmax('apply',P_test,ps_input);
[t_train,ps_output] = mapminmax(T_train,0,1);
%% IV. BP 神经网络创建、训练及仿真测试
%%
% 1. 创建网络
net = newff(p_train,t_train,9);
%%
% 2. 设置训练参数
net.trainParam.epochs = 1000;
net.trainParam.goal = 1e-3;
net.trainParam.lr = 0.01;
%%
% 3. 训练网络
net = train(net,p_train,t_train);
%%
% 4. 仿真测试
t_sim = sim(net,p_test);
%%
% 5. 数据反归一化
T_sim = mapminmax('reverse',t_sim,ps_output);
%% V. 性能评价
%%
% 1. 相对误差 error
error = abs(T_sim -T_test)./T_test;
%%
% 2. 决定系数 R^2
R2 = (N * sum(T_sim .* T_test)-sum(T_sim) * sum(T_test))^2/((N * sum((T_sim).^2)-(sum(T_sim))^
```

```
2) * (N * sum((T_test).^2)-(sum(T_test))^2));
    % %
    % 3. 结果对比
    result = [T_test' T_sim' error']
    % % VI. 绘图
    figure
    plot(1:N,T_test,'b: * ',1:N,T_sim,'r-o')
    legend('真实值','预测值')
    xlabel('预测样本')
    ylabel('辛烷值')
    string = {'测试集辛烷值含量预测结果对比';['R^2 = ' num2str(R2)]};
    title(string)
```

四、设计中的神经网络应用

案例一：　BP 神经网络算法的产品创新设计

1. 验证目的

BP 神经网络算法提供了一种普遍并且实用的从样例中学习值为实数、离散值或者向量的函数的方法。根据提供的数据通过计算机进行了算法的学习。通过分析轮椅的形态和功能对这种轮椅进行市场营销分析。智能轮椅设计方案见图 3-12。

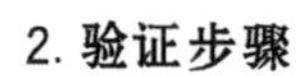

图 3-12　智能轮椅设计方案

2. 验证步骤

① 分析数据，这组数据 x_1、x_2、x_3、x_4（分别代表颜色、重量、功能、材料）的值对应一个 y（销量）值。有 225 组数据，选取 150 组的 x_1、x_2、x_3、x_4 及对应的 y 值作为样本，其余 75 组 x_1、x_2、x_3、x_4 作为测试数据来验证。

② 读取数据，并把数据赋值给 input 和 output，见表 3-2。

表 3-2　产品数据

x_1	x_2	x_3	x_4	y
5	3	1.6	0.2	1
5	3.4	1.6	0.4	1
5.2	3.5	1.5	0.2	1
5.2	3.4	1.4	0.2	1
4.7	3.2	1.6	0.2	1
4.8	3.1	1.6	0.2	1
5.4	3.4	1.5	0.4	1
5.2	4.1	1.5	0.1	1
5.5	4.2	1.4	0.2	1
4.9	3.1	1.5	0.2	1
5	3.2	1.2	0.2	1
5.5	3.5	1.3	0.2	1

续表

x_1	x_2	x_3	x_4	y
4.9	3.6	1.4	0.1	1
4.4	3	1.3	0.2	1
5.1	3.4	1.5	0.2	1
5	3.5	1.3	0.3	1
4.5	2.3	1.3	0.3	1
4.4	3.2	1.3	0.2	1
5	3.5	1.6	0.6	1
5.1	3.8	1.9	0.4	1
4.8	3	1.4	0.3	1
5.1	3.8	1.6	0.2	1
4.6	3.2	1.4	0.2	1
5.3	3.7	1.5	0.2	1
5	3.3	1.4	0.2	1
6.6	3	4.4	1.4	2
6.8	2.8	4.8	1.4	2
6.7	3	5	1.7	2
6	2.9	4.5	1.5	2
5.7	2.6	3.5	1	2
5.5	2.4	3.8	1.1	2
5.5	2.4	3.7	1	2
5.8	2.7	3.9	1.2	2
6	2.7	5.1	1.6	2
5.4	3	4.5	1.5	2
6	3.4	4.5	1.6	2
6.7	3.1	4.7	1.5	2
6.3	2.3	4.4	1.3	2
5.6	3	4.1	1.3	2
5.5	2.5	4	1.3	2
5.5	2.6	4.4	1.2	2
6.1	3	4.6	1.4	2
5.8	2.6	4	1.2	2
5	2.3	3.3	1	2
5.6	2.7	4.2	1.3	2
5.7	3	4.2	1.2	2
5.7	2.9	4.2	1.3	2
6.2	2.9	4.3	1.3	2
5.1	2.5	3	1.1	2
5.8	2.7	3.9	1.2	2
…	…	…	…	…

③ 读取数据，编写程序。把数据存储在 Excel 表中，用 xlsread 函数来读取数据。读取出来的数据是 225×5 的矩阵。

```
num = xlsread('trainData.txt','Sheet1','A2:E226');
input_train = num(1:150,1:4)';
output_train = (1:150,5)';
input_test = num(151:225,1:4)';
```

④ 将样本数据进行归一化处理。

```
[inputn,inputps] = mapminmax(input_train);
[outputn,outputps] = mapminmax(output_train);
```

⑤ 初始化网络结果，设置参数，并用数据对网络进行训练。

```
newff函数给出了最简单的设置,即输入样本数据、输出样本数据和隐含层节点数;epochs是设置迭代次数;lr是设置学习率;goal是设置目标值.
net = newff(inputn,outputn,5)
设置训练参数
net.trainParam.epochs = 500;
net.trainParam.Ir = 0.01;
net.trainParam.goal = 0.01;
net = train(net,inputn,outputn);
```

⑥ 设置好参数，需要将预测数据进行归一化处理，然后将预测结果输出，并将输出的结果进行反归一化处理，神经网络就完成了。Bpoutput 为预测结果。

```
Inputn_test = mapminmax('apply',input_test,inputps);
an = sim(net,inputn_test);
Bpoutput = mapminmax('reverse',an,outputps);
```

⑦ 程序运行时显示的网络结构和运行过程如图 3-13、图 3-14。

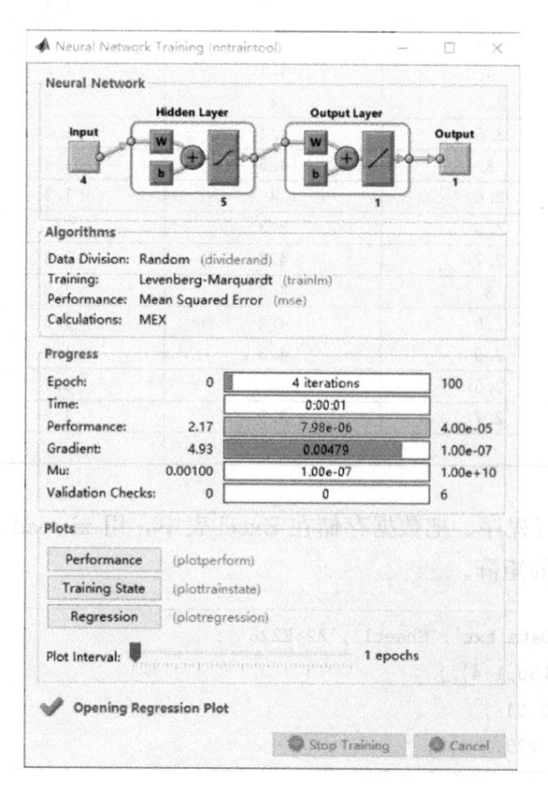

图 3-13　程序运行时显示的网络结构

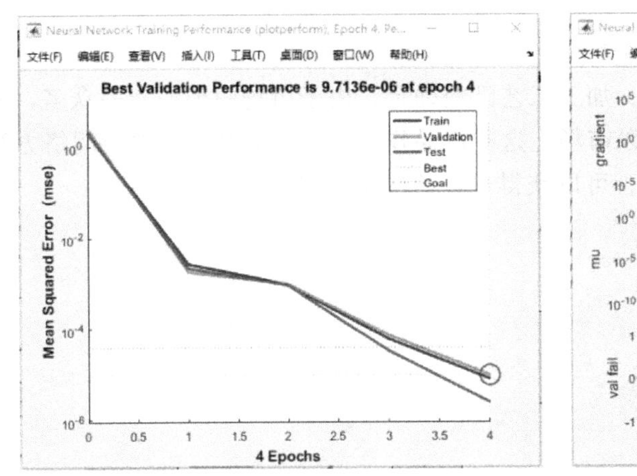

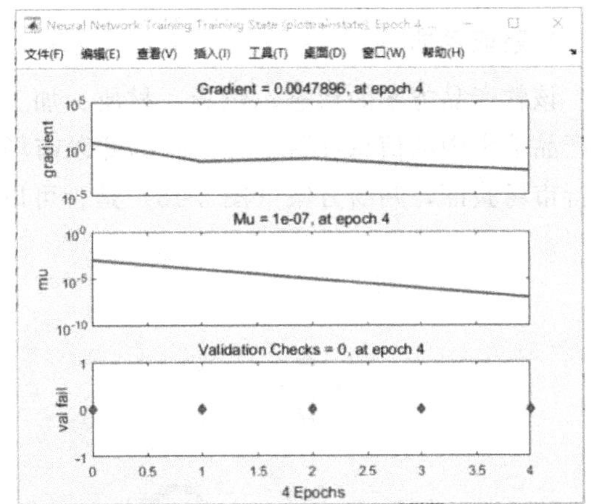

图 3-14　程序运行训练过程

⑧ 程序运行的回归分析方程如图 3-15。

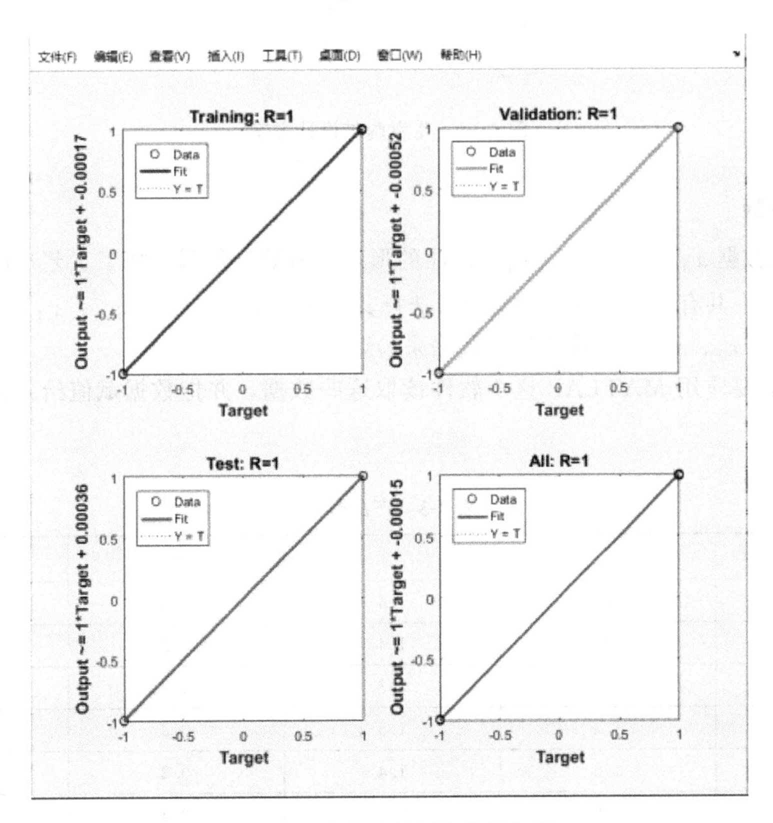

图 3-15　程序运行回归分析方程

⑨ 将已训练好的网络储存起来，对轮椅的数据进行预测。

输入 $x_1=7.2$、$x_2=5.6$、$x_3=8.3$、$x_4=2.8$，得出 $y=3$。

由此预测，该轮椅的市场销量较好，可以进行营销上市。

案例二：儿童腕带设计方案市场验证

1. 验证目的

该款产品方案的形态、色彩、材质、加工工艺已经确定，由于市场中类似产品众多，而且产品销售中的信息和数据齐全，因此以市场上这些产品作为样本，运用 BP 神经网络方法进行市场验证，判断方案（图 3-16）是否可以获得市场的成功。

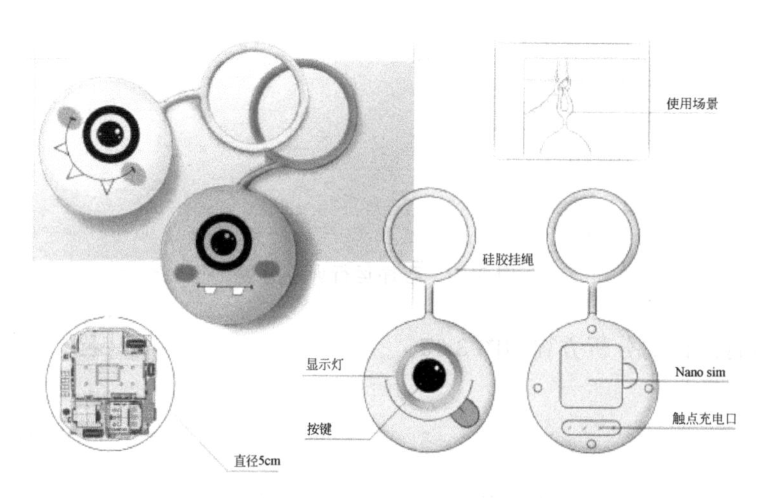

图 3-16　儿童腕带设计方案

2. 验证步骤

假设一组数据 x_1、x_2、x_3、x_4（产品的形态、材质、色彩、加工工艺）的值对应一个 y 值（销量），一共有 200 组这样的数据，选择其中 150 组 x_1、x_2、x_3、x_4 和 y 作为样本，其余 50 组 x_1、x_2、x_3、x_4 作为测试数据来验证。

① 首先需要应用 MATLAB 这个软件读取这些数据，并把数据赋值给 input 和 output（表 3-3）。

表 3-3　产品数据

x_1	x_2	x_3	x_4	y
5.1	3.5	1.4	0.2	1
4.9	3	1.4	0.2	1
4.7	3.2	1.3	0.2	1
4.6	3.1	1.5	0.2	1
5	3.6	1.4	0.2	1
5.4	3.9	1.7	0.4	1
4.6	3.4	1.4	0.3	1
4.4	2.9	1.4	0.2	1
4.9	3.1	1.5	0.1	1
5.4	3.7	1.5	0.2	1

续表

x_1	x_2	x_3	x_4	y
4.8	3.4	1.6	0.2	1
4.8	3	1.4	0.1	1
4.3	3	1.1	0.1	1
5.8	4	1.2	0.2	1
5.7	4.4	1.5	0.4	1
…	…	…	…	…

② 把数据存储在 Excel 文件中，用 xlsread 函数来读取数据。读取出来的数据是 200×5 的矩阵。

```
%读取训练数据
num = xlsread('totalData.xlsx','Sheet1','A2:E201');
input_train = num(1:150,1:4)';
output_train = num(1:150,5)';
input_test = num(151:200,1:4)';
```

③ 将样本数据进行归一化处理。

```
%特征值归一化
[inputn,inputps] = mapminmax(input_train);
[outputn,outputps] = mapminmax(output_train);
```

④ 初始化网络结果，设置参数，并用数据对网络进行训练。

```
newff 函数给出了最简单的设置,即输入样本数据、输出样本数据和隐含层节点数;epochs 是设置迭代次数;lr 是设置学习率;goal 是设置目标值.
%创建神经网络
net = newff(inputn,outputn,5);
%设置训练参数
net.trainParam.epochs = 100;
net.trainParam.lr = 0.1;
net.trainParam.goal = 0.00004;
```

⑤ 设置好参数，需要将预测数据进行归一化处理，然后将预测结果输出，并将输出的结果进行反归一化处理，神经网络就完成了。

```
%网络训练
net = train(net,inputn,outputn);%测试数据归一化
inputn_test = mapminmax('apply',input_test,inputps);%仿真
Y = sim(net,inputn_test);%网络输出反归一化
BPoutput = mapminmax('reverse',Y,outputps);
```

3. 程序运行时显示的网络结构和运行过程

如图 3-17。

程序运行时的训练状态如图 3-18。

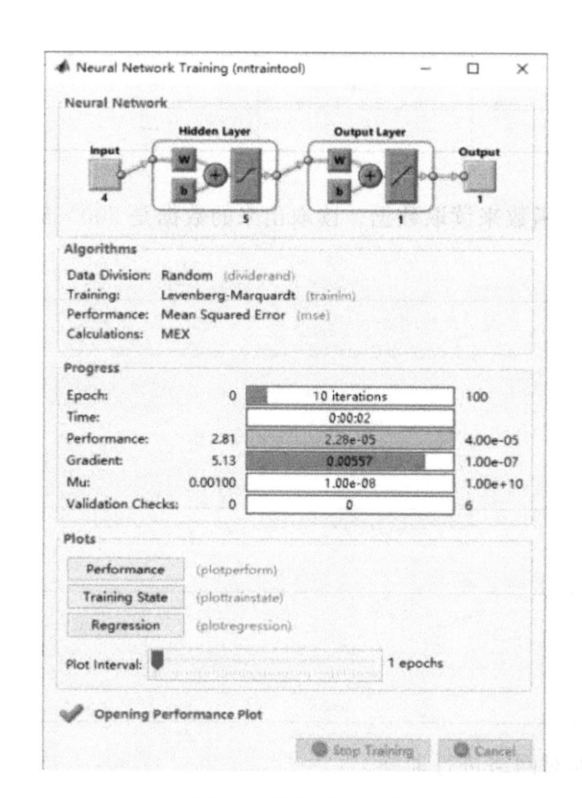

图 3-17　程序运行过程

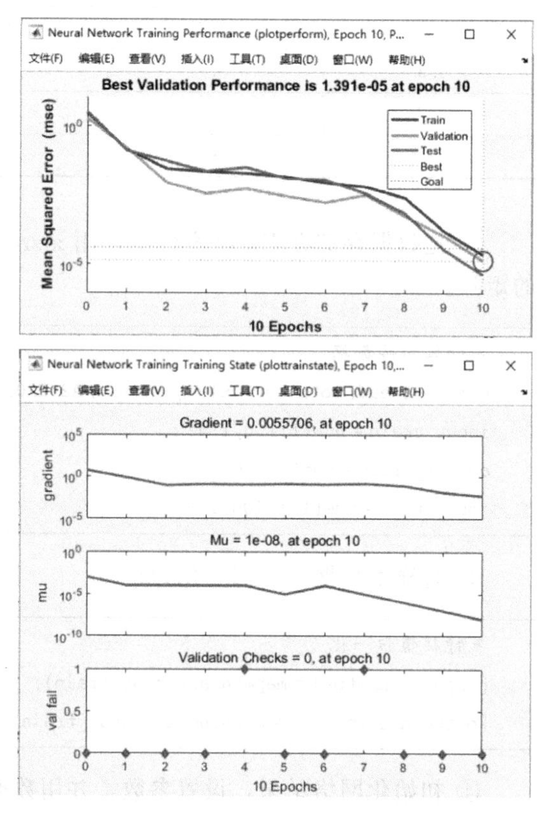

图 3-18　程序运行训练状态

运行程序的回归分析方程如图 3-19。

4. 验证结果

将已训练好的网络储存起来，对方案中的数据进行预测。输入 $x_1=5.7$、$x_2=2.8$、$x_3=4.6$、$x_4=2$，得出 $y=3$。由此预测，该方案的儿童腕带市场销量较好，可以进行营销上市。

五、人工神经网络展望

人工神经网络特有的非线性适应性信息处理能力，克服了传统人工智能方法对于直觉，如模式、语音识别、非结构化信息处理方面的缺陷，使之在神经专家系统、模式识别、智能控制、组合优化、预测等领域得到成功应用。人工神经网络与其他传统方法相结合，将推动人工智能和信息处理技术不断发展。近年来，人工神经网络在模拟人类认知的道路上继续深入发展，与模糊系统、遗传算法、进化机制等结合，形成计算智能，成为人工智能的一个重要方向，将在实际应用中得到发展。将信息几何应用于人工神经网络的研究，为人工神经网络的理论研究开辟了新的途径。神经计算机的研究发展很快，已有产品进入市场。光电结合

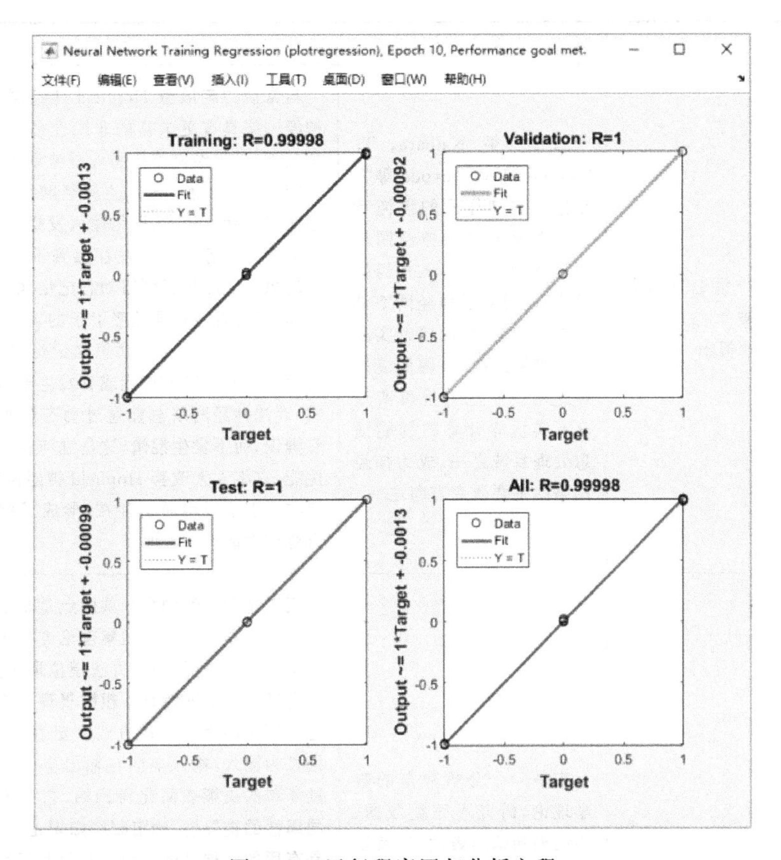

图 3-19　运行程序回归分析方程

的神经计算机为人工神经网络的发展提供了良好条件。

神经网络在很多领域已得到了很好的应用，但其需要研究的方面还很多。其中，具有分布存储、并行处理、自学习、自组织以及非线性映射等优点的神经网络与其他技术的结合以及由此而来的混合方法和混合系统，已经成为一大研究热点。由于其他方法也有各自的优点，所以将神经网络与其他方法相结合，取长补短，继而可以获得更好的应用效果。目前这方面工作有神经网络与模糊逻辑、专家系统、遗传算法、小波分析、混沌、粗糙集理论、分形理论、证据理论和灰色系统等的融合。

神经网络与小波分析、混沌、粗糙集理论、分形理论的结合见表 3-4。

表 3-4　神经网络与其他理论的结合

	提出	概　述	特　点
与小波分析的结合	1981 年，法国地质学家 Morlet 在寻求地质数据时提出	小波分析相当于一个数学显微镜，具有放大、缩小和平移功能，通过检查不同放大倍数下的变化来研究信号的动态特性。小波分析已成为地球物理、信号处理、图像处理、理论物理等诸多领域的强有力工具	小波神经网络将小波变换良好的时频局域化特性和神经网络的自学习功能相结合，因而具有较强的逼近能力和容错能力。在结合方法上，可以将小波函数作为基函数构造神经网络形成小波网络，或者以小波变换作为前馈神经网络的输入前置处理工具，即以小波变换的多分辨率特性对过程状态信号进行处理，实现信噪分离，并提取出对加工误差影响最大的状态特性，作为神经网络的输入

续表

	提出	概　述	特　点
与混沌的结合	20世纪70年代才被Li-Yorke第一次提出	1990年Kaihara、T. Takabe和M. Toyoda等人根据生物神经元的混沌特性首次提出混沌神经网络模型，将混沌学引入神经网络中，使得人工神经网络具有混沌行为，更加接近实际的人脑神经网络，因而混沌神经网络被认为是可实现其真实世界计算的智能信息处理系统之一，成为神经网络的主要研究方向之一	与常规的离散型Hopfield神经网络相比较，混沌神经网络具有更丰富的非线性动力学特性，主要表现如下：在神经网络中引入混沌动力学行为、混沌神经网络的同步特性、混沌神经网络的吸引子。在神经网络实际应用中，网络输入发生较大变异时，应用网络的固有容错能力往往感到不足，经常会发生失忆现象。混沌神经网络动态记忆属于确定性动力学运动，记忆发生在混沌吸引子的轨迹上，通过不断地运动（回忆过程）一一联想到记忆模式，特别对于那些状态空间分布较接近或者发生部分重叠的记忆模式，混沌神经网络总能通过动态联想记忆加以重现和辨识，而不发生混淆，这是混沌神经网络所特有的性能，它将大大改善Hopfield神经网络的记忆能力。混沌吸引子吸引域的存在，形成了混沌神经网络固有容错功能
与粗糙集理论的结合	1982年由波兰华沙理工大学教授Z. Pawlak首先提出	它是一个分析数据的数学理论，研究不完整数据、不精确知识的表达，以及学习、归纳等方法。粗糙集理论是一种新的处理模糊和不确定性知识的数学工具，其主要思想就是在保持分类能力不变的前提下，通过知识约简，导出问题的决策或分类规则	粗糙集和神经网络的共同点是都能在自然环境下很好地工作，但是，粗糙集理论方法模拟人类的抽象逻辑思维，而神经网络方法模拟形象直觉思维，因而二者又具有不同特点。粗糙集理论方法以各种更接近人们对事物的描述方式的定性、定量或者混合性信息为输入，输入空间与输出空间的映射关系是通过简单的决策表简化得到的，它考虑知识表达中不同属性的重要性，确定哪些知识是冗余的，哪些知识是有用的。神经网络则是利用非线性映射的思想和并行处理的方法，用神经网络本身结构表达输入与输出关联知识的隐函数编码。在用粗糙集理论方法和神经网络方法处理信息时，两者存在很大的区别。其一是神经网络处理信息一般不能将输入信息空间维数简化，当输入信息空间维数较大时，网络不仅结构复杂，而且训练时间也很长；而粗糙集方法却能通过发现数据间的关系，不仅可以去掉冗余输入信息，而且可以简化输入信息的表达空间维数。其二是粗糙集方法在对实际问题的处理中对噪声较敏感，因而用无噪声的训练样本学习推理的结果在有噪声的环境中应用效果不佳；而神经网络方法有较好的抑制噪声干扰的能力
与分形理论的结合	20世纪70年代中期美国哈佛大学数学系教授Benoit B. Mandelbrot引入分形概念	用分形理论来解释自然界中那些不规则、不稳定和具有高度复杂结构的现象，可以收到显著的效果，而将神经网络与分形理论相结合，充分利用神经网络非线性映射、计算能力、自适应等优点，可以取得更好的效果	神经网络与分形相结合用于果实形状的识别：首先利用分形得到几种水果轮廓数据的不规则性，然后利用3层神经网络对这些数据进行辨识，继而对其不规则性进行评价。分形神经网络已取得了许多应用，但仍有些问题值得进一步研究，如分形维数的物理意义、分形的计算机仿真和实际应用研究。分形神经网络的应用领域有图像识别、图像编码、图像压缩，以及机械设备系统的故障诊断等

六、综合应用

经过几十年的发展，神经网络理论在模式识别、自动控制、信号处理、辅助决策、人工智能等众多研究领域取得了广泛的成功。表 3-5 介绍了神经网络在一些领域中的应用现状。

表 3-5　神经网络的应用领域

		概述	应用
人工神经网络在信息领域中的应用	信息处理	人工神经网络具有模仿或代替人的思维的功能，可以实现自动诊断、问题求解，解决传统方法所不能或难以解决的问题。人工神经网络系统具有很高的容错性、鲁棒性及自组织性，即使连接线遭到很高程度的破坏，它仍能处在优化工作状态，这点在军事系统电子设备中得到广泛的应用	智能仪器、自动跟踪监测仪器系统、自动控制制导系统、自动故障诊断和报警系统等
	模式识别	模式识别是对表征事物或现象的各种形式的信息进行处理和分析，来对事物或现象进行描述、辨认、分类和解释的过程。该技术以贝叶斯概率论和申农的信息论为理论基础，对信息的处理过程更接近人类大脑的逻辑思维过程。现在有两种基本的模式识别方法，即统计模式识别方法和结构模式识别方法	文字识别、语音识别、指纹识别、遥感图像识别、人脸识别、手写体字符识别、工业故障检测、精确制导等方面
人工神经网络在医学中的应用	生物医学信号的检测与分析	大部分医学检测设备都是以连续波形的方式输出数据的，这些波形是诊断的依据。人工神经网络是由大量的简单处理单元连接而成的自适应动力学系统，具有巨量并行性、分布式存贮、自适应学习的自组织等功能，可以用它来解决生物医学信号分析处理中常规法难以解决或无法解决的问题	在生物信号与信息的表现形式上、变化规律（自身变化与医学干预后变化）上，对其进行检测与信号表达，获取的数据及信息的分析、决策等诸多方面都存在非常复杂的非线性联系，适合人工神经网络的应用
	医学专家系统	在实际应用中，随着数据库规模的增大，将导致知识“爆炸”，在知识获取途径中也存在“瓶颈”问题，致使工作效率很低。以非线性并行处理为基础的神经网络为专家系统的研究指明了新的发展方向，解决了专家系统的以上问题，并提高了知识的推理、自组织、自学习能力，从而神经网络在医学专家系统中得到广泛的应用和发展	在临床数据中存在着一些尚未发现或无确切证据的关系与现象，信号的处理、干扰信号的自动区分检测、各种临床状况的预测等，都可以应用到人工神经网络技术
人工神经网络在经济领域的应用		对商品价格变动的分析，可归结为对影响市场供求关系的诸多因素的综合分析。传统的统计经济学方法因其固有的局限性，难以对价格变动做出科学的预测，而人工神经网络容易处理不完整的、模糊不确定或规律性不明显的数据，所以用人工神经网络进行价格预测有着传统方法无法相比的优势	依据影响商品价格的家庭户数、人均可支配收入、贷款利率、城市化水平等复杂、多变的因素，建立较为准确可靠的模型。该模型可以对商品价格的变动趋势进行科学预测，并得到准确客观的评价结果
人工神经网络在控制领域中的应用		人工神经网络由于其独特的模型结构和固有的非线性模拟能力，以及高度的自适应和容错特性等突出特征，在控制系统中获得了广泛的应用	基本的控制结构有监督控制、直接逆模控制、模型参考控制、内模控制、预测控制、最优决策控制等

续表

	概述	应用
人工神经网络在交通领域的应用	交通运输问题是高度非线性的，可获得的数据通常是大量的、复杂的，用神经网络处理相关问题有它巨大的优越性	应用范围涉及汽车驾驶员行为的模拟、参数估计、路面维护、车辆检测与分类、交通模式分析、货物运营管理、交通流量预测、运输策略与经济、交通环保、空中运输、船舶的自动导航及船只的辨认、地铁运营及交通控制等领域并已经取得了很好的效果
人工神经网络在心理学领域的应用	从神经网络模型的形成开始，它就与心理学有着密不可分的联系。神经网络抽象于神经元的信息处理功能，神经网络的训练则反映了感觉、记忆、学习等认知过程。人们通过不断的研究，改变着人工神经网络的结构模型和学习规则，从不同角度探讨着神经网络的认知功能，为其在心理学的研究中奠定了坚实的基础	应用的面不够宽阔、结果不够精确；现有模型算法的训练速度不够快；算法的集成度不够高；同时希望在理论上寻找新的突破点，建立新的通用模型和算法

本章案例选自：研究生课程《产品创新设计》课程作业。

CHAPTER

第四章 感性工程学

一、感性工程学概述

感性工程学（又作感性工学，Kansei Engineering)，是日语“感性”即カンセィ的音译，原意为对于某一个产品所产生的心理感受与意向。其概念最早起源于日本，最早来自广岛大学的长町三生（Mitsuo Nagamachi）教授提出的感性工程学概念，随后又出版了《汽车的感性工学》《感性工学与新产品开发》《感性工学专家系统的构成》等著作。在企业应用领域，1987 年，马自达汽车公司横滨研究所率先成立了“感性工学研究室”，迄今为止，马自达已经在几乎所有的新产品开发中引入了该技术。另外，夏普、华歌尔、三洋、尼桑、Milbon 等多家企业也曾经在长町三生指导下引入感性工程学技术。

1999 年，瑞典林克平大学（Linköpings University）与瑞典 BT 叉车公司合作，组成了林克平大学感性工程学研究小组，将感性工程学用于叉车设计中。英国诺丁汉大学的人类工效学研究室是欧洲较早开始感性工程学研究的机构，德国的波尔舍汽车公司和意大利的菲亚特汽车公司都热衷于感性工程学的应用研究。

感性工程学涉及设计的各个相关领域，如工业设计、环艺设计和广告设计等，是学科的设计意图与感知结合并进行量化的过程。感性工程学存在于多种学科的基础上，例如心理学、人类学、数学、统计学、市场营销学、工程学和设计学等。

随着科技的飞速发展，不同学科之间的渗透融合变得更为密切，感性工程学便是在这种学科交流的大背景下应运而生的交叉学科。该学科是对人们感性需求的一种工程学研究方法，主要是将人们的情感反应和认知结合，通过对人的知觉意象进行分析，以工程方法来量化，然后转化为设计的具体要素，以设计出满足客户心理需求的产品。长町三生将感性工程学定义为：将使用者对于物品产生的感觉或意象予以转化成设计要素之技术。感性工程学关注的焦点是使用者自身意愿的表达，其本质是采用数理分析的方法将感性问题定量或部分定量地表达。它将感性作为思考的出发点，建立人与物之间的逻辑对等关系。

由感性工程学概念可知，“感性”既是一个静止的概念，又是一个动态的过程。静态的“感性”是指人的感情，是获得的某种印象；动态的“感性”是指人的认识心理活动，是对事物的感受能力，对未知的、多义的、不明确的信息从直觉到判断的过程。

理论上，感性工程学通过对人机学和心理学的评估，运用专业系统将顾客对产品的感受和意象转变为设计细节，依靠感性数据、意象数据、知识数据、造型设计数据和颜色数据来进行分析与归纳整理，从而更加深入地进行设计。

在结合产品开发流程分析大数据的条件下，数据特征与新产品相关知识之间的关系，以消费者行为与产品创新之间的作用机制为基本出发点，采用感性工程学的方法（SD 法、语义差分法），解决精确的驱动模型对大数据智能选择与情绪判断问题，揭示产品设计中“创意”知识形式的形成机理与运行机制、产品创新中价值判断的动态变化规律以及产品开发中各种因素的变化规律。

感性工程学主要研究的问题集中在人与物之间的逻辑关系上，通过对人类的视觉、触觉、味觉、嗅觉和听觉方面的感官评价的研究，建立在大量数据统计基础之上，依据数据开展产品设计创新的研究。较早应用感性工程学的成功产品案例是夏普公司的新款摄像机的设计，这款产品成功地通过感性工程学技术指导，对市场需求进行了深入的挖掘，获得了用户的真正需求，成为设计要素指导了摄像机的开发。另一个电冰箱产品的结构研发是将人的心理学运用在了感性量化的过程中。此外还有三洋公司的洗衣机和剃须刀、伊莱克斯的吸尘器，都运用感性工程学进行市场调研并获取了大量的有效资料。这些国外的案例不仅印证了感性工程学的理论的可行性，而且汇集了更多相关知识，感性工程学技术也愈发成熟。表4-1、表4-2为国内外感性工程学研究现状。

表 4-1 国外学者对感性工程学的研究

人物	贡献
长町三生	最早提出感性工程学理论，通过研究的发表和多本书籍的撰写，为感性工程学在以后的发展和研究做了铺垫
Ishiharas	主要是研究在用户感性意象量化过程中的量化方法，通过不断地探索和分析，提出了多种可以应用在感性工程学领域的分析方法，例如回归分析、集群分析、神经网络
Nishino. T	提出将粗糙集理论应用于感性工程学中，为信息处理提供了科学的方法
Tctsuo Hattori	将互联网技术与感性工程学系统有机地结合起来，初步提出基于XML的计算机辅助感性工程学系统的设想，并进行了一些尝试
Katsunori Takeda	对于多元回归方法在感性工程学中的运用进行了更有针对性的探索
Tctsuo Hattori	从感性通道和主观概率这些新的角度对感性工程学进行了研究

表 4-2 国内学者对感性工程学的研究

人物	贡献
清华大学的李砚祖	是国内较早研究感性工程学的人，对感性工程学方面的知识进行了全面的论述，对感性工程学的重要性和应用领域做了预想
张宪荣	重点研究了如何用定量化的方式进行用户感性量化，其理论和方法推动了中国感性工程学的发展
南京艺术学院的李立新	通过对我国感性工程学相关科学技术和相关学科的研究，完善了感性工程学的基础理论
湖南大学的赵江红	对数控机床配色意象、汽车造型的评估机制等进行研究，对产品造型一项的形成、测量、建模理论，以及使用多元分析、聚类分析、蚁群算法等方法分析产品感性意象的问题积累了一些重要的研究成果
中国农业大学的柳沙	对于多元回归方法在感性工程学中的运用进行了更有针对性的探索
韩挺	提出了运用消费者感官意象及面料材质设计的方法
山东建筑大学的李月恩	编著的《感性工程学》是国内少有的专门介绍感性工程学的书籍，寻找适合中国设计实际的一套感性工程化的方法和理论
张凯、周莹	将感性工程学应用到了产品情感化设计中，探索两者之间的关系，以及分析了在心理学领域感性工程学的作用
台湾的钟清章	编著的《品质工程(田口方法)》旨在探索如何帮助设计师快速地设计满足用户需求和品质较高的产品造型
罗丽弦	编著的《感性工学设计》重点在于设计中的应用部分，通过不同的多种多方面的感性工程学的应用，阐述其重要性

在我国产品设计领域，感性工程学发挥了很大作用，例如在电热水壶、按摩椅、手机、电子秤以及医疗器械领域等都有应用，采取不同的量化过程进行用户感性意象的分析和研究。

对手机和数码相机等相关造型设计进行了详细的定量分析和感性研究。现如今，越来越多的企业都注重对产品用户的研究和用户体验，不仅有利于产品的设计和推广，同时也是提升竞争力的一个途径。纵观整个发展过程，感性工程学将会应用在更多领域。伴随着科学技术的发展，各学科之间的交流更为密切，感性工程学便是在这种学科交流的大背景下应运而生的交叉学科，是社会学科和自然学科融合的又一实例。

二、感性工程学理论

在笔者看来，1750 年，鲍姆嘉通（Alexander Gottlieb Baumgarten）在他的《美学》一书中首次提出了美学这一概念，“感性”通常与“理性”相对，这两个概念最早是在西方哲学体系的认识论中提出的，并将其定义为“感性的认识之学”，主张以理性的“论证思维”来处理非理性的“情感知觉”。此后，尽管鲍姆嘉通的观点并没有得到弘扬和发展，但仍可将其视为“感性工程学”的渊源之一。

1. 感性工程学定义

从设计过程来看，可以确定其基本的研究流程：感性工程学以工程技术为手段，依据感觉因素的定量化测量作为表征物品在人的感觉系统中的反映量，构建感性量与工程实现的各种物理量之间的函数关系。这个感性量，应包含生理上的“感觉量”和心理上的“感受量”。

在日本，感性工程学的发展始终围绕着对于“感性”词汇的解释而发展。感性最早是明治时代的思想家西周在介绍欧洲哲学时所创造的一系列哲学用语之一，当时指的是基于人类身体的感觉而产生的情感冲动和欲求。当前，感性一词在日本应用很广泛，含义也发生了较大的变化，是一个包括认知和视觉、听觉、味觉、嗅觉与触觉五种感官感觉的综合的心理学概念。感性，用在工程和商业领域，应该从信息学的角度来理解，指的是感觉、感知、认知、感情和表达等一系列的信息处理过程，简单地说，就是感觉和情感。

日本学者原田昭指出：①感性是主观的，是不可以用逻辑加以说明的脑的活动；②感性是在先天中加入后天的知识与经验而形成的感觉认知的表现；③感性是直观与知性活动的相互作用；④感性是对于美与快感等特征的直观反应与评价的能力；⑤感性是创造形象的心理活动。另有日本学者在近期对感性做出如下定义：①感性是不能用词语形容的主观反应；②感性是一种认知定义，受到个体的知识结构、经验和性格影响；③感性是直觉与智力活动的互动；④感性赋予美、快乐等这些方面以敏感；⑤感性能够根据人的意识起到创造意象的效果。

借用东京大学吉川校长在讲感性工程学时的话“感性工程学和过去治学的方法论完全不同，要有放弃既有一切成就的觉悟，准备自灭之后重生”，当然可以从富有哲学道理的语言中理解感性工程学，“经由解析人类的感性，有效结合商品化技术，于商品诸多特性中实现感性的要素”“心与心的交流，支持相互间幸福的技术”……感性与理性、悟性并列，原来皆为认识论的专门用语。若将感性作为创造新价值的泉源，必须客观而定量地测量感性。由于感性工程学的研究领域存在着不同的观点和认识，因而对此学科的定义也有着不同的理解，随着学科的发展，其定义也在不断地发生着变化。

研究认为，感性工程学本质是一种采用数理分析参与社会科学研究的方法，试图依据理性分析的手段和方法将感性问题定量和半定量地表达，其研究的对象是“人”，服务的目的是设计物或现象，建立其人与物之间的逻辑对等关系，并认为此关系为表征感性问题的唯一特征。因此，感性工程学还可以以人性反应作为思考的出发点，将过去认为定性的、无法量化的、非理性无逻辑可言的感性反应，以工程学的观点与手法探讨之，借以发展下一代新技术。由于回归到以“人”为发展工程技术的原点，过去工程学的一些研究方法与研究程序不再适用，正由于此，所以更有机会突破前人的成就与限制，找到更多的可能性与创新的观点。

传统的产品开发一直采用顺序工作方法，沿着“概念设计→详细设计→过程设计→加工制造→试验论证→修改设计”的流程进行。传统的设计方法面对设计的上游不能考虑到下游的各种因素，如可制造性、可装配性、质量控制等，造成产品开发过程为“设计→加工→试验→试件”的大循环，从而使产品开发的周期长，成本高。源于控制论，现在借助感性工程学改变原有的设计过程已成为新的产品设计方法研究的重点。

2. 感性工程学用户分析

依据感性工程学理论的基本原理和方法，需要探寻用户的感性与产品设计要素之间有怎样的联系，设计要素不同的表现形式给用户什么感觉，用户的感觉又是怎样反馈于设计的，感性工程学可以解决两者之间的关系。而用户的感性需求是难以进行量化的，所以需要不同的方法来实现，获得的感性需求可以指导产品的开发，甚至是直接转化为产品的形态要素设计。这是一种运用理性思维采取定量的方法研究感性的过程。量化过程如图 4-1。

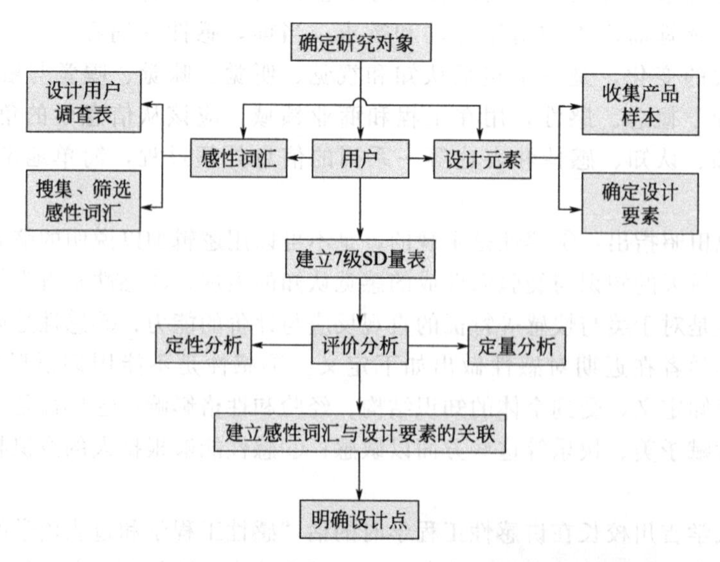

图 4-1 基于用户情感分析的感性量化过程流程图

作为一种可以把用户和产品紧密联系在一起从而建立两者之间关系的研究方法，研究过程可以分为 4 步：

① 通过设计调查表或搜集得到用户的感性意象词汇，采用语义差分（SD）法对词汇进行评价，从而获得最准确的感性意象词。

② 收集产品样本，对产品样本进行分析，最终确定设计要素。

③ 必须要建立感性词汇与设计要素之间的关系。

④ 通过明确设计点，获得用来指导开发出最符合用户需求产品的指导原则。

3. 感性工程学设计方法

① 语义差分法：一种广泛应用于社会学、社会心理学、心理学领域，通过受测者对所设置的形容词正反意义的区间（一般设置 7～11 个区间）进行选择，分析受测者对性质完全相反的不同词汇的反应强度来研究受测者心理意象的实验方法。

② 因子分析法：采用多元分析处理的方式可以处理观察对象中多个观察指标，为了使分析研究对象的过程更为完整，因此增加了观察对象的观察指标的个数，却容易造成分析过程的复杂化。采用因子分析的方法将多个指标或因素之间的联系用少数几个因子进行描述，简化分析过程。分析过程中的因子就是将关联密切的变量进行归类，一个因子就能替代较多个变量，相对较少的因子就能较全面地反映原始资料的信息。运用这种研究技术，可以方便地观察主要类别变量的影响，因此在市场分析中应用广泛。

三、语义差分法应用举例

1. 语义差分法简介

语义差分法也称为 SD 法，是美国学者提出的一种研究心理学的方法，它可以作为一种调研消费者偏好的方法应用于产品设计中，其目的是通过与受试者面谈或者采用调查问卷的方式，了解被测试者对评分对象进行认知的过程。研究以智能机器人扫地机为例，选取不同品牌价位的五款产品进行试验，对 20 个学生进行问卷调查，要求每个被测试者对上述产品图片进行客观评价，依据视觉印象完成问卷。大家知道，人在完成对外界事物的认知后便会形成一种综合意象。美国心理学家奥斯古德（Charles E. Osgood）在 1942 年所创建的语义差分法是一种用于研究被测试者心理意象的实验方法。

在社会学、社会心理学和心理学领域，语义差分法被广泛用于文化的比较研究中，比如个人及群体间差异的比较研究，以及人们对周围环境或事物的态度、看法的研究等。语义差分法以形容词的正反意义为基础，标准的语义差分量表包含一系列形容词和其反义词，在每一个形容词和其反义词之间有约 7～11 个区间，如图 4-2 所示。对观念、事物或人的感觉可以通过所选择的两个相反形容词之间的区间来反映出人们对性质完全相反的不同词汇的反应强度。语义差分法是以数

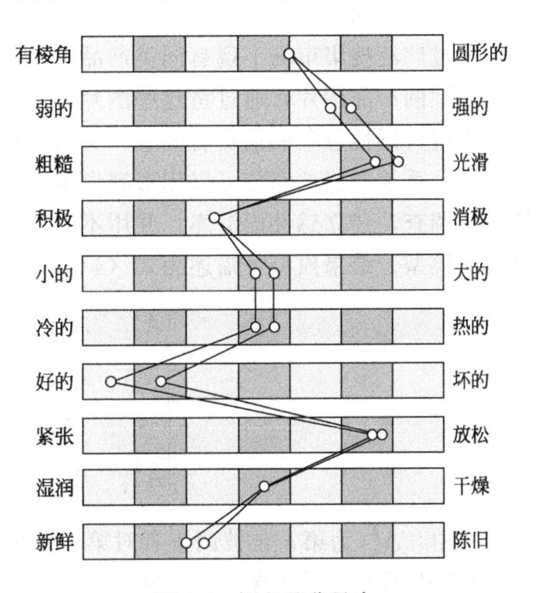

图 4-2　语义差分量表

值评分的形式将各个尺度集合为一个分数，以表明回答者态度的强弱。

语义差分法由被评价的事物或概念、形容词、受测者3方面要素组成。形容词的总数以10～30个较合适，而评价的等级选用点数必须是奇数（3、5、7、9或11），一般最常用的是5点和7点。第3个要素是受测者，即“样本”，样本的数目越多越好，原则上不少于20～50对。通常是要求受测者在一些意义对立的量尺上按感觉的强弱对事物或概念进行评估（选取对应的点数），以真实反映事物或概念所具有的意义及其“份量”。

在近些年的设计调研中，语义差分法使用频率很高，但大范围使用后也暴露出一些易被使用者忽略的问题，这些问题主要包括：

① 缺乏标准化。

② 语义差分量表中评分点数目的确定是一个问题。

③ 语义差分法的另一大弱点是“光晕效应”。所谓的光晕效应指的是，在设置形容词对时，使用者或出于习惯或出于统计数据的需要，往往将一些褒义的词列在一边，将贬义的词列在另一边。这种排列会影响受测者的判断，使这些人产生思维惯性。

④ 当选用7点评价等级点数时，对4点（中心位置）的解释要非常小心。

2. 感性工程学中的语义差分法

用语义差分法构建感性工程学系统，其具体过程如下。

① 从市场或企业、杂志搜集感性或描绘顾客感受的词汇。通常先搜集几百个描述感性的词汇，再从中选择若干最相关的词汇进行分析。

② 通过调查或实验来检验感性词语与设计要素的相关性。

③ 利用先进的计算机技术来建立感性工程的系统性框架，通过人工智能、神经网络和模糊逻辑的几何方法等，建立相关的数据库和计算机推理系统。

④ 每隔3～4年，将新的感性数据扩充进感性工程的数据库，并据此来研究顾客（使用者）对产品喜好的变化趋向。

3. 用语义差分法构建感性工程学系统

（1）检索词汇

通过广泛搜集市场上现有同类产品的造型图片，将这些图片进行初步分类，找出多幅具有代表性的产品图片，通过将这些图片分别制成问卷调查的样本，对其进行数字编号。然后对样本进行感性意象的消费者调查，目的是让设计师获取正确的感性意象信息。比较关键的是：产品系统的感性意象可以用形容词来表达，称为感性语汇。由此，要对消费者进行感性语汇的调查，建立感性语汇库，并用不同方法进行分类，依据用户的喜好程度建立调查统计隶属度模型。结果模型可描述为式（4-1）。

$$\begin{bmatrix} A_{11}^{k} & A_{12}^{k} & A_{13}^{k} & \cdots & A_{1J}^{k} \\ A_{21}^{k} & A_{22}^{k} & A_{23}^{k} & \cdots & A_{2J}^{k} \\ \vdots & \vdots & \vdots & A_{ij}^{k} & \vdots \\ A_{I1}^{k} & A_{I2}^{k} & A_{I3}^{k} & \cdots & A_{IJ}^{k} \end{bmatrix} \tag{4-1}$$

其中，A_{ij}^{k}为第k位被调查者对第i个评价样本第j个产品感性意象的偏好程度。若第j个感性语汇为“不喜欢”或“喜欢”，则为第i个评价样本的“喜欢”或“不喜欢”感性评价偏好程度。

（2）感性信息的筛选

首先剔除特异的感性语汇，然后分别计算第 j 个感性语汇偏好程度的均值和标准差，分别为如式（4-2）、式（4-3）所示。

$$\overline{A}_{ij}=\sum_{k=1}^{k}A_{ij}^{k}/k \tag{4-2}$$

$$\sigma=\left[\sum_{k=1}^{k}(\overline{A}_{ij}-A_{ij}^{k})^{2}/(k-1)\right]^{\frac{1}{2}}\quad(i=1,\ 2,\ \cdots,\ I;\ j=1,\ 2,\ \cdots,\ J) \tag{4-3}$$

根据莱以达准则，$|A_{ij}-A_{ij}^{k}|>3\sigma$ 的予以剔除，最后得到大多数被调查者对某一感性语汇偏好程度的均值 $\overline{A}_{ij}$。

$$\begin{bmatrix}\overline{A}_{11} & \overline{A}_{12} & \overline{A}_{13} & \cdots & \overline{A}_{1J}\\ \overline{A}_{21} & \overline{A}_{22} & \overline{A}_{23} & \cdots & \overline{A}_{2J}\\ \vdots & \vdots & \vdots & \overline{A}_{ij} & \vdots\\ \overline{A}_{I1} & \overline{A}_{I2} & \overline{A}_{I3} & \cdots & \overline{A}_{IJ}\end{bmatrix} \tag{4-4}$$

算出 x 和 y 的相关系数 r_{xy}，将其与相关系数检验表相对照，作出对 x 和 y 线性相关程度的推断。各感性之间的相互关系分析模型为：

$$r_{xy}=\mathrm{cov}(x,\ y)/(\sqrt{D(x)}\sqrt{D(y)}) \tag{4-5}$$

其中：

$$\mathrm{cov}(x,\ y)=E\{[A_{ix}-E(A_{ix})][A_{iy}-E(A_{iy})]\}$$

$$D(x)=E[A_{ix}-E(A_{ix})]^{2}$$

$$E(A_{ix})=\frac{1}{I}\sum_{i=1}^{I}A_{ix}\quad(x=1,\ 2,\ \cdots,\ j,\ \cdots,\ J;\ y=1,\ 2,\ \cdots,\ j,\ \cdots,\ J) \tag{4-6}$$

相关系数检验表是一个以显著性水平 α 和样本容量 n 为参数的表。对于给定的显著性水平 α 和样本容量 n，查相关系数检验表可得相关系数的临界值 ρ_1。若计算出来的相关系数的绝对值大于 ρ_1，则认为 x 与 y 之间存在线性关系，否则认为 x 与 y 之间不存在线性关系。

依据上述统计分析结果，采用相关系数检验法，当 $x=1,\ 2,\ \cdots,\ j,\ \cdots,\ J-1,\ v=1,\ 2,\ \cdots,\ j,\ \cdots,\ J-1$ 和 $y=J$ 时，取 $\alpha=5\%$。根据样本数，查表可得相关系数值 ρ_1。考虑到负相关的情况，当 $|\rho_{xJ}|>\rho_1$ 时，可认为第 x 个感性与消费者对产品的喜欢感性相关，否则认为不相关，对评价毫无意义，则该感性将予以剔除。

当 $x=1,\ 2,\ \cdots,\ j,\ \cdots,\ J-1,\ y=1,\ 2,\ \cdots,\ j,\ \cdots,\ J-1$ 且 $|\rho_{xJ}|>0.95$ 时，可认为第 x 个感性与第 y 个感性完全相关，予以合并。

（3）因子分析

由所有评价词作为独立维度而构成的认知空间，尽管可用来表示产品给消费者的感性意象，但这个空间过于复杂，很难认知清楚。因此，需采用因子分析法降低认知空间的维数，简化认知空间结构。

根据公式 $r_{xy}=\mathrm{cov}(x,y)/(\sqrt{D(x)}\sqrt{D(y)})$，求出 A_i 的相关系数矩阵 $\boldsymbol{R}$：

$$\boldsymbol{R}=\begin{bmatrix}r_{11} & r_{12} & r_{13} & \cdots & r_{1M}\\ r_{21} & r_{22} & r_{23} & \cdots & r_{2M}\\ \vdots & \vdots & \vdots & r_{nm} & \vdots\\ r_{M1} & r_{M2} & r_{M3} & \cdots & r_{MM}\end{bmatrix} \tag{4-7}$$

根据评价信息数据建立因子分析模型：

$$\boldsymbol{A}_i=\boldsymbol{B}_i\boldsymbol{F}_i+\boldsymbol{\varepsilon}_i \tag{4-8}$$

式中，$\boldsymbol{A}_i$ 为样本矩阵，$\boldsymbol{B}_i$ 为因子载荷系数矩阵，$\boldsymbol{F}_i$ 为公共因子矩阵，$\boldsymbol{\varepsilon}_i$ 为特殊因子矩阵。其中：

$$\boldsymbol{A}_i=[A_{i1}, A_{i2}, \cdots, A_{iM}]^{\mathrm{T}}, i=1, 2, \cdots, I$$

$$\boldsymbol{B}_i=\begin{bmatrix} B_{i11} & B_{i12} & B_{i13} & \cdots & B_{i1N} \\ B_{i21} & B_{i22} & B_{i23} & \cdots & B_{i2N} \\ \vdots & \vdots & \vdots & B_{nm} & \vdots \\ B_{iM1} & B_{iM2} & B_{iM3} & \cdots & B_{iMN} \end{bmatrix} \tag{4-9}$$

$$\boldsymbol{F}_i=[F_{1i}, F_{2i}, \cdots, F_{ni}, \cdots, F_{Ni}]^{\mathrm{T}}$$

$$\boldsymbol{\varepsilon}_i=[\varepsilon_{1i}, \varepsilon_{2i}, \cdots, \varepsilon_{ni}, \cdots, \varepsilon_{Ni}]^{\mathrm{T}} \tag{4-10}$$

其中，n 为因子数，$n=1,2,\cdots,N(N<M)$。

利用相关系数矩阵进行基于主成分分析方法的因子分析，求相关矩阵 $\boldsymbol{R}$ 的特征值、特征向量和贡献率，并提取因子，求出因子载荷系数矩阵。

采用方差极大旋转法对因子载荷系数矩阵进行简化，求旋转之后的因子载荷矩阵。最后计算每个样本的因子得分。由因子分析的结果，可以得知产品的意象词汇是由 N 个因素所解释，且每个因素都有其所代表的含义。

（4）聚类分析

为挑出具有代表性的词汇，将各词汇对的因子负荷系数再进行聚类分析。聚类分析是直接比较各事物之间的性质，是根据事物本身的特性研究个体分类的方法。聚类分析的原则是同一类中的个体有较大的相似性，不同类的个体差异很大，将性质相近的归为一类，将性质差别较大的归入不同的类。根据每个意象词汇在因素空间的坐标，建立聚类分析距离模型：

$$D_{xy}=\left[\sum_{n=1}^{N}(B_{xn}-B_{ym})^2\right]^{1/2} \tag{4-11}$$

其中，D_{xy} 为第 x 和 y 个意象词汇在因素空间的距离，首先按照以上模型进行最短距离聚类，求出各所属类的中心点坐标。然后求出每个意象词汇距离其所属群中心点的距离，则最短距离的词汇即被确定为代表该类感性意象的词汇。最后确定类数，可提取出描述该产品的“L 对”意象词汇，即为该产品的感性意象定位基准。

产品系统的感性意象定位方法是建立在多元统计分析的基础上的。在定位过程中，要用到数学、计算机技术等多种科学技术，因此它是多学科支撑下的产品系统设计定位方法。

四、基于语义差分法的产品设计方案

1. 语义差分法及因子分析原理

根据文献研究，王宇晖在研究中认为：科技的进步推动技术的革新，智能化设计在科技带来的大规模信息处理与计算中作用越来越明显，是现代设计的一个发展方向。在智能设计发展方向上，多学科交叉融合与技术创新显得尤为重要。其应用语义学和相关理论对设计过程的关键技术进行了深入的研究，根据语义的传达和检索的过程对设计进行了建模，提出了新的基于语义学的设计方法，通过构建造型评价语义维度，设计模块之间的语义距离，并借助计算机辅助设计等辅助工具，最终实现了基于语义学基本理论的智能设计方法。研究从语义学基本理论出发，结合工业设计的流程，提出了基于语义学的设计模型。通过语义差分法（SD 法）实现了对相关产品的系统分析，并通过降维与数据处理，确定了评价形容词对，建立了基本评价维度。在模块化设计理论的基础上，应用模块划分方法，实现了对自动穿管机合理的模块化划分，为设计任务的划分提供了依据。根据 SUMO 模型树，提出了以形容词对和语义维度为叶节点的权值系数算法模型，为用户语义检索提供了较为准确的系数干预。提出了两个设计模块子方案之间的语义距离计算方法，并以此构成设计方案之间的距离矩阵，通过改进后的蚁群算法实现智能检索。研究提出的理论模型通过对自动穿管机的算例验证，表明该模型是可行的。研究在理论建模的基础上，进行了总结并提出了尚待解决的问题。

语义差分法采用数值评分的形式将各个尺度集合为一个分数，用来记录回答者态度的强弱。设计中采用的语义差分法由被评价的事物或概念、形容词、受测者 3 个要素组成。

因子分析的基本目的是用少数几个因子去描述多指标或因素之间的联系，即将比较密切的几个变量归在同一类中，每一类变量就成为一个因子，以达到用较少的几个因子反映原资料的大部分信息的目的。

2. 语义差分法在蓝牙耳机设计中的应用步骤

（1）选定效果图样本

从刊物、互联网、产品宣传单等途径搜集市场上现有蓝牙耳机的造型图片，如图 4-3。

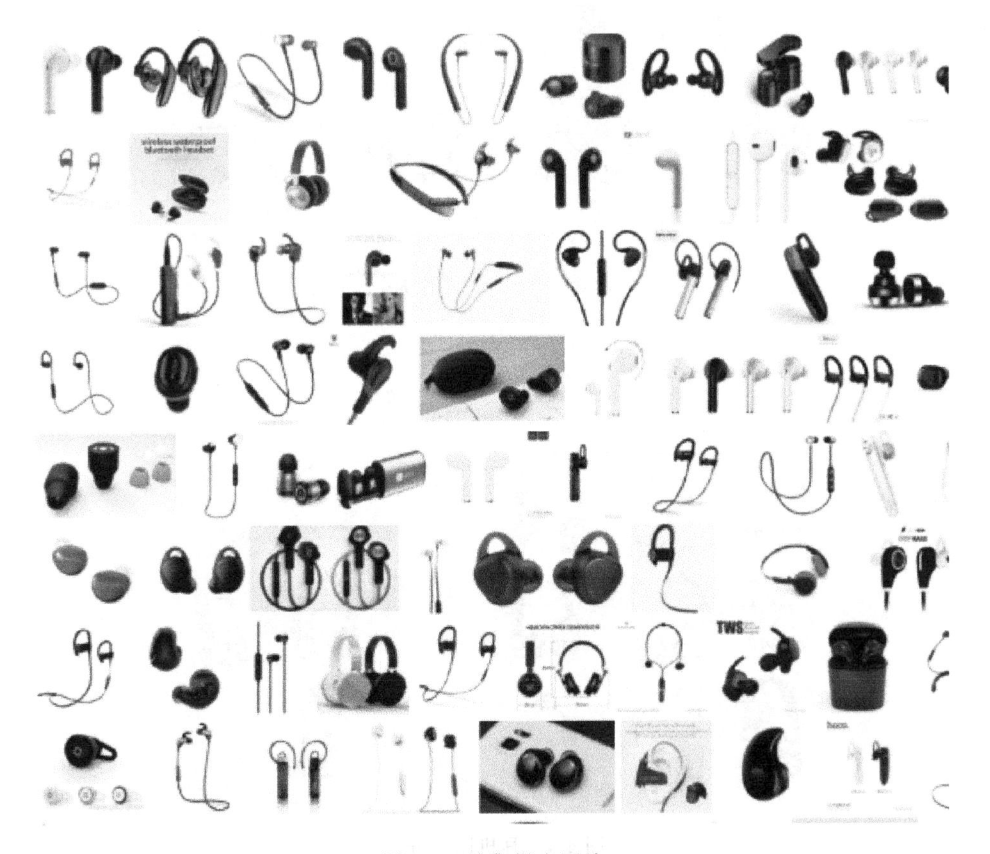

图 4-3 搜集样本图片

将图片初步分类，如图 4-4。

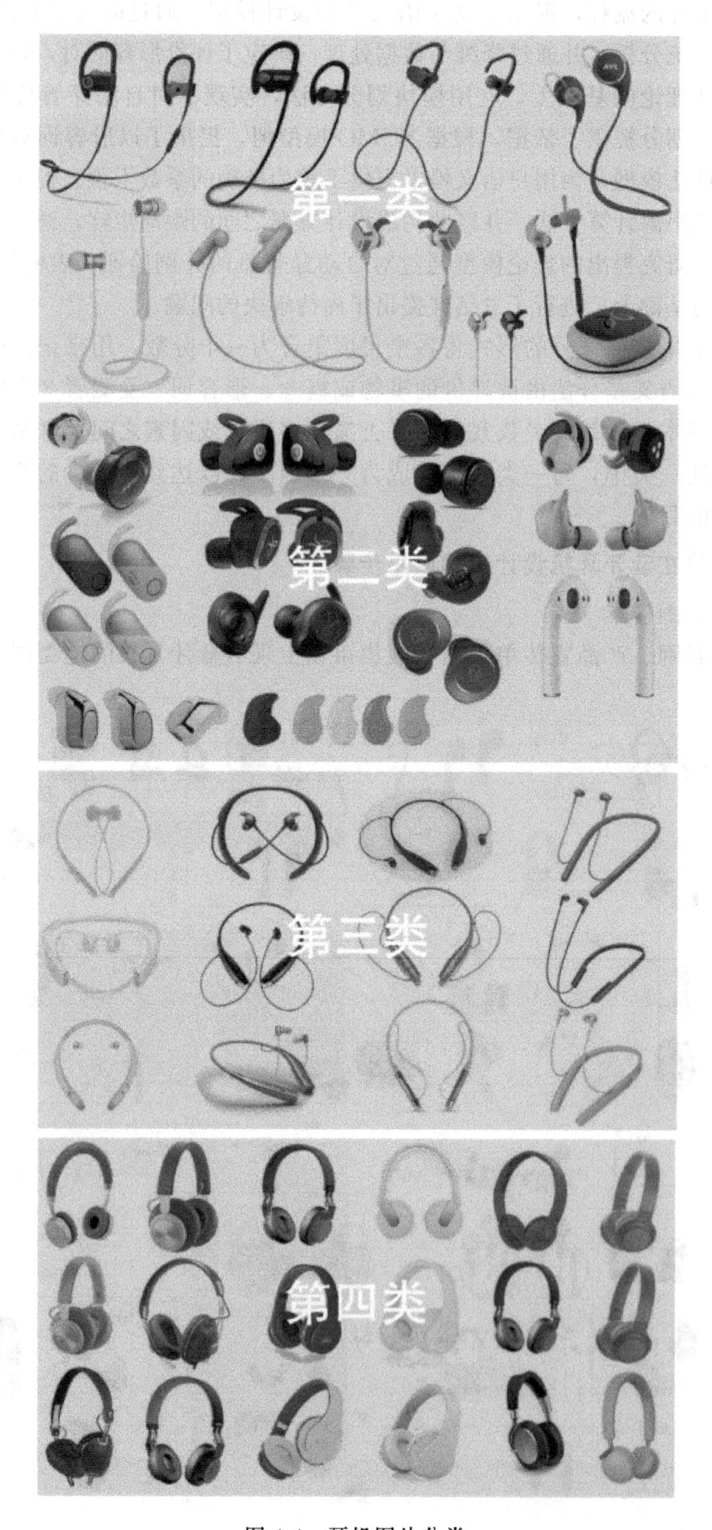

图 4-4 耳机图片分类

为消除干扰因素，去除特征相似的样本图片，选出 6 幅特征差异显著的、具有代表性的蓝牙耳机图片，同时将图片背景统一设为白色，按比例制作成相同尺寸大小，进行数字编号，制成调查样本，如图 4-5。

图 4-5　蓝牙耳机图片

（2）检索和搜集感性词汇

寻找消费者描述的对蓝牙耳机的感觉和意象，进行收集、筛选使之变成感性词汇。有关蓝牙耳机的感性词汇有：简洁、优雅、小巧、便携、轻松、随性、张扬、低调、自由、品质、体贴、自然、舒适、出众、轻巧、柔软、拘束、时尚、动感、前卫、稳固、束缚、巧妙、牢固、考究、简单、智能、持久、简约、活力、精巧、繁杂、柔韧、质感、独特、轻盈、笨重、精致、精细、精美、环保、稳定、结实、细腻、粗糙、安全、高端、信赖、传统、灵敏、锐利、美、漂亮、活泼、庄重、沉稳、大气、雅致等。

（3）确定形容词对（语义差异量表设计）

将形容词进行整理，去掉重复以及没有意义的词汇。然后将形容词进行反义词配对，逐步筛选出有明确的认知差异性的 10 对感性形容词。随后根据 7 阶语义差分法（SD 法）建立 7 阶量表，见表 4-3。受试者根据自己对样本产品的感性感受，在问卷表格中相对应的 7 段语义区间内打分。

表 4-3　SD 法调研量表

简洁的	3	2	1	0	−1	−2	−3	繁杂的
	0	0	0	0	0	0	0	
时尚的	3	2	1	0	−1	−2	−3	传统的
	0	0	0	0	0	0	0	
柔软的	3	2	1	0	−1	−2	−3	刚硬的
	0	0	0	0	0	0	0	
轻巧的	3	2	1	0	−1	−2	−3	笨重的
	0	0	0	0	0	0	0	

续表

自由的	3	2	1	0	−1	−2	−3	束缚的
	0	0	0	0	0	0	0	
舒适的	3	2	1	0	−1	−2	−3	难受的
	0	0	0	0	0	0	0	
安全的	3	2	1	0	−1	−2	−3	危险的
	0	0	0	0	0	0	0	
精细的	3	2	1	0	−1	−2	−3	粗糙的
	0	0	0	0	0	0	0	
稳固的	3	2	1	0	−1	−2	−3	脆弱的
	0	0	0	0	0	0	0	
自然的	3	2	1	0	−1	−2	−3	生硬的
	0	0	0	0	0	0	0	

（4）确定调查问卷对象

根据蓝牙耳机产品的特点，在选择受测者时要考虑到受测者一定要有使用或购买的经历，确定目标人群为年龄在 18～40 岁之间的青年，对符合要求的男性女性各 10 名进行测试。受测者都有正常或者矫正到正常的视力，无色盲、色弱。

（5）数据量化分析

利用 SPSS 软件进行统计分析，生成的结果作为输入数据，如表 4-4 所示。

表 4-4 SPSS 软件统计分析部分结果

	简洁的	时尚的	柔软的	轻巧的	自由的	舒适的	安全的	精细的	稳固的	自然的
样本①	0.647	0.810	0.676	0.755	0.299	0.158	0.456	0.287	0.843	0.262
样本②	0.825	2.656	1.114	0.912	0.432	0.791	0.274	1.615	0.395	1.237
样本③	0.615	1.415	0.560	1.247	0.764	0.653	2.338	2.699	0.230	0.579
样本④	1.937	0.943	0.215	0.974	1.364	0.644	0.274	2.652	0.129	1.952
样本⑤	0.328	0.646	1.437	0.470	0.126	1.105	1.866	0.245	1.946	0.165
样本⑥	0.564	2.655	1.419	0.515	0.159	0.947	1.247	0.437	1.281	1.148

（6）数据标准化

见图 4-6 与表 4-5。

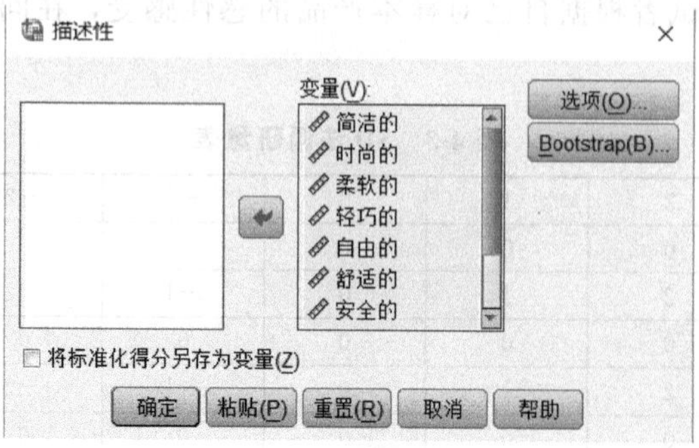

图 4-6 数据标准化

表 4-5　数据标准化的结果

	N	极小值	极大值	均值	标准差
简洁的	6	0.328	1.937	0.81933	0.570485
时尚的	6	0.646	2.656	1.52083	0.915494
柔软的	6	0.215	1.437	0.90350	0.497685
轻巧的	6	0.470	1.247	0.81217	0.294581
自由的	6	0.126	1.364	0.52400	0.472000
舒适的	6	0.158	1.105	0.71633	0.325829
安全的	6	0.274	2.338	1.07583	0.885075
精细的	6	0.245	2.699	1.32250	1.163207
稳固的	6	0.129	1.946	0.80400	0.705067
自然的	6	0.165	1.952	0.89050	0.682868
有效的 N(列表状态)	6				

(7) 因子分析

选择经过标准化后的变量，见图 4-7。

图 4-7　标准化后的变量

依次选择“描述”“抽取”“旋转”“得分”“选项”并进行相应勾选后，进行计算，结果见表 4-6～表 4-13 及图 4-8。

表 4-6 相关矩阵

		简洁的	时尚的	柔软的	轻巧的	自由的	舒适的	安全的	精细的	稳固的	自然的
相关	简洁的	1.000	−0.136	−0.742	0.412	0.904	−0.238	−0.588	0.645	−0.661	0.848
	时尚的	−0.136	1.000	0.418	−0.017	−0.241	0.303	−0.157	0.017	−0.155	0.380
	柔软的	−0.742	0.418	1.000	−0.767	−0.876	0.667	0.273	−0.733	0.811	−0.390
	轻巧的	0.412	−0.017	−0.767	1.000	0.703	−0.420	0.041	0.895	−0.900	0.277
	自由的	0.904	−0.241	−0.876	0.703	1.000	−0.255	−0.256	0.876	−0.784	0.696
	舒适的	−0.238	0.303	0.667	−0.420	−0.255	1.000	0.424	−0.109	0.511	0.087
	安全的	−0.588	−0.157	0.273	0.041	−0.256	0.424	1.000	0.015	0.354	−0.550
	精细的	0.645	0.017	−0.733	0.895	0.876	−0.109	0.015	1.000	−0.854	0.576
	稳固的	−0.661	−0.155	0.811	−0.900	−0.784	0.511	0.354	−0.854	1.000	−0.586
	自然的	0.848	0.380	−0.390	0.277	0.696	0.087	−0.550	0.576	−0.586	1.000

表 4-7 公因子方差表

	初始	提取
简洁的	1.000	0.999
时尚的	1.000	0.991
柔软的	1.000	0.991
轻巧的	1.000	0.987
自由的	1.000	0.999
舒适的	1.000	0.981
安全的	1.000	0.958
精细的	1.000	0.994
稳固的	1.000	0.999
自然的	1.000	0.987

表 4-8 解释的总方差

成分	初始特征值			提取平方和载入			旋转平方和载入		
	合计	方差贡献率/%	累积贡献率/%	合计	方差贡献率/%	累积贡献率/%	合计	方差贡献率/%	累积贡献率/%
1	5.603	56.029	56.029	5.603	56.029	56.029	3.497	34.971	34.971
2	1.811	18.108	74.137	1.811	18.108	74.137	2.989	29.894	64.866
3	1.451	14.506	88.642	1.451	14.506	88.642	1.870	18.699	83.565
4	1.022	10.223	98.866	1.022	10.223	98.866	1.530	15.301	98.866
5	0.113	1.134	100.000						
6	3.199×10^{-16}	3.199×10^{-15}	100.000						
7	6.783×10^{-17}	6.783×10^{-16}	100.000						
8	-1.189×10^{-16}	-1.189×10^{-15}	100.000						
9	-4.280×10^{-16}	-4.280×10^{-15}	100.000						
10	-6.180×10^{-16}	-6.180×10^{-15}	100.000						

表 4-9　成分矩阵表

	成分			
	1	2	3	4
自由的	0.947			
稳固的	−0.931			
柔软的	−0.913	0.373		
精细的	0.872		0.482	
简洁的	0.865			0.350
轻巧的	0.806		0.398	
时尚的		0.761		−0.574
自然的	0.688	0.697		
安全的	−0.400	−0.439	0.764	
舒适的	−0.456	0.508	0.555	0.455

表 4-10　旋转成分矩阵表

	成分			
	1	2	3	4
轻巧的	0.958			
精细的	0.909	0.402		
稳固的	−0.799	−0.381	0.446	
柔软的	−0.640	−0.383	0.482	0.450
自然的		0.913		
简洁的		0.903		
自由的	0.651	0.678		
舒适的			0.937	
安全的		−0.642	0.654	
时尚的				0.987

表 4-11　成分转换矩阵

成分	1	2	3	4
1	0.702	0.601	−0.357	−0.136
2	−0.245	0.599	0.253	0.719
3	0.627	−0.271	0.705	0.190
4	−0.232	0.455	0.558	−0.654

表 4-12 成分旋转矩阵

	成分			
	1	2	3	4
简洁的	−0.111	0.381	0.056	−0.171
时尚的	0.135	−0.064	−0.069	0.708
柔软的	−0.098	−0.021	0.145	0.220
轻巧的	0.382	−0.222	−0.066	0.113
自由的	0.088	0.218	0.147	−0.213
舒适的	0.011	0.218	0.618	−0.005
安全的	0.305	−0.264	0.417	−0.160
精细的	0.311	0.016	0.197	0.013
稳固的	−0.240	0.070	0.193	−0.218
自然的	−0.056	0.383	0.133	0.150

表 4-13 成分得分协方差矩阵

成分	1	2	3	4
1	1.000	0.000	0.000	0.000
2	0.000	1.000	0.000	0.000
3	0.000	0.000	1.000	0.000
4	0.000	0.000	0.000	1.000

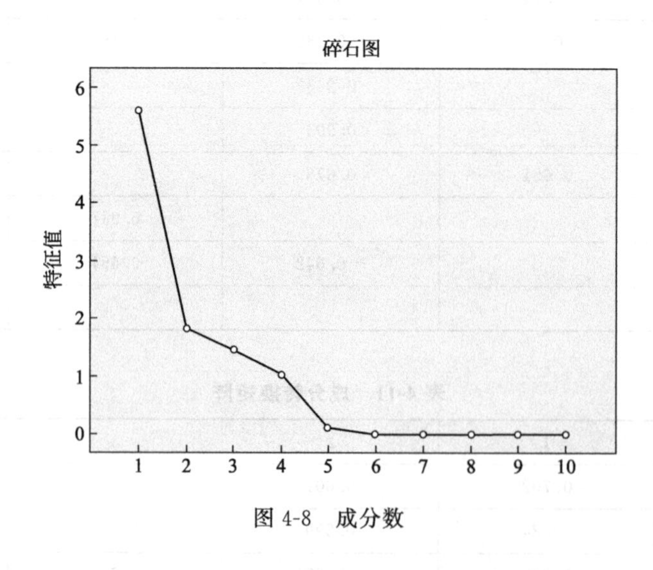

图 4-8 成分数

3. 分析结果解释

① KMO 结果大于 0.5，相关系数多数大于 0.3，适合做因子分析。

② 提取因子后因子方差的值均很高，表明提取的因子能很好地描述这 10 个指标。方差分解表也表明，默认提取的前 4 个因子能够解释 10 个指标的 98.866%。碎石图表明，从第 5 个因子开始，特征值差异很小。综合以上，提取前 4 个因子。

③ 由旋转因子矩阵可以看出，经旋转后，因子便于命名和解释。因子 1 主要解释的是轻巧的、精细的；因子 2 主要解释的是自然的、简洁的、自由的；因子 3 主要解释的是稳固的、舒适的、安全的、柔软的；因子 4 主要解释的是时尚的。因子分析要求，最后得到的因子之间相互独立，没有相关性，而因子转换矩阵显示，两个因子相关性较低。可见，对因子进行旋转是完全有必要的。

④ 因子得分是根据这个因子系数和标准化后的分析变量得到的。其次，在数据视图中可以看到因子得分变量。

本章案例选自：研究生课程《产品创新设计》课程作业。

CHAPTER

第五章 因子分析

一、因子分析简介

因子分析（Factor Analysis）是指研究从变量群中提取共性因子的统计技术。最早由英国心理学家C. E. 斯皮尔曼提出。他发现学生的各科成绩之间存在着一定的相关性，一科成绩好的学生，往往其他各科成绩也比较好，从而推想是否存在某些潜在的共性因子，或称某些一般智力条件影响着学生的学习成绩。因子分析可在许多变量中找出隐藏的具有代表性的因子。将相同本质的变量归入一个因子，可减少变量的数目，还可检验变量间关系的假设。

因子分析是一种多元分析的方法，该方法起源于20世纪初Karl Pearson和Charles Spearman等人关于心理测试的统计分析，它的核心是用最少的相互独立的因子反映原有变量的绝大部分信息。通过分析事物内部的因果关系从而找出其中的主要矛盾和事物的基本规律。因子分析的基本原理是通过变量的相关系数矩阵的变化，对内部结构进行研究，找出能控制所有变量的少数几个随机变量，从而去描述多个变量之间的相关关系。但是，这少数的几个随机变量是不可测的，通常称为因子。根据相关性的大小把变量分组，使得同组内的变量之间相关性较高，使不同组内的变量相关性较低。

1. 因子模型原理

对于所研究的问题可试图用最少个数的所谓因子的线性函数与特殊因子之和来描述原来观测的每一变量。因子变量的特点：第一，因子变量的数量远小于原指标的数量，能够减少分析的工作量；第二，因子变量不是原有变量的简单取舍，而是对原有变量的重新组构，这些变量能够反映原有变量的绝大部分信息，不会产生丢失；第三，因子变量之间线性相关性较低；第四，因子变量具有命名解释性。因子分析可以消除指标间的信息重叠，抽象出事物的本质属性，不仅可以综合评价，还可以综合分析对其产生影响的主要因素。

设p个可以观测的指标为X_1、X_2、X_3、…、X_p，m个不可观测的因子为F_1、F_2、F_3、…、F_m，则因子分析模型描述如下：

$$
\begin{aligned}
&X_1 = a_{11}F_1 + a_{12}F_2 + \cdots + a_{1m}F_m + \varepsilon_1 \\
&X_2 = a_{21}F_1 + a_{22}F_2 + \cdots + a_{2m}F_m + \varepsilon_2 \\
&\cdots\cdots \\
&X_p = a_{p1}F_1 + a_{p2}F_2 + \cdots + a_{pm}F_m + \varepsilon_p \\
&m < p
\end{aligned}
\tag{5-1}
$$

$\boldsymbol{F}=(F_1,F_2,\cdots,F_m)$是不可测的向量，把$\boldsymbol{F}$称为$\boldsymbol{X}$的公共因子，其均值向量$\boldsymbol{E}(\boldsymbol{F})=0$。协方差矩阵$\mathrm{cov}(\boldsymbol{F})=1$，即向量的各分量是相互独立的。$\boldsymbol{\varepsilon}=(\varepsilon_1,\varepsilon_2,\cdots,\varepsilon_p)$是特殊因子，与$\boldsymbol{F}$相互独立，且$\boldsymbol{E}(\boldsymbol{\varepsilon})=0$。$\boldsymbol{A}=a_{ij}$，$a_{ij}$为因子载荷，数学上可以证明，因子载荷

a_{ij} 就是第 i 个指标与第 j 个因子的相关系数，载荷越大，说明第 i 个指标与第 j 个因子的关系越密切；反之载荷越小，关系越疏远。

2. 因子模型建立

（1）原始数据的标准化

原始数据的标准化包括指标正向化和无量纲化处理两方面。在多指标的评价中，有些指标数值越大，评价越好；有些指标数值越小，评价越好，这种指标称为逆向指标；还有些指标数值越靠近某个具体数值越好，这种指标称为适度指标。根据不同类型的指标需要将逆向指标、适度指标转化为正向指标，此过程称为指标的正向化。指标正向化过程既可以在无量纲化前处理也可以在无量纲化时处理。逆向指标可以选用公式 $X'_i=(X_{max}-X_i)/(X_{max}-X_{min})$，其中，$X_{max}$、$X_{min}$ 分别为指标的最大与最小值。适度指标方面，叶宗裕认为正向化可以采用指标值减去适度值的绝对值的相反数，公式为 $Y_{xy}=-|X_{xy}-M|$，其中 Y_{xy} 为正向化后数据，X_{xy} 为原始数据，M 为适度值。指标的无量纲化则是通过标准化处理，将不同的指标通过数学变换转化为统一的相对值，消除各个指标不同量纲的影响。常用的无量纲化包括：标准化法、均值法和极差正规化法。研究采用最常见的标准化法进行无量纲化处理，公式处理如下：

$$\boldsymbol{Z}=\frac{\boldsymbol{X}-\overline{\boldsymbol{X}}}{\sigma} \tag{5-2}$$

（2）计算相关矩阵 $\boldsymbol{R}$ 的特征值和特征向量

根据特征方程 $|\boldsymbol{R}-\lambda\boldsymbol{E}|=0$，计算相关矩阵的特征值 λ 及对应的特征向量 $\boldsymbol{A}$，λ 的大小描述了各个因子在解释对象时所起的作用的大小。

计算因子贡献率及累积贡献率，确定公共因子个数。

因子贡献率表示每个因子的变异程度占所有因子变异程度的比率，公式为：

$$C_i=\lambda_i/\sum_{i=1}^{P}\lambda_i \tag{5-3}$$

C_i 表示方差贡献率。当累积贡献率达到 85%以上或者特征根 λ 不小于 1 时，即确定了公共因子的个数。

（3）求解初始因子载荷矩阵

$\boldsymbol{X}=\boldsymbol{AF}$，因子载荷矩阵 $\boldsymbol{A}$ 并不唯一，软件则是运用不同的参数估计方法求出相应的估计矩阵。参数估计方法主要包括：最小平方法、极大似然法、主成分法、主因子法、多元回归法。

（4）因子载荷矩阵的旋转

若因子载荷较为平均，初始的因子载荷矩阵描述的经济含义不太明显，难以判断与各个因子的关系时，就需要进行因子旋转。通过因子旋转，使旋转后公共因子的贡献更加分散，并对主因子进行命名，确定经济含义。因子旋转主要有正交旋转法和斜交旋转法。

（5）计算样本的综合得分

通过因子载荷矩阵，可以得出因子的因子得分系数矩阵 $\boldsymbol{B}$。然后计算出每个因子的得分 $\boldsymbol{F}=\boldsymbol{BZ}$，最后以各因子的方差贡献率占因子总方差的贡献率的比重作为权重加权汇总，得到应变综合得分

$$F=\frac{\lambda_1}{\sum_{i=1}^{m}\lambda_i}F_1+\frac{\lambda_2}{\sum_{i=1}^{m}\lambda_i}F_2+\cdots+\frac{\lambda_m}{\sum_{i=1}^{m}\lambda_i}F_m \tag{5-4}$$

3. SPSS 的因子分析方法

SPSS 提供了 4 个统计量，可帮助判断观测数据是否适合作因子分析。

（1）计算相关系数矩阵

应用 SPSS 进行因子分析时，在提取因子分析步骤之前，需要对相关的矩阵进行检验，如果相关矩阵中的大部分相关系数小于 0.3，则不适合作因子分析；当原始变量个数较多时，所输出的相关系数矩阵特别大，这样在观察的时候是很不方便的，所以一般不建议采用此方法。还有一个原因是，在采用这个方法后所给出的原始数据分析报表是很难在结果汇报中体现出来的。

（2）计算反映象相关矩阵

反映象矩阵主要包括负的协方差和负的偏相关系数。偏相关系数是在控制了其他变量对两变量影响的条件下计算出来的净相关系数。如果原有变量之间确实存在较强的相互重叠以及传递影响，也就是说，如果原有变量中确实能够提取出公共因子，那么在控制了这些影响后的偏相关系数必然很小。

（3）巴特利特球形度检验

巴特利特球形度检验的目的是检验相关矩阵是否是单位矩阵（identity matrix），如果是单位矩阵，则认为因子模型不合适。巴特利特球形度检验的虚无假设为相关矩阵是单位矩阵，如果不能拒绝该假设的话，就表明数据不适合用于因子分析。一般说来，显著水平值越小（<0.05），表明原始变量之间越可能存在有意义的关系；如果显著性水平很大（如 0.10 以上），可能表明数据不适宜于因子分析。

（4）KMO

KMO 测度的值越高（接近 1.0 时），表明变量间的共同因子越多，研究数据适合用因子分析。通常按以下标准解释该指标值的大小：KMO 值达到 0.9 以上为非常好，0.8～0.9 为好，0.7～0.8 为一般，0.6～0.7 为差，0.5～0.6 为很差。如果 KMO 测度的值低于 0.5，表明样本偏小，需要扩大样本。

二、因子分析应用方法

1. 基本思想

因子分析是根据相关性大小把原始变量进行分组，使得同组内的变量之间相关性较高，而不同组的变量间的相关性较低。每组变量代表一个基本结构，并用一个不可观测的综合变量表示，这个基本结构就称为公共因子。

2. 主要步骤

① 确认待分析的原变量是否适合作因子分析。

② 构造因子变量。

③ 利用旋转方法使因子变量更具有可解释性。

④ 计算因子变量得分。

3. 计算过程

① 将原始数据标准化，以消除变量间在数量级和量纲上的不同。

$$X_i=\frac{X_i-\boldsymbol{E}(X_i)}{\sqrt{\mathrm{var}(X_i)}} \tag{5-5}$$

② 求标准化数据的相关矩阵。

③ 求相关矩阵的特征值和特征向量。

④ 计算方差贡献率与累积方差贡献率。

⑤ 确定因子：设有 p 个因子，其中前 m 个因子包含的数据信息总量（即其累积贡献率）不低于 80%时，可取前 m 个因子来反映原评价指标。

⑥ 因子旋转：若所得的 m 个因子无法确定或其实际意义不是很明显，这时需将因子进行旋转以获得较为明显的实际意义。

⑦ 用原指标的线性组合来求得各因子得分，采用回归估计法、Bartlett 估计法计算因子得分。

⑧ 综合得分：以各因子的方差贡献率为权，由各因子的线性组合得到综合评价指标函数：

$$\boldsymbol{F}=\frac{\gamma_1F_1+\gamma_1F_1+\cdots+\gamma_mF_m}{\gamma_1+\gamma_2+\cdots+\gamma_m}=\sum_{i=1}^{m}\omega_iF_i \tag{5-6}$$

ω_i 为旋转前或旋转后因子的方差贡献率。

⑨ 得分排序：利用综合得分分析得到得分名次。

4. 具体分析步骤

先介绍一下因子分析的数学模型，如下：

因子模型（正交因子模型）：

$$\begin{cases} X_1=\alpha_{11}F_1+\alpha_{12}F_2+\cdots+\alpha_{1m}F_m+\varepsilon_1 \\ X_2=\alpha_{21}F_1+\alpha_{22}F_2+\cdots+\alpha_{2m}F_m+\varepsilon_2 \\ \qquad\vdots \\ X_p=\alpha_{p1}F_1+\alpha_{p2}F_2+\cdots+\alpha_{pm}F_m+\varepsilon_p \end{cases} \tag{5-7}$$

用矩阵表示：

$$\begin{pmatrix} X_1 \\ X_2 \\ \vdots \\ X_p \end{pmatrix}=\begin{pmatrix} \alpha_{11}\alpha_{12}\cdots\alpha_{1m} \\ \alpha_{21}\alpha_{22}\cdots\alpha_{2m} \\ \vdots \\ \alpha_{p1}\alpha_{p2}\cdots\alpha_{pm} \end{pmatrix}\begin{pmatrix} F_1 \\ F_2 \\ \vdots \\ F_p \end{pmatrix}+\begin{pmatrix} \varepsilon_1 \\ \varepsilon_2 \\ \vdots \\ \varepsilon_p \end{pmatrix} \tag{5-8}$$

简记为：

$$X_px_1=A_px_mF_mx_1+\varepsilon_px_m \tag{5-9}$$

（1）确定待分析的原有若干变量是否适合进行因子分析

因子分析是从众多的原始变量中重构少数几个具有代表意义的因子变量的过程。其潜在的要求：原有变量之间要具有比较强的相关性。因此，因子分析需要先进行相关性分析，计算原始变量之间的相关系数矩阵。进行原始变量的相关分析之前，需要对输入的原始数据进行标准化计算。

相关系数的值介于－1与1之间，即$-1 \leqslant r \leqslant 1$。其性质如下：

① 当$r>0$时，表示两变量正相关，$r<0$时，两变量为负相关。

② 当$|r|=1$时，表示两变量为完全线性相关，即为函数关系。

③ 当$r=0$时，表示两变量间无线性相关关系。

④ 当$0<|r|<1$时，表示两变量存在一定程度的线性相关。$|r|$越接近1，两变量间线性关系越密切；$|r|$越接近0，表示两变量的线性相关越弱。

⑤ 一般可按三级划分：$|r|<0.4$为低度线性相关，$0.4 \leqslant |r|<0.7$为显著性相关，$0.7 \leqslant |r|<1$为高度线性相关。

（2）构造因子变量

因子分析中有很多确定因子变量的方法，如基于主成分模型的主成分分析和基于因子分析模型的主轴因子法、极大似然法、最小二乘法等，前者应用最为广泛。

主成分分析法：该方法通过坐标变换，将原始变量作线性变化，转换为另一组不相关的变量（主成分）。求相关系数矩阵$\boldsymbol{R}$的特征根λ_i（$\lambda_1>\lambda_2>\cdots>\lambda_p>0$）和相应的标准正交的特征向量$\boldsymbol{l}_i$；根据相关系数矩阵的特征根，即公共因子$F_i$的方差贡献（等于因子载荷矩阵$\boldsymbol{A}$中第$j$列各元素的平方和），计算公共因子$F_i$的方差贡献率与累积贡献率。公式如下：

$$\lambda_i / \sum_{k=1}^{p} \lambda_k \tag{5-10}$$

$$\sum_{k=1}^{i} \lambda_k / \sum_{k=1}^{p} \lambda_k \tag{5-11}$$

公共因子个数的确定准则：根据因子的累积方差贡献率来确定，一般取累积贡献率大于85％的特征值所对应的第一、第二、……、第m（$m \leqslant p$）个主成分。

（3）因子变量的命名解释

因子载荷矩阵中：

$$\alpha_{ij}=\sqrt{\lambda_i l_{ij}} \tag{5-12}$$

因子变量的命名解释是因子分析的另一个核心问题，在实际的应用分析中，主要通过对因子载荷矩阵进行分析，得到因子变量和原有变量之间的关系，从而对新的因子变量进行命名。有时因子载荷矩阵的解释性不太好，通常需要进行因子旋转，使原有因子变量更具有可解释性。因子旋转的主要方法：正交旋转、斜交旋转。方差最大正交旋转最为常用，基本思想是使公共因子的相对负荷的方差之和最大，且保持原公共因子的正交性和公共方差总和不变。可使每个因子中具有最大载荷的变量数最小，因此可以简化对因子的解释。

（4）计算因子变量得分

因子变量确定以后，对于每一个样本数据，希望得到在不同因子上的具体数据值，即因子得分。估计因子得分的方法主要有回归法、Bartlett 法等。计算因子得分应首先将因子变量表示为原始变量的线性组合。即：

$$\begin{cases} F_1=\alpha_{11}x_1+\alpha_{12}x_2+\cdots+\alpha_{1p}x_p \\ F_2=\alpha_{21}x_1+\alpha_{22}x_2+\cdots+\alpha_{2p}x_p \\ \quad \vdots \\ F_m=\alpha_{m1}x_1+\alpha_{m2}x_2+\cdots+\alpha_{mp}x_p \end{cases} \tag{5-13}$$

回归法，即 Thomson 法：得分是由贝叶斯 Bayes 思想导出的，得到的因子得分是有偏的，但计算结果误差较小。贝叶斯判别思想是根据先验概率求出后验概率，并依据后验概率分布作出统计推断。

Bartlett 法：Bartlett 因子得分是极大似然估计，也是加权最小二乘回归，得到的因子得分是无偏的，但计算结果误差较大。

三、 SPSS 因子分析过程

主成分分析是试图寻找原有变量的一个线性组合。这个线性组合方差越大，那么该组合所携带的信息就越多。也就是说，主成分分析就是将原始数据的主要成分放大。

因子分析，它是假设原有变量的背后存在着一个个隐藏的因子，这个因子可以包括原有变量中的一个或者几个，因子分析并不是原有变量的线性组合。

1. 数据准备

表 5-1 是一份某城市的空气质量数据，一共有 6 个变量，分别是：二氧化硫、二氧化氮、可吸入颗粒物、一氧化碳、臭氧、细颗粒物。

表 5-1 输入数据

二氧化硫	二氧化氮	可吸入颗粒物	一氧化碳	臭氧	细颗粒物
4.0	30.0	21.0	26.0	17.0	49.0
5.0	42.0	23.0	24.0	16.0	49.0
2.0	23.0	32.0	24.0	20.0	0.0
8.0	44.0	32.0	28.0	16.0	45.0
2.0	48.0	38.0	18.0	12.0	48.0
6.0	29.0	35.0	25.0	19.0	45.0
8.0	28.0	34.0	20.0	24.0	46.0
12.0	35.0	44.0	23.0	17.0	49.0
8.0	28.0	33.0	15.0	20.0	35.0
15.0	45.0	34.0	30.0	13.0	36.0
5.0	47.0	39.0	10.0	14.0	43.0
4.0	37.0	37.0	15.0	18.0	45.0
5.0	38.0	35.0	18.0	17.0	50.0
0.0	33.0	0.0	27.0	36.0	0.0
9.0	30.0	46.0	18.0	28.0	50.0
5.0	25.0	24.0	17.0	24.0	48.0
3.0	28.0	21.0	15.0	23.0	46.0
3.0	33.0	25.0	18.0	25.0	50.0
4.0	35.0	25.0	24.0	22.0	46.0
2.0	30.0	21.0	14.0	25.0	46.0
3.0	17.0	21.0	12.0	31.0	49.0
9.0	38.0	36.0	20.0	23.0	46.0

续表

二氧化硫	二氧化氮	可吸入颗粒物	一氧化碳	臭氧	细颗粒物
2.0	40.0	40.0	20.0	21.0	48.0
7.0	18.0	32.0	20.0	31.0	43.0
10.0	22.0	34.0	15.0	35.0	39.0
14.0	29.0	40.0	15.0	34.0	40.0
6.0	23.0	37.0	20.0	28.0	39.0
20.0	37.0	40.0	20.0	14.0	42.0
9.0	48.0	38.0	10.0	24.0	43.0

2. 操作步骤

(1) 打开因子分析工具

见图 5-1。

图 5-1 因子分析工具

(2) 选择要进行因子分析的变量

见图 5-2。

(3) 设置因子分析模型

这里要说一下 KMO 和 Bartlett 的球形度检验，KMO 检验统计量是用于比较变量间简单相关系数和偏相关系数的指标（图 5-3）。主要应用于多元统计的因子分析。

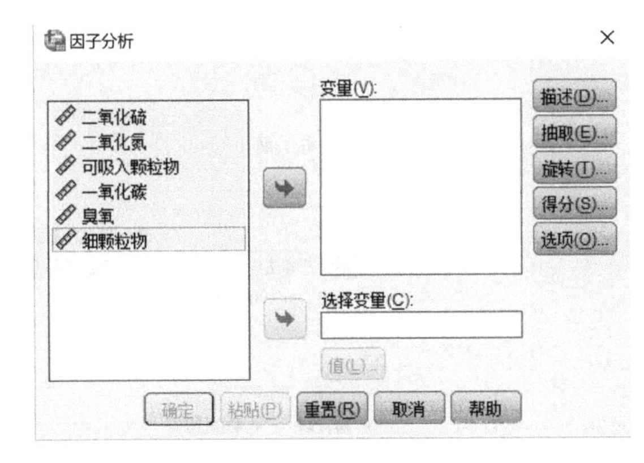

图 5-2 因子分析的变量

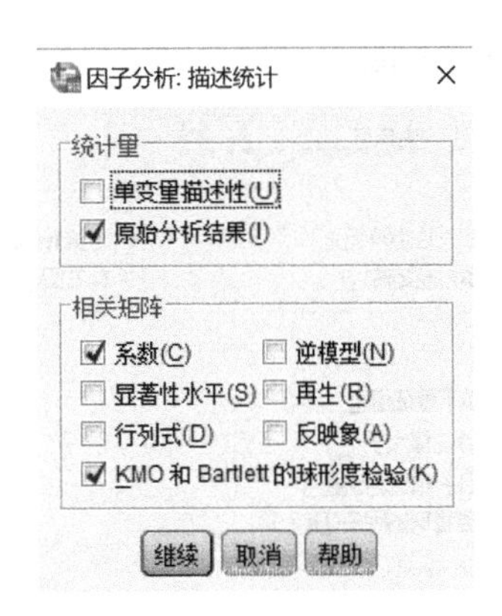

图 5-3 资料调查 1

KMO 统计量的取值在 0 和 1 之间。Kaiser 给出了常用的 KMO 度量标准：0.9 以上表示非常适合；0.8 表示适合；0.7 表示一般；0.6 表示不太适合；0.5 以下表示极不适合。当所有变量间的简单相关系数平方和远远大于偏相关系数平方和时，KMO 值接近 1。KMO 值越接近 1，意味着变量间的相关性越强，原有变量越适合作因子分析；当所有变量间的简单相关系数平方和接近 0 时，KMO 值接近 0。KMO 值越接近 0，意味着变量间的相关性越弱，原有变量越不适合作因子分析。

Bartlett 球形度检验用于检验相关矩阵中各变量间的相关性，即检验各个变量是否各自独立。如果变量间彼此独立，则无法从中提取公共因子，也就无法应用因子分析法。Bartlett 球形度检验如果判断相关矩阵是单位矩阵，则各变量独立，因子分析无效。

SPSS 检验结果显示 Sig.＜0.05（即 p 值＜0.05）时，说明各变量间具有相关性，因子分析有效。

所用软件为 SPSS（Statistical Product and Service Solutions，“统计产品与服务解决方案”软件）。该软件曾称为“社会科学统计软件包”（Solutions Statistical Package for the Social Sciences），但是随着 SPSS 产品服务领域的扩大和服务深度的增加，SPSS 公司已于 2000 年正式将英文全称更改为“统计产品与服务解决方案”，这标志着 SPSS 的战略方向正在做出重大调整。SPSS 为 IBM 公司推出了一系列用于统计学分析运算、数据挖掘、预测分析和决策支持任务的软件产品及相关服务，有 Windows 和 macOS 等版本。

1984 年 SPSS 总部首先推出了世界上第一个统计分析软件的微机版本 SPSS/PC+，开创了 SPSS 微机系列产品的开发方向，极大地扩充了它的应用范围，并使其能很快地应用于自然科学、技术科学、社会科学的各个领域。世界上许多有影响力的报纸杂志纷纷就 SPSS 的自动统计绘图、数据的深入分析、使用方便、功能齐全等方面给予了高度的评价。

抽取：一般来说方法都选择主成分方法（图 5-4）。

旋转：旋转的作用是方便最后看什么变量属于哪个因子（图 5-5）。

得分（图 5-6）。

选项（图 5-7）。

到此模型设置完毕，点击确定即可在 SPSS 窗口中看到分析结果。

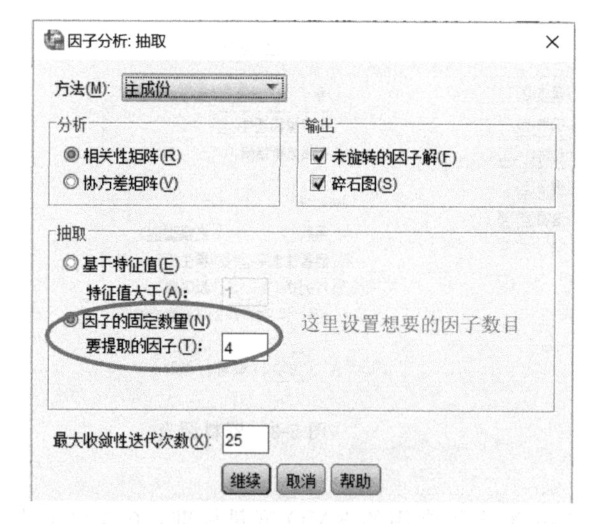

图 5-4　资料调查 2

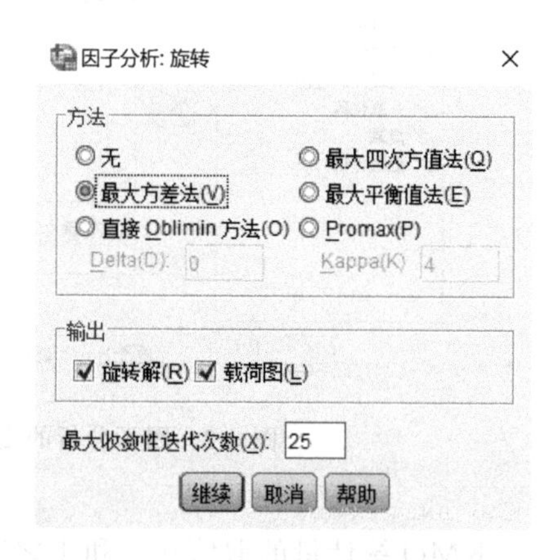

图 5-5　资料调查 3

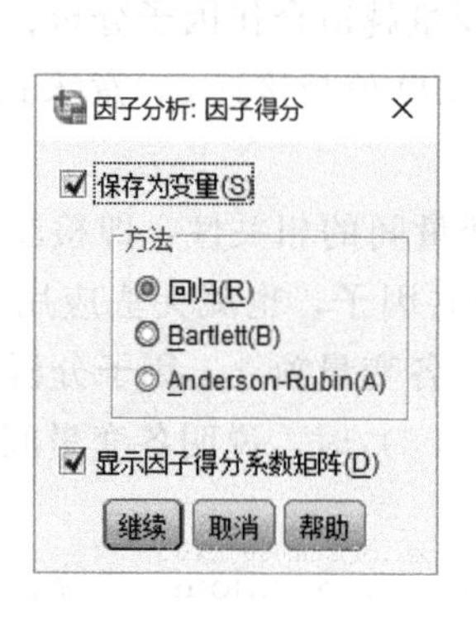

图 5-6　资料调查 4

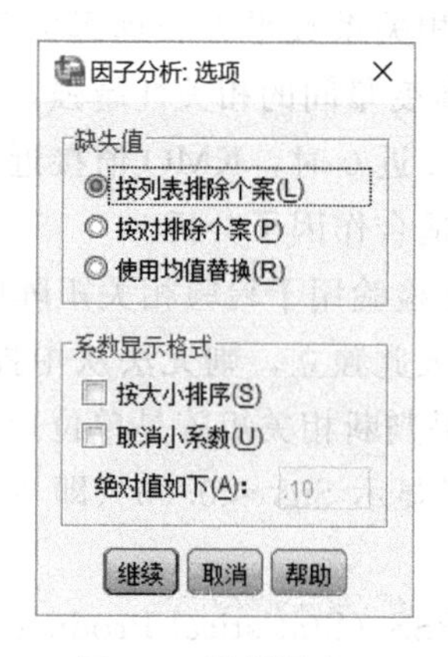

图 5-7　资料调查 5

3. 因子分析结果解读

主要看以下几部分的结果。

(1) KMO 和 Bartlett 的检验结果

首先是 KMO 的值为 0.733，大于阈值 0.5，所以说明了变量之间是存在相关性的，符合要求；然后是 Bartlett 球形度检验的结果，在这里只需要看 Sig. 这一项，其值为 0.000，所以小于 0.05（表 5-2）。那么也就是说，这份数据是可以进行因子分析的。

表 5-2　KMO 和 Bartlett 的检验

取样足够多的 KMO 度量		0.733
Bartlett 的球形度检验	近似卡方	1683.959
	df	15
	Sig.	0.000

(2) 公共因子方差

公共因子方差表的意思就是，每一个变量都可以用公共因子表示，而公共因子究竟能表达多少呢，其表达的大小就是公共因子方差表中的“提取”，“提取”的值越大说明变量可以被公共因子表达得越好，一般大于 0.5 即可以说是可以被表达，但是更好的是要求大于 0.7 才足以说明变量能被公共因子很合理地表达。在本例中可以看到，“提取”的值都是大于 0.7 的（表 5-3），所以变量可以被表达得很不错。

表 5-3　资料调查表

公共因子方差	初始	提取
二氧化硫	1.000	0.938
二氧化氮	1.000	0.914
可吸入颗粒物	1.000	0.888
一氧化碳	1.000	0.835
臭氧	1.000	0.981
细颗粒物	1.000	0.913

注：提取方法：主成分分析。

(3) 解释的总方差和碎石图

简单地说，解释的总方差就是看因子对于变量解释的贡献率（可以理解为究竟需要多少因子才能把变量表达为 100%）。这张表（表 5-4）只需要看图中实线框的一列，表示的就是贡献率，虚线框则代表四个因子就可以将变量表达到 91.151%，说明表达得还是不错的，笔者觉得一般都要表达到 90%以上才可以，否则就要调整因子数据。再看碎石图（图 5-8），也确实就是四个因子之后折线就变得平缓了。

表 5-4　主成分总方差结果

解释的总方差									
	初始特征值			提取平方和载入			旋转平方和载入		
成分	合计	方差贡献率/%	累积贡献率/%	合计	方差贡献率/%	累积贡献率/%	合计	方差贡献率/%	累积贡献率/%
1	3.150	52.507	52.507	3.150	52.507	52.507	1.841	30.689	30.689
2	1.282	21.364	73.871	1.282	21.364	73.871	1.410	23.502	54.191
3	0.703	11.712	85.583	0.703	11.712	85.583	1.187	19.776	73.967
4	0.334	5.568	91.151	0.334	5.568	91.151	1.031	17.184	91.151
5	0.318	5.307	96.457						
6	0.213	3.543	100.000						

注：提取方法：主成分分析。

4. 旋转成分矩阵

表 5-5 是用来看哪些变量可以包含在哪些因子里，一列一列地看：第一列，最大的值为 0.917 和 0.772，分别对应的是细颗粒物和可吸入颗粒物，因此可以把因子归结为颗粒物；

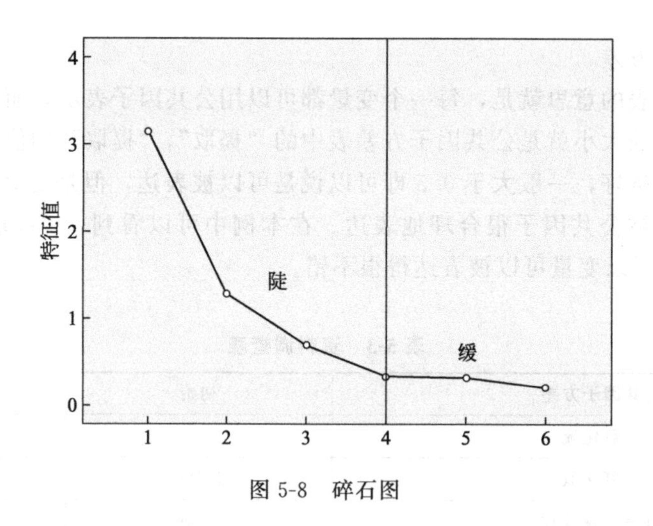

图 5-8 碎石图

第二列，最大值 0.954 对应着二氧化硫，因此可以把因子归结为硫化物；第三列，最大值为 0.962，对应着臭氧，因此可以把因子归结为臭氧；第四列，最大值为 0.757 和 0.571，分别对应着二氧化氮和一氧化碳。

表 5-5 资料调查信息

旋转成分矩阵①	成分			
	1	2	3	4
二氧化硫	0.027	0.954	−0.028	0.164
二氧化氮	0.227	0.527	−0.109	0.757
可吸入颗粒物	0.772	0.463	−0.077	0.269
一氧化碳	0.561	−0.019	−0.440	0.571
臭氧	−0.194	−0.056	0.962	−0.124
细颗粒物	0.917	−0.070	−0.221	0.132

① 旋转在 5 次迭代后收敛。

注：1. 提取方法：主成分分析。

2. 旋转法：具有 Kaiser 标准化的正交旋转法。

因子分析是一种非常好用的降维方式，在 SPSS 中进行操作十分简单方便，结果一目了然。

四、因子分析应用于产品创新的案例

1. 产品设计定位

据国家相关部门的统计显示，多达 90%的水果和蔬菜生产都使用化学农药以提高产量。国家市场监督管理总局的检测结果表明，果蔬农药残留量超标问题高达 47.5%，食用此类果蔬会使农药残留于体内，长期积累会引起慢性中毒，诱发多种疾病，更甚的是：可能会影响孕妇腹中胎儿的健康。家用果蔬清洗机是利用臭氧的杀菌消毒原理，针对水果、蔬菜表面残留的农药、细菌等，进行果蔬的彻底清洗。通过网络用户反馈、商场销售人员采访等方式进行调研，总结分析发现家用果蔬清洗机在造型、人机等方面存在隐患。消费者中，20～45岁的全职太太和孕妇人群居多，此阶段消费者注重生活品质，且接触新鲜事物的能力较强，对产品要求较高，但更多倾向于物美价廉的产品。

家用果蔬清洗机，把臭氧的杀菌消毒技术应用到果蔬清洗机产品中，成功开创了家电新品类，实现了针对果蔬表面的农药、细菌、重金属等残留物质的“鲜活”净化。果蔬清洗机的造型设计方向是经过对特定人群、使用环境、设计趋势等方面进行分析后得出的。通过对外观造型风格、材质、加工工艺、色彩搭配的设计，使果蔬清洗机的造型风格与特定人群的审美心理相符。其中，外观造型的改良设计包括对产品外观及结构的设计、人机设计、安全性设计、操作面板等；材质的使用包括塑料、金属材质的创新应用；加工工艺包括注塑、电镀、拉丝等相关行业成熟工艺；色彩的搭配则借鉴了通过对使用环境、市场家电产品的分析所得出的流行色。

2. 产品意向空间研究

（1）建立样本空间

通过互联网、各大商城等途径收集家用果蔬清洗机的图片，结合十大品牌代表产品的趋势分析，用KJ分析法将造型类似的产品去除掉，保留不同形状的样本。可以得出4个不同类型的产品样本，如图5-9所示。

图5-9 产品样本

（2）建立语义空间

见表5-6。

表5-6 语义空间

造型	圆润	简洁	轻巧	中庸	可爱
色彩	白色	清新	绿色	鲜艳	活泼
材质	金属	塑料	时尚	流行	耐用
人机	自动	定时	触摸	舒适	合适角度

了解用户对于产品的感情影响需通过建立有效的语义空间，通过调研、问卷等多种不同的方式搜集到与家用果蔬清洗机相关的形容词，去除掉不相关词再进行分类总结。一个能够被所有的潜在用户认为是好的和希望拥有的产品，它必须综合了美学、人机工程学、便于加工和理想的材料应用等方面的成功属性。所以将收集的感性词汇分成造型、材质、色彩、人机四个方面。

（3）建立形态空间和语义空间之间的关系

对样本进行大致分类之后，需要调查了解不同的类型分别代表了怎样的形态特征，并且最终将语义空间与形态空间通过调查数据联系起来。将收集的 20 个描述家用果蔬清洗机的感性词与 4 类产品造型相对应，通过问卷调查和网上电子问卷等方式对 25 个用户进行调查，让这些人根据自己对产品的感受分别对每一类型与相对应描述进行打分，分数等级为 1～5，1 为不喜欢，5 为喜欢，通过 SPSS 数据分析计算平均值与方差，可以有一个直观的曲线表示和相应的数据分析，从而得出最后结论。见表 5-7、图 5-10。

表 5-7　20 个描述家用果蔬清洗机的感性词

	造型					色彩					材质					人机				
	简洁	圆润	可爱	轻巧	中庸	白色	清新	绿色	活泼	鲜艳	塑料	金属	时尚	流行	耐用	自动	定时	触摸	舒适	合适角度
1	5	1	1	1	3	4	5	4	1	1	5	4	4	1	4	1	4	5	4	1
2	5	2	4	2	4	3	4	3	2	2	5	3	3	2	3	2	3	4	3	2
3	4	3	2	3	1	4	5	3	3	3	4	4	4	3	4	3	4	4	4	3
4	4	4	3	4	4	4	4	4	4	4	5	4	2	4	3	4	4	5	4	4
5	4	1	5	1	4	1	4	1	1	1	5	1	1	1	1	1	1	3	1	1
6	4	3	1	3	3	3	5	2	3	3	4	4	3	3	3	3	3	4	3	3
7	5	3	5	3	3	3	5	3	4	3	4	3	5	2	1	2	3	4	3	3
8	5	3	4	3	2	5	4	5	3	2	5	5	5	3	5	3	3	5	5	3
9	4	2	5	2	4	2	5	2	2	3	4	2	2	3	2	4	2	4	4	5
10	3	1	4	1	5	3	5	3	5	1	5	3	3	1	3	1	3	5	3	1
11	5	3	5	3	4	1	4	1	3	3	5	1	1	3	1	3	1	4	1	3
12	4	4	1	4	5	3	5	3	4	4	5	3	3	4	3	4	3	4	3	4
13	5	3	3	3	1	2	3	2	3	3	5	2	3	3	2	3	2	5	2	3
14	4	4	4	4	3	3	5	3	4	4	4	5	3	4	3	4	3	4	3	4
15	3	4	5	4	4	3	4	3	4	3	3	3	3	4	3	4	3	5	3	4
16	4	5	4	3	4	1	5	1	5	5	4	1	1	5	1	5	1	4	1	5
17	5	4	3	4	4	5	4	5	4	4	3	5	5	4	5	4	5	5	5	4
18	4	3	4	2	5	3	3	3	4	3	4	4	3	2	3	2	3	4	3	4
19	5	4	1	4	5	4	4	4	4	4	5	4	4	4	4	2	4	5	4	3
20	4	1	3	1	1	2	5	2	1	1	3	2	2	1	2	1	2	3	2	1
21	5	1	2	1	2	4	5	4	1	1	5	4	4	1	4	1	4	5	4	1
22	4	3	5	3	1	5	4	5	3	3	4	5	5	3	5	3	5	4	5	3
23	3	1	4	1	4	3	5	3	1	1	5	3	3	1	3	1	3	5	3	1
24	5	3	3	3	3	4	4	4	3	3	4	4	4	3	4	3	4	3	4	3
25	4	2	3	1	3	2	5	3	1	4	3	2	3	2	1	5	2	4	4	1

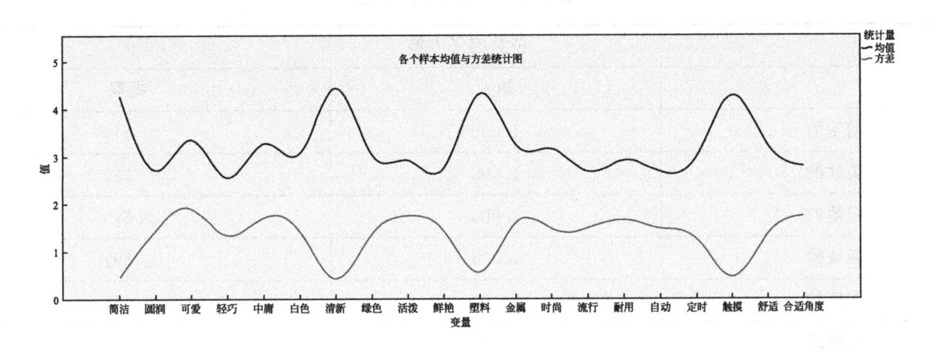

图 5-10　计算结果

总结以上内容，可以得出需要设计一款具有创新性的家用果蔬清洗机。主要针对产品外观方面进行设计，力求使产品在外观上有所突破，不仅美观而且注重人机和安全。而满足这样的产品设计需要：简洁的圆柱形外观、清新的以绿色为主的颜色、外壳是塑料（ABS）材质、符合用户使用角度的防水触摸式操控面板。

(4) 因子分析

对收集到的 4 个样本进行形容词的评价因子分析。

将形容词分为 7 个等级，更准确地定位受测者的感受和意象，其中受测者包括 25 名家庭主妇。结果具有代表性和准确性。

见表 5-8～表 5-14 及图 5-11。

表 5-8　样本及评价因子

形容词对	评价因子
前卫的-保守的	时尚感
柔软的-刚硬的	活力感
轻盈的-厚重的	轻盈感
新奇的-平凡的	新奇度
情感的-理性的	情感度
有序的-凌乱的	秩序感
开敞的-封闭的	空间感
协调的-失衡的	协调度
明亮的-昏暗的	光泽度
放松的-紧张的	放松度

表 5-9 公共因子方差

公共因子方差		
	初始	提取
前卫的	1.000	0.642
柔软的	1.000	0.939
轻盈的	1.000	0.640
新奇的	1.000	0.893
情感的	1.000	0.435
有序的	1.000	0.879
开敞的	1.000	0.635
协调的	1.000	0.833
明亮的	1.000	0.796
放松的	1.000	0.798

注：提取方法：主成分分析。

表 5-10 评价因子及相应形容词表

前卫的	3	2	1	0	−1	−2	−3	保守的
轻盈的	3	2	1	0	−1	−2	−3	厚重的
柔软的	3	2	1	0	−1	−2	−3	刚硬的
新奇的	3	2	1	0	−1	−2	−3	平凡的
情感的	3	2	1	0	−1	−2	−3	理性的
有序的	3	2	1	0	−1	−2	−3	凌乱的
开敞的	3	2	1	0	−1	−2	−3	封闭的
协调的	3	2	1	0	−1	−2	−3	失衡的
明亮的	3	2	1	0	−1	−2	−3	昏暗的
放松的	3	2	1	0	−1	−2	−3	紧张的

表 5-11 解释的总方差

成分	初始特征值			提取平方和载入			旋转平方和载入		
	合计	方差贡献率/%	累积贡献率/%	合计	方差贡献率/%	累积贡献率/%	合计	方差贡献率/%	累积贡献率/%
1	3.475	34.751	34.751	3.475	34.751	34.751	3.373	33.728	33.728
2	2.436	24.364	59.116	2.436	24.364	59.116	2.379	23.788	57.517
3	1.579	15.791	74.907	1.579	15.791	74.907	1.739	17.390	74.907
4	0.746	7.461	82.368						
5	0.621	6.212	88.580						
6	0.543	5.429	94.009						
7	0.256	2.559	96.568						
8	0.162	1.622	98.190						
9	0.117	1.167	99.357						
10	0.064	0.643	100.000						

注：提取方法：主成分分析。

表 5-12　成分矩阵①

	成分		
	1	2	3
前卫的	−0.116	0.205	−0.766
柔软的	0.968	−0.048	−0.013
轻盈的	−0.092	−0.634	0.479
新奇的	0.937	−0.071	−0.096
情感的	0.356	−0.300	0.467
有序的	0.080	0.920	0.161
开敞的	0.342	0.388	0.607
协调的	0.165	0.874	0.207
明亮的	0.803	−0.343	−0.182
保守的	0.846	0.130	−0.257

① 已提取了 3 个成分。

表 5-13　旋转成分矩阵①

	成分		
	1	2	3
前卫的	0.035	−0.073	−0.797
柔软的	0.947	0.114	0.173
轻盈的	−0.132	−0.454	0.646
新奇的	0.938	0.061	0.098
情感的	0.273	−0.071	0.596
有序的	−0.049	0.923	−0.157
开敞的	0.159	0.613	0.484
协调的	0.027	0.909	−0.083
明亮的	0.854	−0.243	0.091
保守的	0.864	0.182	−0.135

① 旋转在 4 次迭代后收敛。

注：旋转法：具有 Kaiser 标准化的正交旋转法。

表 5-14　成分转换矩阵

成分	1	2	3
1	0.970	0.168	0.174
2	−0.100	0.933	−0.346
3	−0.220	0.319	0.922

注：旋转法：具有 Kaiser 标准化的正交旋转法。

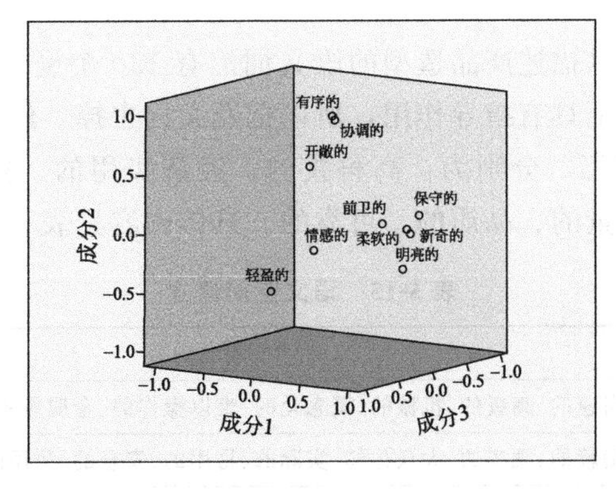

图 5-11　旋转空间中的成分图

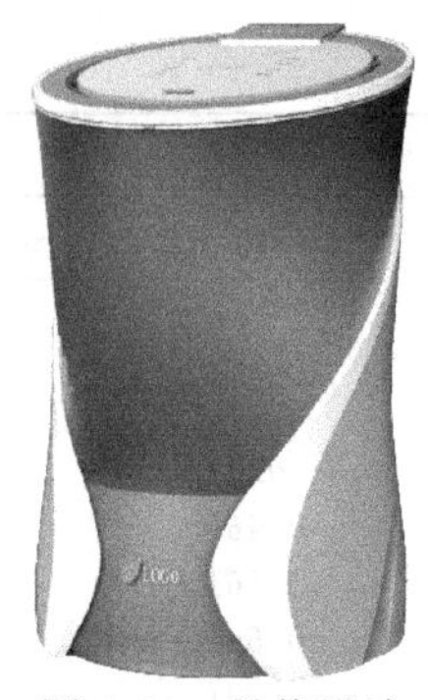

图 5-12 最终设计效果图

（5）设计结果

依据上面的分析数据和总结的设计点，通过调查问卷得到相关词汇，从用户感性分析结果和设计师感性上把握整体的方向。使用不同的数据分析软件进行多次修改，理性地进行设计分析。同时正确把握人机工程学和心理学对于产品和用户的关系，最终确定产品的整体感觉。效果图如图 5-12 所示。

定性分析与定量分析有机结合起来，才能正确地反映、表明事物的性质和特点。这两种分析既相互区别、对立，各有其内在规定与内涵，又相互联系、统一、渗透、贯通。定性分析是定量分析的基础、前提和先导，定量分析是定性分析的延伸、拓展和升华。没有定性分析，定量分析就会失去目标、流于形式，就无真正意义的定量分析；没有定量分析，定性分析就会变得难以捉摸，不易确定。因而，必须把定性分析与定量分析有机结合起来，使之优势互补、相得益彰。通过理论与方法的研究，将层次分析法、SPSS数据分析法等方法与人们感性因素定性、定量地表达出来，构建出产品的决策模型。并依据所建立的模型，通过案例分析增加设计师与用户之间的联系，可以分析出产品各个形态元素对用户情感的影响，能够得出可靠的设计依据，并有效地指导设计工作，使得设计方案更加符合用户的期望与心理需求。

伴随理论与技术的发展，更多的应用感性工程学理论指导的产品将出现在生活中，带来更好的使用体验。对于新产品开发来说，感性工程学理论无疑给设计开辟了一条新的思路，真正做到了以用户为中心的设计，而不是设计师的主观臆想，使得设计方案有了更加明确的方向。

五、因子分析+神经网络综合应用到产品设计创新的案例

（1）感性语义空间的建立

以电焊机为例对感性理论的应用进行详细的说明，建立电焊机的形态语义空间，为后面奥太电焊机设计做铺垫。通过问卷或是在网上搜集，获得大量和造型有关的语义词汇。为了建立有效的语义空间，在建立的时候是不可以带有任何针对性和偏向的。避免由于产品出产时本身的标签对语义空间建立和分析的约束与限制，保证语义空间建立的完整性。

通过收集和整理，可以描述产品造型的语义词汇有 150 个褒义词和 15 个贬义词。因为贬义词对产品的设计开发不具有指导作用，所以把贬义词去掉。然后采用 KJ 法分析得出 10 个与电焊机造型相关的词汇，分别为：高科技的、经济实用的、独特的、时尚的、男性化的、简约的、和谐的、力量的、品质的、可靠的。具体内容见表 5-15。

表 5-15 语义空间建立

主要词汇	包含内容
高科技的	先进的、高速的、高级的、机械的、概念化的、难以操作的、金属质感的、电动的
经济实用的	可靠的、信赖的、现实的、大众化的、实际的、易用的、安全的、耐用的、省力的
独特的	有个性的、独特的、前卫的、超现实的、新颖的、夸张的

续表

主要词汇	包含内容
时尚的	开放的、活泼的、有趣的、生动的、新颖的、创新的、高档的
男性化的	方正的、锐利的、直线的、粗犷的、强壮的、有力量的、豪放的、坚硬的
简约的	紧凑的、明亮的、内敛的、完整的、线性的
和谐的	一体的、环保的、大气的、稳定的、调和的、和谐的、大方的、满意的、协调的
力量的	厚重的、稳定的、棱角的、张力的
品质的	昂贵的、讲究的、精细的、细致的
可靠的	一体的、环保的、大气的、可靠的、和谐的、协调的

(2) 形态空间的建立

建立产品的形态空间首先是要通过调研和资料收集选取大量的形态样本，然后将造型相似的样本归为一类，最后进行产品的形态元素分解。通过对国内外电焊机较著名的5大品牌的资料收集与分析，掌握与电焊机有关的背景知识并了解其造型特征。如表5-16所示。

表5-16　品牌产品形态对比分析

品牌		分　析
林肯		形态整体，专业感较强。强调产品的行业感和整体家族感。但是造型简单，突破性不够
米勒		形态简洁现代，整体化，专业感较强，注重系列化。造型整体较为传统，系列之间变化不大
Telwin		形态现代流畅，消费感较强。突破了传统电焊机的形态，细节考虑较多，弧面也增加了产品亲和力
松下		形态简洁，工业化感觉较强，形态以长方体为主，人机工程学考虑不够
肯比		形象高端，形态现代流畅，创新和消费感较强。尝试不同的造型，增加了电气设备的美观度。现代感、科技感较强

国外的电焊机在较长的发展历程中，不同的品牌都形成了产品系列化。通过对简单的几何形态的叠加、包裹、切割、组合等进行造型的设计，外观简洁大方。国外的很多品牌造型较为传统，近些年正在开发审美性更高、更适合工作环境的产品。表 5-17 为国内电焊机形态的对比分析。

表 5-17 国内电焊机形态对比分析

品牌		分 析
瑞凌		形态专业感较强，把手处理多样化，整体造型较为传统，在色彩上有不同的尝试
上海沪工		形态上有不同的尝试，老系列电焊机造型传统、整体化，新型电焊机设计流畅、高端
山东奥太		形态简洁，传统电焊机工业感较强，形态以长方体为主，把手的变化和不同材料的使用增加了设计感

国内外电焊机产品对比：国外电焊机产品相较于国内发展较早，产品系列化较成熟，性能稳定，强调家族化产品、行业感和专业感。从以上图不难看出国外产品整体领先于国内。造成这种现象的原因是：首先，国外的工业发展时间早于国内，整体工业发展水平就高于国内；其次，国外材质加工工艺高于国内，而先进的材质加工工艺能更好地促进电气设备的发展；再次，国外的生产力先进于国内，为电气设备发展提供了物质基础，在资金和科技投入方面要高于国内；最后，国外较重视产品外观的设计，在设计的投入上较大，而对国内来说，企业投入到设计的资金较少。表 5-18 是国内外品牌产品形象对比分析。

表 5-18 国内外品牌产品形象对比分析

国外造型特点	国内造型特点
产品系列化	系列不够完善
造型整体化	造型整体化
专业感强	消费感强
人机考虑较多	人机考虑较多
细节考虑较多	细节考虑较少

（3）电焊机产品的外观发展趋势分析

由于国内外在文化上的差异，造成了用户不同的审美，所以在电焊机产品的外观上也有差异。比如，欧美的电气产品外观更加注重专业性和功能性；而我国的电气产品由于发展时间短，学习国外不同的设计风格，所以电气设备造型多种多样，而共同的特点是具有消费特性。

在以上调研资料的基础上区分出不同的电焊机的形态，共收集到了 30 个电焊机的造型样本，把所收集的产品样本进行设计元素的细分，总结出不同设计风格的电焊机，通过分析可以把样本分为 5 类。而后对电焊机进行形态元素分解，比较发现，电焊机产品设计的重点主要是（图 5-13）：控制面板设计、通风板设计、把手设计、侧面散热孔设计、机身整体造型设计。每一部分的细节设计对整体的设计影响力也不容小视，细节设计得好会让整个设计体现出精致感、高档感，也说明了设计师对设计的用心。形态分析见表 5-19。

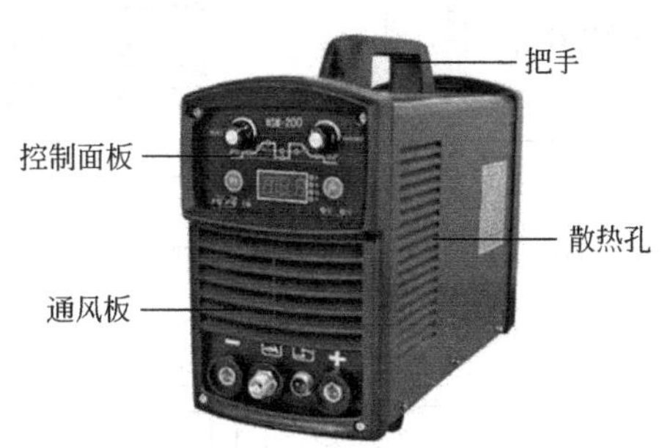

图 5-13　电焊机形态元素分解

表 5-19　电焊机形态分析

形态元素		分　析
控制面板		斜面凹形控制面板：相对于直面凹形面板更人机友好，操作方便也更有利于观察
通风板		在整个前脸来看是占面积很大的一部分，现有的电焊机通风板设计五花八门，都是为了提高装饰性，对整体的设计有辅助的特点
侧面散热孔		由于在钣金壳上，散热孔的造型受到了很多的限制，都是冲压而成。大面积的侧面散热孔的设计能起到画龙点睛的作用
把手		把手的设计不仅要贯穿整体，也要考虑人机性和手握时的质感。在设计上不仅要好看也要方便。能提升产品的档次和品质感、专业感

通过 KJ 法得出 5 类产品样本后，对这 5 个具有代表性的样本造型进行抽象分解。每个设计元素都可以在以后的设计调研和设计过程中做定量分析，分析如表 5-20 所示。

表 5-20 样本抽象形态

	样本 1	样本 2	样本 3	样本 4	样本 5
形态元素类型代表					
整体造型					
控制面板					
通风板					
侧面散热孔					
把手					

(4) 语义空间与形态空间的关联

将电焊机样本进行大致的分类之后，需要明确不同的样本代表怎样的用户感觉。而后建立产品语义空间和形态空间的联系。对 50 名不同工作环境中的焊工进行问卷调查，根据这些人自身的感受对 10 个语义词汇与 5 类电焊机造型样本进行相关性的打分。这样可以初步得到每个样本的感性意象词分数值。分数等级为 1～5 分，1 为严重无关联，5 为严重相关，通过计算每项的平均分，制作折线图（图 5-14），可以清晰地总结出最后的结论。

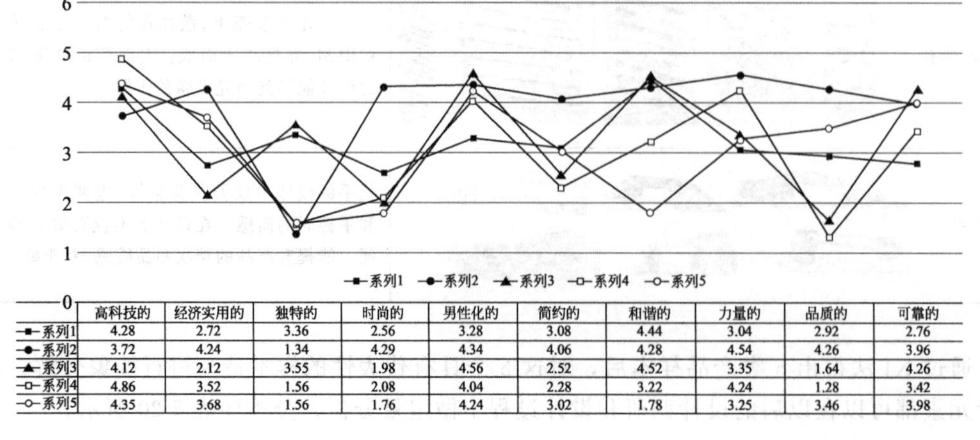

	高科技的	经济实用的	独特的	时尚的	男性化的	简约的	和谐的	力量的	品质的	可靠的
系列1	4.28	2.72	3.36	2.56	3.28	3.08	4.44	3.04	2.92	2.76
系列2	3.72	4.24	1.34	4.29	4.34	4.06	4.28	4.54	4.26	3.96
系列3	4.12	2.12	3.55	1.98	4.56	2.52	4.52	3.35	1.64	4.26
系列4	4.86	3.52	1.56	2.08	4.04	2.28	3.22	4.24	1.28	3.42
系列5	4.35	3.68	1.56	1.76	4.24	3.02	1.78	3.25	3.46	3.98

图 5-14 样本得分

由图 5-14 可以得出：样本 1 在和谐的、简约的、经济实用的感性词中得分最高；样本 2 最具有品质感；样本 3 是可靠的；科技感的、男性化的、力量的得分最高的是样本 4；样本 5 是独特的、时尚的。为了细化电焊机的设计要素对用户感性意象的影响，再由 50 名焊工和 10 名工业设计师分别对电焊机样本的 5 个设计元素进行打分，分数等级为 1～5 分，1 为严重无关联，5 为严重相关，通过计算出平均分可以总结出最后的结论。每个感性词汇都由此方法分析。

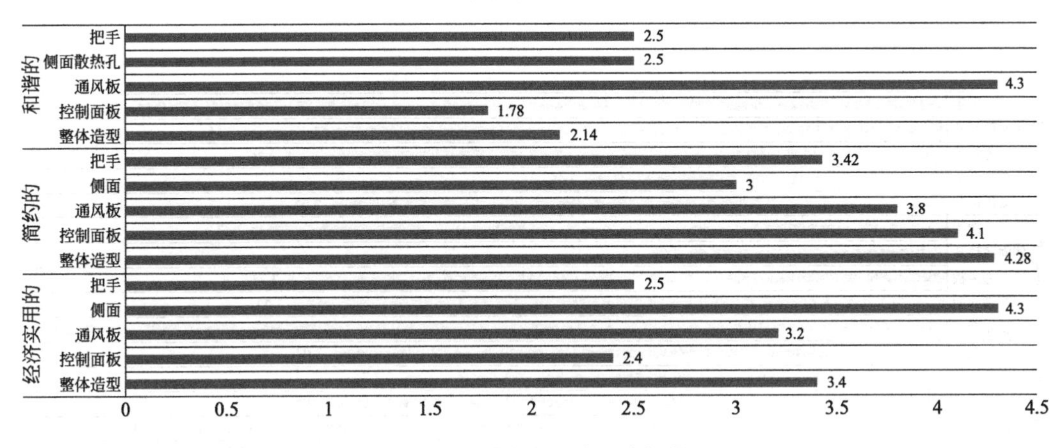

图 5-15　样本 1 设计元素得分

样本 1 在和谐的、简约的、经济实用的感性词中得分最高。通过图 5-15 可以得出样本 1 中，最和谐的是通风板，前面板的材料属性是钣金件，通风板是由钣金件冲压开口形成的；最简约的设计要素为整体造型，分析可得整个电焊机都是由钣金件和螺钉螺母固定组成外壳，造型没有太大的变化；最经济实用的是侧面板的设计。

样本 2 在品质的感性词中得分最高，分析可得出，控制面板的设计是最具有品质感的。对比其他的样本可得出，样本 2 通风板的设计是细致的（图 5-16）。

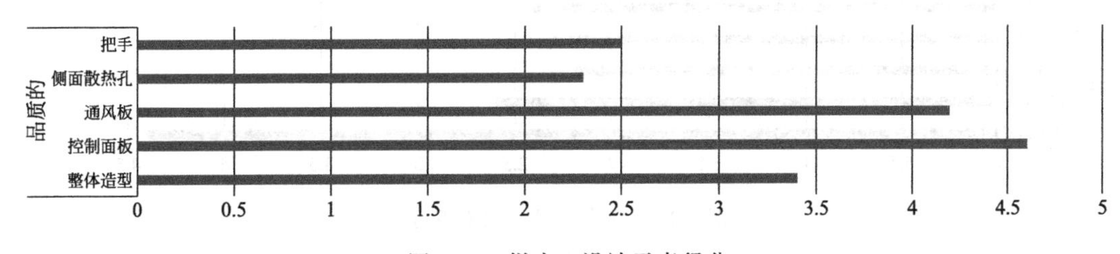

图 5-16　样本 2 设计元素得分

由图 5-17 可得出样本 3 整体造型在可靠的感性词中得分最高。

通过图 5-18 可以得出样本 4 中，最具有科技感的是控制面板，其控制面板为不规则五边形的设计，相较于四边形的设计更有突破。五边形的设计同时影响了通风板和整体造型的设计，整体都较有活力。最男性化的是整体造型，最有力量感的是把手。

样本 5 的整体造型是影响用户对产品时尚感和独特感感性评价的重要因素，可以为后续的产品开发做指导（图 5-19）。

由数据对比可以得出，样本 1 具有和谐简约感，通过对该样本的设计元素进行分析，整

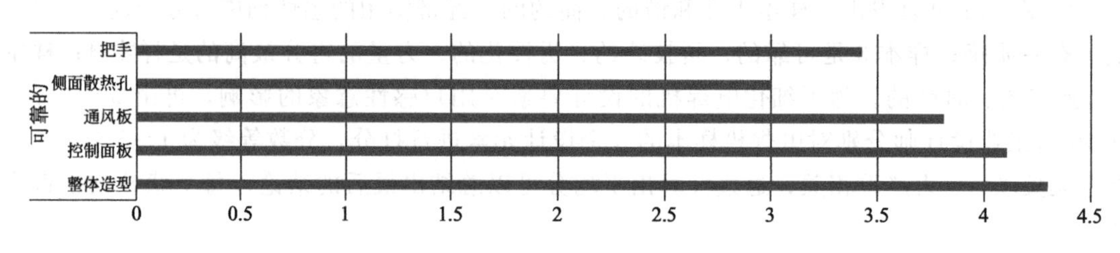

图 5-17　样本 3 设计元素得分

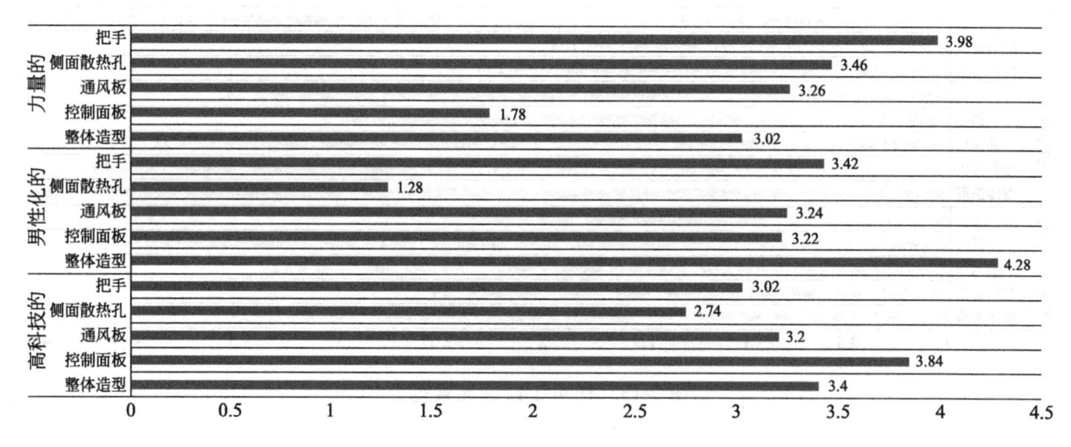

图 5-18　样本 4 设计元素得分

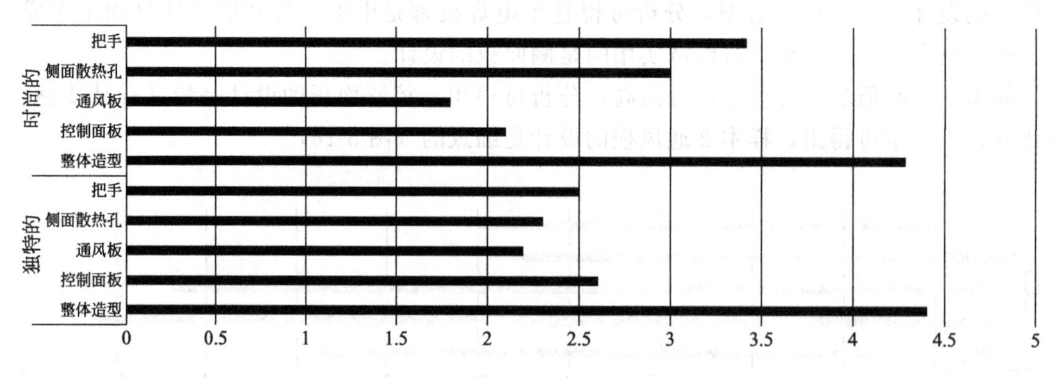

图 5-19　样本 5 设计元素得分

体造型为正方体块，前面板的外廓是小圆倒角的长方形，通风板和控制面板在同一垂直面的钣金件上面，开孔也较方正，没有太多的变化。侧面板的散热孔设计与通风板散热孔一样。把手属于造型普通的产品，在手握处有弧度设计，这样更加人机。样本 2 是具有品质感的，整体造型为斜切的正方体块，控制面板在使用时，有一定的角度，更加符合人们的使用习惯，设计很人性化。控制面板的外框边缘与通风板都有弧度设计。样本 3 是可靠的，整体外形和侧面的设计没有太大的变化，前面板采用了塑壳，控制面板是五边形，通风板的设计与之相呼应，侧面散热孔的设计也随之改变，给人一种充满力量、阳刚和厚重的感觉。样本 4 是科技感的、男性化的、力量的，整体的造型很有设计感，棱都采用了斜切的方式，在规律中打破常规，控制面板角度人机，边框与侧面板相呼应，通风板和侧面散热孔的设计也是点睛之处，变化都有一定的规律。样本5是独特的、时尚的，重点体现整体造型的设计，前面板上，控制面板、通风板和下部电流电压外界插孔部分的设计上下呼应。通风板的散热孔随整体造型进行切割。整体采用圆润线条，设计独特且具有时尚感。

不同型号电焊机产品分析见表5-21。

表5-21　不同型号电焊机产品分析

产品图片	型号
	ZX7系列直流弧焊机
	WSM系列直流脉冲氩弧焊机
	NBC系列 CO_2 气保焊机
	MIG/MAG系列脉冲气保焊机
	MZ系列埋弧焊机
	管道系列逆变焊机

续表

产品图片	型号
	LGK 系列等离子切割机
	机器人专用焊机
	便携式焊机

部分产品造型分析见图 5-20。

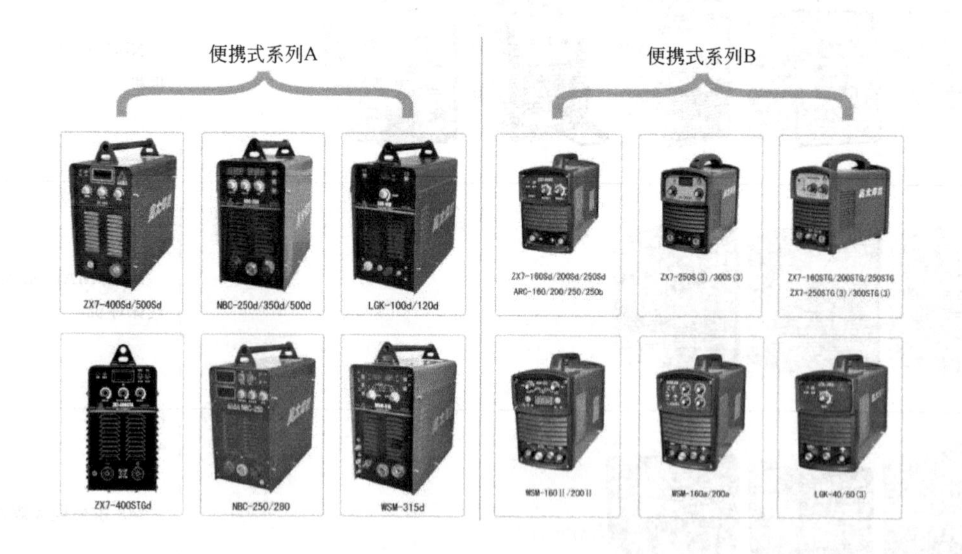

图 5-20　部分产品造型分析

(5) 奥太焊机语义空间与形态空间的建立

焊机样本获取：通过对焊机用户的调研分析和销售记录等收集焊机图片，确定 4 个奥太焊机样本。而后对样本进行形态元素分解，如表 5-22 所示。

表 5-22　奥太焊机样本

	样本 1	样本 2	样本 3	样本 4
形态元素类型代表				
整体造型	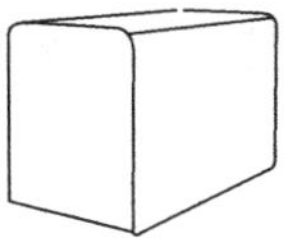	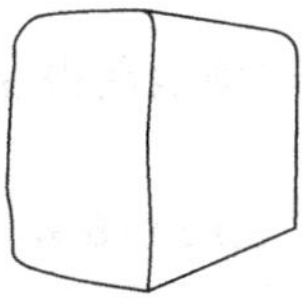	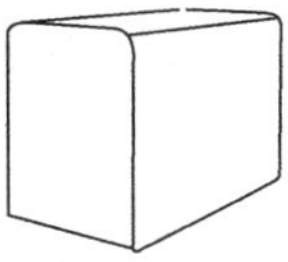	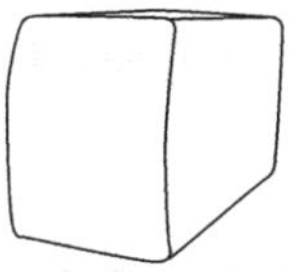
控制面板	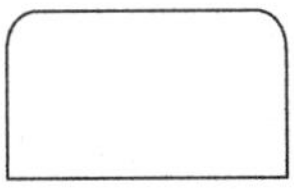	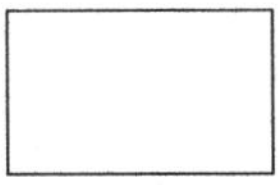	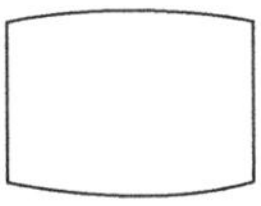	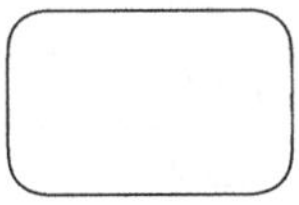
通风板	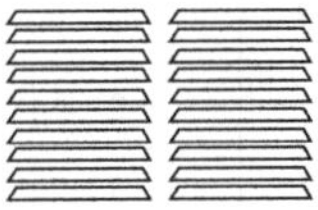	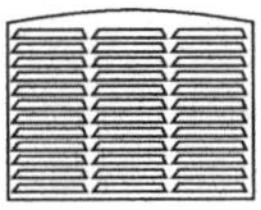	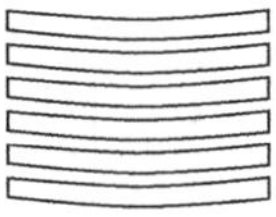	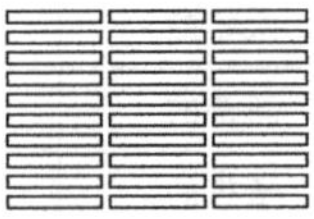
侧面散热孔	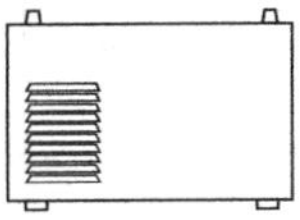	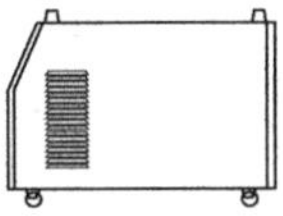	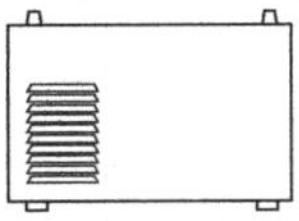	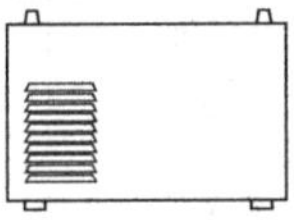
把手	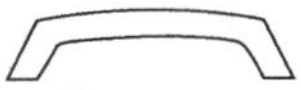	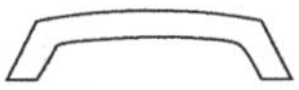	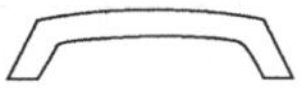	

通过对表 5-22 的对比分析，很容易能看出：①奥太电气设备不同型号产品的造型近似或者可以说相同，在不同型号、不同功能和使用环境上区分不明显；②形态简洁，造型传统，工业化感觉较强；③产品色彩以蓝色灰色系搭配为主，外壳以钣金为主，部分机型面板使用了塑料部件，产品对细节方面的考虑还不够；④操作区域区分不明显，人机工程学考虑不够。

（6）语义空间研究

根据上面奥太焊机样本进行用户语义分析。通过对奥太焊机用户进行调研分析，结合奥太企业的背景和文化以及对国内外焊机的分析得到的感情词汇语义（表 5-23），使用 SD 法，由 50 名焊工和 10 名研发人员对奥太焊机样本进行感性意象词汇 7 级评价，可以获得奥太焊机使用人群对焊机直观的期望，再根据结果指导奥太焊机新产品开发。

表 5-23　形容词对

形容词对	评价因子
高科技的-传统的	科技感
经济实用的-昂贵的	经济实用感
独特的-大众的	独特感
时尚的-平凡的	时尚感
男性化的-女性化的	男性化
简约的-复杂的	简约感

续表

形容词对	评价因子
和谐的-失衡的	协调感
力量的-柔弱的	力量感
品质的-粗糙的	品质感
可靠的-不可靠的	可靠度

使用SD法将形容词分为7个等级，更准确地获得受测者的感受和意象（表5-24）。

表5-24 SD 7级量表

形容词	量化度							形容词
前卫的	3	2	1	0	－1	－2	－3	保守的
轻盈的	3	2	1	0	－1	－2	－3	厚重的
柔软的	3	2	1	0	－1	－2	－3	刚硬的
新奇的	3	2	1	0	－1	－2	－3	平凡的
情感的	3	2	1	0	－1	－2	－3	理性的
有序的	3	2	1	0	－1	－2	－3	凌乱的
开敞的	3	2	1	0	－1	－2	－3	封闭的
协调的	3	2	1	0	－1	－2	－3	失衡的
明亮的	3	2	1	0	－1	－2	－3	昏暗的
放松的	3	2	1	0	－1	－2	－3	紧张的

使用Excel进行感性意象值的平均数分析，得到的结果如图5-21。

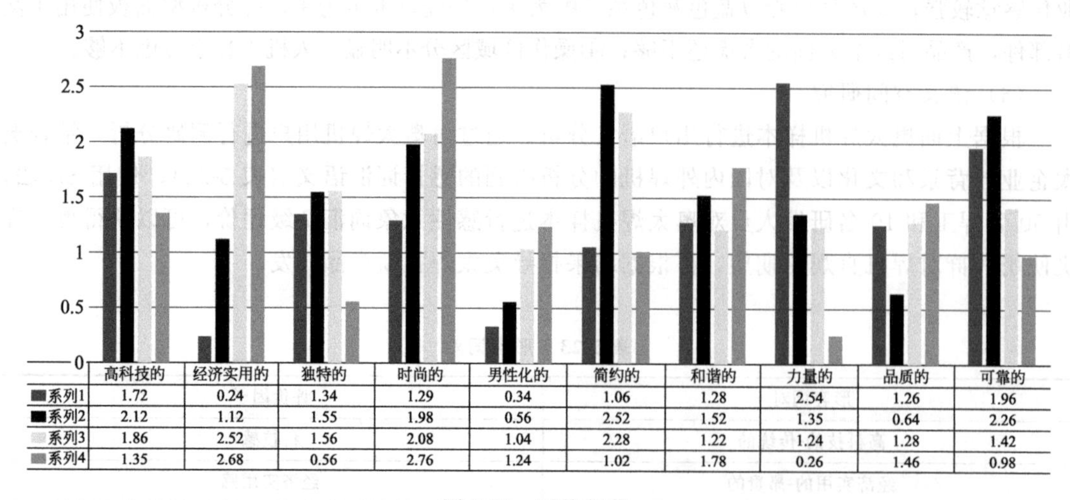

图5-21 平均得分

为了使获得的结果更为准确，使用SPSS软件进行因子分析（表5-25），可以清晰地得出样本的对应感性词汇。

表 5-25　因子分析系数矩阵

成分得分系数矩阵				
	成分			
	1	2	3	4
高科技的	−0.184	0.646	−0.012	0.116
经济实用的	0.546	0.086	0.088	0.205
独特的	−0.456	0.055	−0.068	0.107
时尚的	0.111	0.082	0.005	0.610
男性化的	0.017	−0.178	0.223	0.306
简约的	0.219	0.513	0.057	0.038
和谐的	0.036	0.057	0.417	0.007
力量的	0.038	0.039	0.057	0.513
品质的	0.212	0.004	0.706	0.012
可靠的	0.205	0.056	0.477	0.040

注：1.提取方法：主成分分析。
2.旋转法：具有 Kaiser 标准化的正交旋转法。
3.构成得分。

通过对用户意象结果进行分析可以得出，用户对焊机的期望是具有男性化、力量感的。

产品的形态包括造型、材质、工艺和色彩等，都会对焊机产生影响。然而在奥太企业中，有企业产品特有的产品色——奥太蓝，所以将颜色的影响因素去除。

颜色样本获取：奥太蓝。

蓝色钣金壳：Pontone 2748c。

现在市场上的焊机外壳大体分为两种材质搭配方式：金属前后板加钣金外壳、塑料前后板加钣金外壳。把手部分都是塑料或复合材料。使用这些材料进行搭配的原因如下。

① 焊机的工业特性：在工厂或建筑行业中使用，其使用环境要求焊机是一种耐用坚固的产品。

② 焊机的结构：焊机只有控制面板和插口露在外面，变压器、电容器、散热片等大量的内部结构都需要保护；而要突出控制面板，外壳就要造型简单并且坚固，起到保护作用。

③ 便于清理和散热：在灰尘多等环境不好的场合使用，简单整体的造型更容易清理；钣金外壳也更有利于散热。

焊机常用的材质见表 5-26、表 5-27。

表 5-26　塑料材质

英文简称	中文学名	俗称
PE	聚乙烯	
HDPE	高密度聚乙烯	硬性软胶
ABS	丙烯腈-丁二烯-苯乙烯共聚物	
LLDPE	线性低密度聚乙烯	
PVC	聚氯乙烯	
GPPS	一般级聚苯乙烯	硬胶

表 5-27 金属材质

名称	零件
钢板	钣金件
铝板	钣金件
铜	插座
不锈钢	接线头

电焊机材料趋势总结：现代人们更注重外观造型，全金属壳的电焊机由于工艺和成本的限制，不能做很复杂的造型，塑料因为注塑、压塑等工艺的成熟，可以生产出很复杂的形态，成本也低于金属，所以塑料和钣金外壳的搭配方式是当今电焊机使用材料的一个大的发展趋势。选择塑料搭配钣金件外壳的原因总结：

① 工艺成熟。

② 成本低。

③ 可以满足不同造型的要求，即使是较复杂的造型，对外观设计来说局限性也较小。

④ 不同材质对比，会提高产品的品质，同时更加美观。

工艺样本获取：

① 电焊机的外壳可分为：前面板、后面板、侧面外壳、控制面板、插座、把手。

② 所用到的生产工艺有：注塑、钣金、浇注。

③ 表面处理工艺：磨砂、抛光、喷涂、烤漆、丝印（表 5-28）。

表 5-28 电焊机表面处理工艺

类别	效果	手段
表面机械加工处理	使表面平滑，光亮，美观	磨砂，抛光
表面镀覆处理	装饰，美化，抗老化，耐腐蚀	涂饰，印刷，贴膜
表面装饰处理	使表面耐磨，抗老化，金属光泽	热喷涂，电镀，离子镀

① 人机分析：电焊机的外观设计离不开人机化处理，操作面板、屏幕尺寸和位置、把手和插座等控制区域的尺寸位置和形态都对人机性有一定影响。电焊机在使用时是放在地上或某个低于人眼的平面上，在使用中经常搬动，这样电焊机对人机性有更高的要求。

② 电焊机人机数据的分析（国内人体身高数据）：由表 5-29 可以得出中国男性身高范围约为 164.7～169.3mm，女性身高约为 154.6～158.6mm。

表 5-29 身高数据 mm

项目		东北华北区		西北区		东南区		华中区		华南区		西南区	
		均值	标准差 SD	均值	标准差 SD	均值	标准差 SD	均值	标准差 SD	均值	标准差 SD	均值	标准差 SD
身高	男	169.3	36.6	168.4	52.7	168.6	55.2	166.9	56.3	165.0	57.1	164.7	56.7
	女	158.6	51.3	157.5	51.9	157.5	50.8	156.0	50.7	154.9	49.7	154.6	52.9

③ 人体立姿的作业空间：立姿作业时，人的作业空间是一定的，其包括最有利的抓握范围、单手操作最适宜范围、单手操作最大范围、单手可达的最大范围。立姿活动空间的人体尺度如图 5-22。

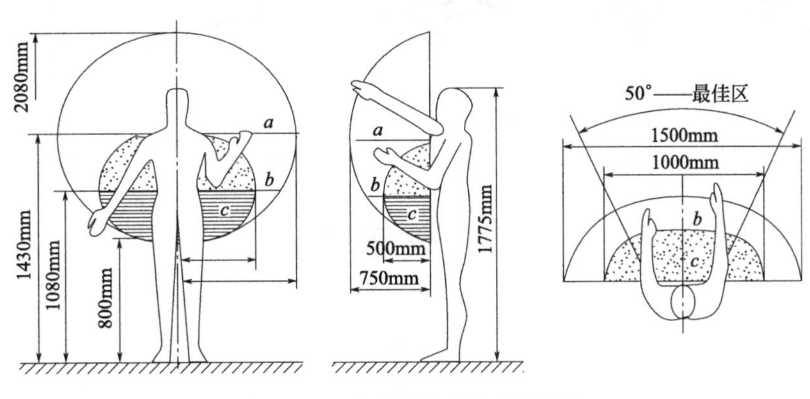

图 5-22　立姿活动空间的人体尺度

④ 人体视野范围：人体视野范围是电焊机设计的重要考虑因素，不管是显示界面、控制面板还是电源插口，越是符合人机的设计越能被人们所接受，以减少误操作，提高工作效率。人体水平面内视野范围如图 5-23。

⑤ 其他姿势作业空间：电焊机的操作界面与水平面构成一定斜度，最佳视野角度为 15°～30°之间，电焊机在使用时多放在地面上，人的眼高肯定高于电焊机，这样的斜度，使用者更容易操作，也更容易观测到电焊机工作时的数据。因为工作需求，需要经常搬动电焊机，因此把手的人机性显得尤为重要。把手的位置、弧度、宽度、长度都是需要考虑的重要因素。见图 5-24。

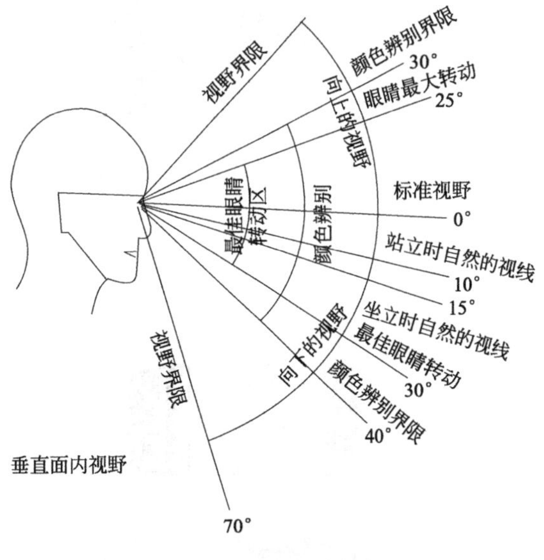

图 5-23　视线范围

因为正常人蹲姿时的高度在 900mm 左右，加上人眼和电焊机控制面板的距离，所以电焊机的高度在 300～400mm 之间为最佳。

（7）设计方案的确定

根据上述的调研和数据分析，奥太现有焊机缺乏力量感，造型比较平庸，针对用户对奥太焊机的感性期望，细化到整体造型、控制面板、通风板、侧面散热孔的设计，结合材质分析、工艺分析、人机分析进行草图绘制，草图如图 5-25 所示。

根据以上的设计草图，使用 Rhino 犀牛软件建模，进行局部细节的设计，综合考虑结构的合理性和产品的稳定性（图 5-26）。

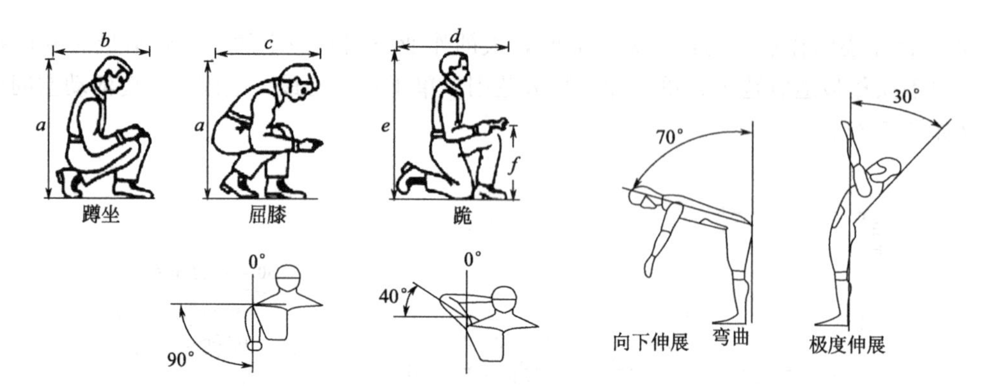

图 5-24　其他姿势作业范围

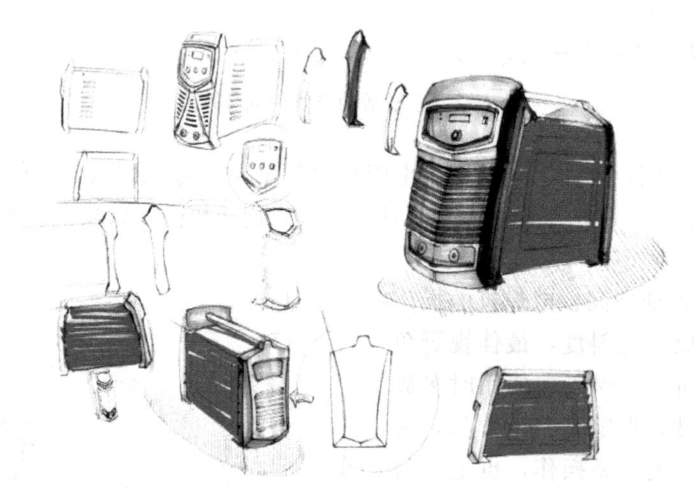

图 5-25　设计草图

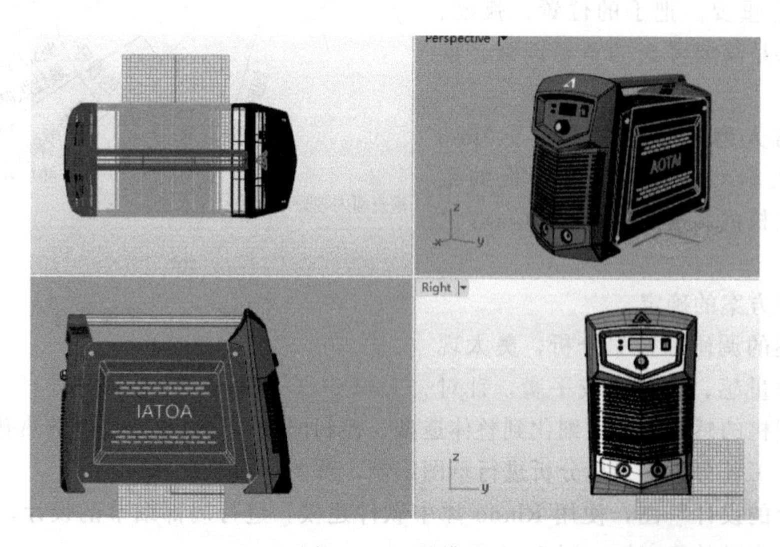

图 5-26　三维模型

最终的电焊机产品渲染效果见图 5-27。

(8) BP 神经网络模型建立与测试

基于对所有焊机品牌的分析，建立大环境焊机用户感性意象和产品设计要素之间的 BP 神经网络模型，建立好之后，再把奥太焊机设计样本导入模型进行训练。分析最后的结果是否符合市场预期，以指导产品的设计优化和开发。

图 5-27　渲染效果图

① 节点数目确定：将电焊机产品的设计要素作为输入层参数的输入，分析得出设计要素的个数为 25 个；将前面整理的感性意象评价值作为输出层参数的输出，统计得出感性词汇的数目为 10 个。隐含层节点数一般用公式 (5-14)。其中，m 为隐含层节点数，n 为输入层节点数，l 为输出层节点数。研究发现当采用该式计算隐含层节点数时结果较为精确，故研究也采用该式确定隐含层节点数目。因此电焊机 BP 网络模型中隐含层节点数为 8 个。

$$m=\frac{n+l}{2} \tag{5-14}$$

② 编码方式：因为电焊机的设计要素是无法直接作为参数进行输入的，所以需要将每个电焊机的设计要素进行编码处理。按照产品的设计要素给样本进行编号，第一个样本的设计要素中整体造型、控制面板、通风板、侧面散热孔、把手的编号分别为 11、12、13、14、15；第二个依次为：21、22、23、24、25；第三个为：31、32、33、34、35；第四个为：41、42、43、44、45；第五个为：51、52、53、54、55。统一编码后即为输入层的参数。

③ 归一化处理：根据训练函数的要求，输出参数需要在 [0，1] 区间，而获取的感性评价值并没有完全在这个区间范围，所以需要采用归一化的方式把感性评价值处理到 [0，1] 区间的范围。基于以上原因，本研究采用归一算法——线性变换方法 [式 (5-15)]，这种算法既简洁又方便。其中，$x_{\min}$ 为 x 的最小值，$x_{\max}$ 为 x 的最大值。把处于 [0，1] 区间的感性数据处理好后，便可作为电焊机 BP 神经网络的输出层参数进行网络训练。

$$x_i=\frac{x_i-x_{\min}}{x_{\max}-x_{\min}} \tag{5-15}$$

④ 电焊机的 BP 神经网络模型训练：把样本的设计要素进行统一的编码后，作为 BP 神经网络的输入层的数据，数据如表 5-30 所示。

表 5-30　输入数据

	样本 1	样本 2	样本 3	样本 4	样本 5
整体造型	11	12	13	14	15
控制面板	21	22	23	24	25
通风板	31	32	33	34	35
侧面散热孔	41	42	43	44	45
把手	51	52；	53	54	55
编码	1121314151	1222324252	1323334353	1424344454	1525354555

用户对样本和感性词汇的感性意向评价值作为 BP 神经网络的输出层数据，数据如下

所示：

```
clear;
clc;
P = [1121314151;1222324252;1323334353:1424344454:1525354555];
T = [4.28 3.72    4.12    4.86    4.35
2.72    4.24    2.12    3.52    3.68
3.36    1.34    3.55    1.56    1.56
2.56    4.29    1.98    2.08    1.76
3.28    4.34    4.56    4.04    4.24
3.08    4.06    2.52    2.28    3.02
4.44    4.28    4.52    3.22    1.78
3.04    4.54    3.35    4.24    3.26
2.92    4.26    1.64    1.28    3.46
2.76    3.96    4.26    3.42    3.98];
%创建神经网络
net = newff(minmax(P),[5,1],{'logsig' 'purelin'},'traingd');
net.trainParam.show = 10000;   %显示训练迭代过程
net.trainParam.lr = 0.05;   %学习率
net.trainParam.epochs = 300; %最大训练次数
net.trainParam.goal = 1e-5; %训练要求精度
[net,tr] = train(net,P,T); %网络训练
sim(net,P) %利用得到的神经网络仿真
```

用户对样本和感性词汇的感性意向评价值作为 BP 神经网络的输出层数据，应用 newff 创建 BP 神经网络，隐含层的激活函数采用 logsig S 型对数函数，输出层采用 purelin 线性函数，训练函数采用 trainlm，设置学习次数为 5000 次，误差为 0.001，采用 traingd 法进行训练，直到初步得到电焊机的 BP 神经网络模型。训练在 2188 次的时候达到目的并停止训练，完成了最初步的电焊机的 BP 神经网络模型的构建（图 5-28）。

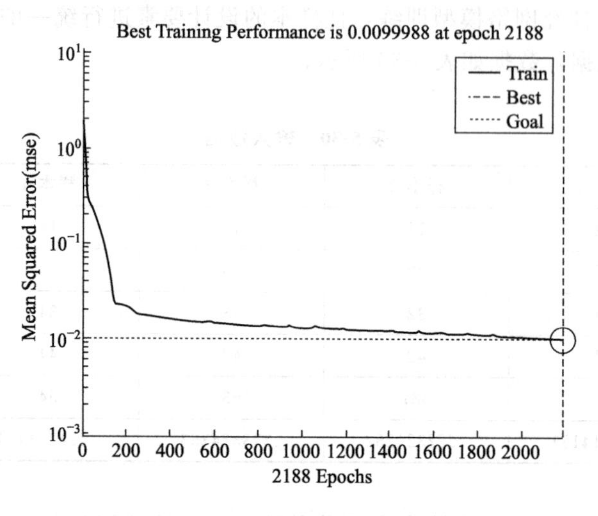

图 5-28 BP 神经网络收敛曲线

(9) 奥太焊机设计结果验证

把电焊机的5个代表样本的5个设计要素进行形态组合，那么一共有5×5×5×5×5=3125种，将所有的组合方式编码后作为输入层参数导入BP神经网络模型中。再根据奥太焊机设计结果，把整体造型、控制面板、通风板、侧面散热孔、把手与前面样本设计元素相对应编码，编码为1424334455，把编码导入BP神经网络中，看得出的感性意象值中力量感是否得分最高。再根据结果进行细节的设计，获得最终的设计方案，满足用户需求，达到市场预期。

电焊机样本的设计要素编码方式为：

```
clear
clc
A = [11,12,13,14,15];
B = [21,22,23,24,25];
C = [31,32,33,34,35];
D = [41,42,43,44,45];
E = [51,52,53,54,55];
    for j = 1:5
        for k = 1:5
            for m = 1:5
              for n = 1:5
a = A(5);
b = B(j);
c = C(k);
d = D(m);
e = E(n);
[a,b,c,d,e]
          end
      end
  end
end
```

通过这种方式，可以将设计完成的产品方案的设计要素，作为输入层输入到训练好的BP神经网络中，获得输出层感性评价值方面的结果，与用户的感性值进行对比，便可以进行市场的预测，以便于优化新产品开发的过程。

电焊机设计方案的场景展示图见图5-29。

本研究基于新产品开发，以奥太电焊机为例，通过KANSEI理论的指导，对用户的感性意象量化提取，利用BP神经网络在处理非映射（非线性）能力方面的优势，以MATLAB神经网络工具箱为平台，进行新产品开发的研究并构建BP神经网络，用于电焊机新产品的开发。

① 通过对国内外电焊机的形态进行感性意象评价和样本设计要素分析，建立两者之间的关系，分析出了不同形态对人的感觉和情绪产生的影响，这为后续的电焊机设计做了铺垫。

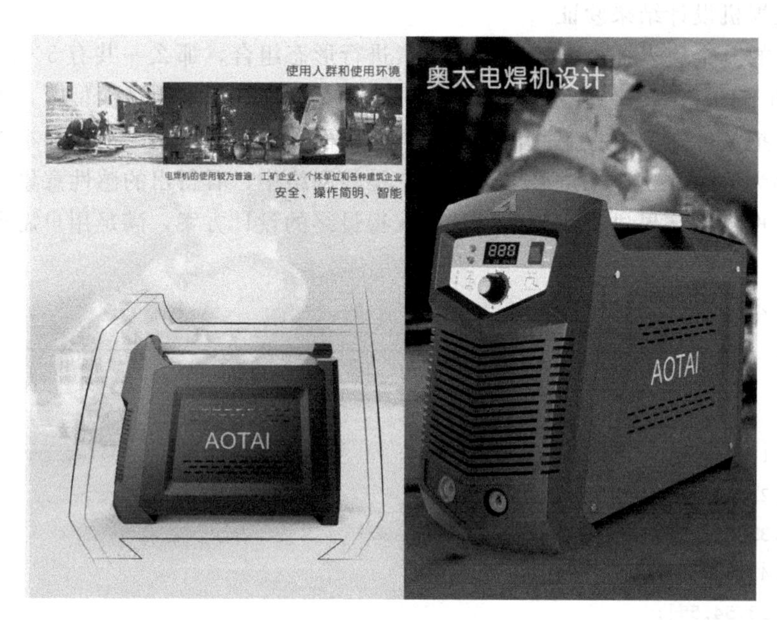

图 5-29　最终产品

② 应用定性、定量的合理科学的方法和技术，包括感性测量的方法、感性分析的方法以及常用的分析软件，为 BP 神经网络模型的建立提供了准确的数据，将用户对产品的感性意象值与产品样本建立合理的关系模型。

③ 通过对奥太电焊机的实例设计，验证了该方法的可行性，而且结果可以直接为电焊机设计师做参考，帮助其获得更加符合市场的设计结果，以便改进其设计方案。

④ 本研究主要是针对具有专业化，且用户较明确的产品进行开发，把模糊不清的用户感觉改进成了产品的设计要素，加强了设计师和用户之间的联系，为设计提供帮助。同时完善了新产品开发的流程，给电焊机设计带来了方法上的指导和有效的资料。

本章主要案例选自：王胜男《BP 神经网络方法在新产品开发中的应用研究》。

CHAPTER

第六章 K-平均算法

一、 K-平均算法概述

K-平均算法（K-means clustering，通常称为K-means算法）源于信号处理中的一种向量量化方法，现在则更多地作为一种聚类分析方法流行于数据挖掘领域。K-means聚类的目的是：把 n 个点（可以是样本的一次观察或一个实例）划分到 k 个聚类中，这样每个点的距离均是最近的均值对应的聚类，以此作为聚类的标准。

一般情况下，都使用效率比较高的启发式算法，能够快速收敛于一个局部最优解。此类算法类似于通过迭代优化方法处理高斯混合分布的最大期望算法（EM算法）。所采用的方法是使用聚类中心来为数据建模，由于K-平均聚类倾向于在可比较的空间范围内寻找聚类，期望-最大化技术却允许聚类有不同的形状。K-平均聚类与K-近邻之间没有任何关系。

其数学描述为：已知观测集 $\{\boldsymbol{x}_1, \boldsymbol{x}_2, \cdots, \boldsymbol{x}_n\}$，其中每个观测都是一个 d 维实向量，K-平均聚类要把这 n 个观测划分到 k 个集合中（$k \leqslant n$），使得组内平方和（WCSS within-cluster sum of squares）最小。换句话说，它的目标是找到满足下式的聚类 S_i。

$$\underset{S}{\arg\min} \sum_{i=1}^{k} \sum_{\boldsymbol{x} \in S_i} \|\boldsymbol{x} - \boldsymbol{\mu}_i\|^2 \tag{6-1}$$

其中 $\boldsymbol{\mu}_i$ 是 S_i 中所有点的均值。

1. 历史发展

虽然其思想能够追溯到1957年的Hugo Steinhaus，而专业术语“K-means”直至1967年才被James Mac Queen首次使用。标准算法则是在1957年被Stuart Lloyd作为一种脉冲码调制的技术所提出，但直到1982年才被贝尔实验室公开出版。在1965年，E. Forgy发表了本质上相同的方法，所以这一算法有时被称为Lloyd-Forgy方法。在1975—1979年间，Hartigan和Wong提出了更具有效率的新算法。

K-means算法中的K代表类簇个数，means代表类簇内数据对象的均值（这种均值是一种对类簇中心的描述），因此，K-means算法又称为K-均值算法。K-means算法是一种基于划分的聚类算法，以距离作为数据对象间相似性度量的标准，即数据对象间的距离越小，相似性越高，则越有可能在同一个类簇。算法通常采用欧氏距离来计算数据对象间的距离。

聚类算法在解决早熟和局部最优等问题方面存在不足，而一些智能算法具有扩大搜索解范围的能力，因此出现很多智能算法与聚类算法融合的新算法。比如K-means算法收敛速度快，但容易陷入局部最优解，且需要事先给定聚类簇的个数，而基于蚁堆的蚂蚁聚类算法不需要事前给定最终的簇个数，可以发现任意的簇，且具有搜索全局最优解功能，所以出现算法和蚂蚁算法结合的一些新算法。

聚类分析的主要思想是将抽象或物理对象的集合进行分组，并由类似的对象组成各种分类的分析过程。聚类分析的基本思路就是采用相似性对所收集数据分类。基本流程为：通过描述数据，衡量不同数据源间的相似性，进而将数据源分类到不同的簇中。K-means 聚类算法是一种思想简单而且比较容易实现、收敛速度快的经典聚类方法，该算法存在的主要缺点是初始化时需要明确给出数据集要聚成簇的数目和初始的聚类中心。

2. 标准算法

最常用的算法为数据迭代优化算法，被称为 K-平均算法而广为使用，有时也被称为 Lloyd 算法。已知初始的 k 个均值点 $\boldsymbol{m}_1^{(1)}$，…，$\boldsymbol{m}_k^{(k)}$，算法按照下面两个步骤交替进行：

① 分配（Assignment）：将每个观测分配到聚类中，使得组内平方和（WCSS）达到最小。因为这一平方和就是平方后的欧氏距离，所以很直观地把观测分配到离它最近的均值点即可。

$$S_i^{(t)}=\{\boldsymbol{x}_p:\|\boldsymbol{x}_p-\boldsymbol{m}_i^{(t)}\|^2\leqslant\|\boldsymbol{x}_p-\boldsymbol{m}_j^{(t)}\|^2\ \forall j,1\leqslant j\leqslant k\} \tag{6-2}$$

其中每个 $\boldsymbol{x}_p$ 都只被分配到一个确定的聚类 $S^{(t)}$ 中，尽管在理论上它可能被分配到 2 个或者更多的聚类。

② 更新：对于上一步得到的每一个聚类，以聚类中观测值的形心，作为新的均值点。

$$\boldsymbol{m}_t^{(t+1)}=\frac{1}{|S_i^{(t)}|}\sum_{\boldsymbol{x}_j\in S_i^{(t)}}\boldsymbol{x}_j \tag{6-3}$$

因为算术平均是最小二乘估计，所以这一步同样减小了目标函数组内平方和（WCSS）的值。这一算法将在对于观测的分配不再变化时收敛。由于交替进行的两个步骤都会减小目标函数 WCSS 的值，并且分配方案只有有限种，所以算法一定会收敛于局部最优解。需注意的是：使用这一算法无法保证得到全局最优解。这一算法经常被描述为“把观测按照距离分配到最近的聚类”。标准算法的目标函数是组内平方和（WCSS），而且按照最小二乘法来分配观测，确实是等价于按照最小欧氏距离来分配观测的。如果使用不同的距离函数来代替（平方）欧氏距离，可能使得算法无法收敛。然而，使用不同的距离函数，也能得到 K-均值聚类的其他变体，如球体 K-均值算法和 K-中心点算法。

3. 聚类算法数学原理

K-means 算法是一种基于划分的聚类算法，算法应用广泛，比如文本数据挖掘、基因数据识别、语音智能识别等。其基本思想是：基于这些聚类中心进行操作，评估各个数据对象之间的相似度，将数据对象按照相似度的高低划分到一个个簇中，簇中的对象相似度较高，簇之间的对象相似度较低，每一次划分之后就需要重新计算初始中心，迭代执行这一过程，直到将所有的数据对象划分完毕。

K-means 算法的收敛条件非常多，比如寻找最优解的过程中，若每一个簇中的数据不再发生任何变化，就表明相关的数据划分是最优的，或者是局部最优的。算法在计算过程中，K-means 算法可以选择一个良好的迭代阈值，如果迭代的次数达到了阈值的要求，此时就可以终止 K-means 算法的运行。同时，K-means 算法被人们看作是一个梯度降低的过程，这样就可以更好地设置初始化聚类中心点，利用启发式规则选择合适的初始化聚类中心，就可以降低 K-means 算法执行的复杂度，快速完成聚类分析，可以迭代地、动态地将所有数据对象重新划分，因此这个执行过程就被称为划分过程，可以将数据更好地进行动态划分和分簇。

聚类算法中最重要的一步操作就是判断数据元素之间的相似性，之后根据相似程度把数据元素划分到不同簇中，所以在进行聚类分析时首先要定义数据对象之间相似性准则。目前，使用最多的是基于距离的相似性判断，两个数据对象之间距离的越小越相似，反之越不相似。目前定义数据对象之间距离的公式主要有以下几种。假设两数据对象为 $\boldsymbol{x}_i$ 和 $\boldsymbol{x}_j$，则各个距离公式的详细定义如下：

① 欧式距离又称欧几里得距离，其公式表示为：

$$\operatorname{dist}(\boldsymbol{x}_i,\boldsymbol{x}_j)=(\sum_{k=1}^{r}|\boldsymbol{x}_{ik}-\boldsymbol{x}_{jk}|^2)^{\frac{1}{2}},(i,j=1,2,\cdots,n) \tag{6-4}$$

② 闵氏距离又叫作闵可夫斯基距离，是欧氏空间中的一种测度，被看作是欧氏距离的一种推广。公式定义如下：

$$\operatorname{dist}(\boldsymbol{x}_i,\boldsymbol{x}_j)=(\sum_{k=1}^{r}|\boldsymbol{x}_{ik}-\boldsymbol{x}_{jk}|^m)^{\frac{1}{m}},(i,j=1,2,\cdots,n) \tag{6-5}$$

当 $m=1$ 时公式表示两个对象之间的绝对距离，当 $m=2$ 时闵氏距离就退化为欧式距离。

③ 马氏距离根据数据协方差距离来判断数据样本之间的相似性，它会综合考虑数据之间关联特征，是一种有效判断相似性的方法。公式定义如下：

$$\operatorname{dist}(\boldsymbol{x}_i,\boldsymbol{x}_j)=(\boldsymbol{x}_i-\boldsymbol{x}_j)^{\mathrm{T}}\sum^{-1}(\boldsymbol{x}_i,\boldsymbol{x}_j),(i,j=1,2,\cdots,n) \tag{6-6}$$

余弦距离就是将两数据样本所代表的向量之间夹角的余弦值，作为相似性的判断准则。计算公式如下：

$$\operatorname{dist}(\boldsymbol{x}_i,\boldsymbol{x}_j)=1-\sin(\boldsymbol{x}_i,\boldsymbol{x}_j) \tag{6-7}$$

$$\sin(\boldsymbol{x}_i,\boldsymbol{x}_j)=\frac{\boldsymbol{x}_i\cdot\boldsymbol{x}_j}{\operatorname{norm}(\boldsymbol{x}_i)\cdot\operatorname{norm}(\boldsymbol{x}_j)} \tag{6-8}$$

聚类分析算法目的就是把数据对象划分到不同的簇中，簇内数据对象越相似，簇之间差异越大，则表示聚类效果越好，反之聚类效果较差。当进行聚类分析时，会得到相应的聚类结果，如何判断聚类效果的好坏，需要给定一个判定的准则，通常称这样的准则为目标函数。目标函数就是用来表示聚类结果好坏的程度，在迭代过程中，如果得出的聚类结果并不理想，聚类算法会继续迭代计算，当满足聚类准则规定的终止条件或到达设定的迭代次数时才终止，此时聚类效果达到最优。为判断聚类效果的好坏，在此定义一个常用的目标函数——误差平方和函数。为定义该目标函数，假设存在一个含有 n 个数据对象的数据集 $X=\{\boldsymbol{x}_1,\boldsymbol{x}_2,\cdots,\boldsymbol{x}_n\}$，聚类结果希望该数据集划分成 J 簇，则公式定义如下：

$$J=\sum_{i=1}^{k}\sum_{\boldsymbol{x}\in C_i}\|\boldsymbol{x}-\mathrm{center}_i\|^2 \tag{6-9}$$

式中 C_i 表示第 i 个簇，$\boldsymbol{x}$ 表示簇中的数据对象，center_i 表示第 i 个簇的聚类中心，计算公式：

$$\mathrm{center}_i=\frac{1}{|C_i|}\sum_{\boldsymbol{x}_1\in C_i}\boldsymbol{x}_J,(i=1,2,\cdots,k) \tag{6-10}$$

其中 $|C_i|$ 表示簇 i 中数据对象的个数，k 表示最终聚成簇的数目。由上式可知，J 值表示各个簇内数据对象到簇中心的欧式距离之和，该值的大小能够直接反映聚类结果的好坏。J 值

越小，表示每个簇中元素到该簇中心的距离越小，也就是说簇内数据之间越紧凑，而各个簇之间则较分散；J 值偏大则表示算法没能很好地把数据划分到应隶属的簇内，聚类效果较差。

二、 K-means 聚类算法研究现状

K-means 聚类算法是一种基于划分的算法，简单和高效，在很多领域得到应用。很多研究机构开始使用和展开研究。根据其基本算法可以看出，K-means 算法在学习和训练中存在的缺陷——其算法在搜索解空间的时候无法获取一个连续的自适应划分，学者 Moreno S 提出了一种基于节点生长的 K-means 改进算法，以提高算法的准确度，该算法适用于离散数据状态和连续动作状态，从而可以更好地满足用户实际应用需求，提高算法实验的精确度，是一种优秀的学习策略。

学者 Alagha J. S. 等人通过分析 K-means 聚类算法，根据该算法能够分析多关系聚类模式的特点，通过优化初始化聚类中心和数据对象相似性度量的方式，引入半监督的聚类分析模式，删除数据对象中的离群点。采用分析算法数值之间标识的方法，改进算法的执行过程，提高运算精度。Benmammer B. 等人也认识到了 K-means 算法所存在的缺点，通过引入粒子群算法，获得了优化的 K-means 算法混合聚类模型，利用小概率随机变量操作增强 K-means 算法簇结果的多样化，从而提高算法全局的搜索解决能力，进而提高数据群体的适应度，确保算法执行过程中的算法准确度。

国外学者对 K-means 聚类算法的改进主要集中在三个关键方面：一是改进算法初始化聚类中心的选择方法，将其从随机化选择初始中心这一方法改进为基于启发式规则进行选择的方法；二是改进数据对象之间的相似性度量方法，根据具体的数据应用场景选择相似性度量方法，进一步提升数据对象之间的相似性度量准确度；三是改进算法的划分模式，该模式可以引入具体的算法操作模式，比如引入模拟退火、密度聚类等，提升算法的运行准确度。

国外学者 Pisana F. 等人通过分析 K-means 聚类算法容易受随机初始聚类中心和离群点影响的作用机制，分析导致算法无法收敛的现象，提出了一种改进的 K-means 聚类算法。具体的方法是：利用概率确定一个最优化的聚类中心，摒弃相关的距离数据中心较远的数据对象，最后将这些远离的对象归属到单独一个簇中，这样可以大幅度减少数据中离群点对聚类结果的影响，提高算法执行的准确度。此外，学者 Hasib A. 等人指出：由于 K-means 算法在执行开始时需要指定不同的聚类中心，这样的结果会造成算法产生错误，学者们利用先进的数据层次分析方法，提出了一种改进的 K-means 聚类算法，从而实现数据聚类方法的构建和集成，这是一种自底向上形成一个合力凝聚模式，通过构建一个强大的树型操作结构，能够自动地将每一层的聚类结果展现出来，最终提高数据分析准确度，能够更好地提高数据分析效率，具有重要的作用。这个领域，Garda J. 等人在 K-means 算法中引入了粗糙集理论，并且与支持向量机进行有效结合，预处理数据集，这样就可以更好地设置 K-means 算法中簇的数目，实验结果表明该算法可以提高聚类精确度。还有学者如 Manju 等人在 K-means 聚类算法中引入遗传算法，针对聚类样本进行染色体编码，构建一个染色体基因值表示数据，利用类内部距离的倒数构建一个合适的适应度函数，避免 K-means 聚类算法陷入局部最优状态，降低对噪声点的敏感性，实验结果表明可以提高 K-means 聚类算法准确度。

国内学者经过多年的研究，从不同的方面对 K-means 算法进行了应用和改进。陈龙等人分析了 K-means 算法在散乱云点数据精简中的应用现状，提出了一个自适应的 K-means

算法，该算法能够有效地自适应每一个模块，可以避免精简散乱云点产生空洞，保护边界不被中断。姚立国等人研究和分析了传统的 K-means 算法，这种算法常常使得优化求解过程陷入局部最优，无法实现全局最优，其主要原因是初始中心点随机生成，不利于 K-means 算法执行，因此引入一种新的 K-means 算法初始中心点交换机制，这样既可以调整算法的初始中心，又能够利用模拟退火解决局部最优的问题，左进等人针对 K-means 聚类算法进行分析，发现该算法随机选择初始化中心，这种随机选择模式不利于 K-means 算法执行，如果初始中心选择到了离群点，这将会增加计算复杂度，同时还会造成聚类结果不准确，因此提出了计算所有数据点的紧密性，排除离群点的区域，在数据最为紧密的地方选择初始化中心，这样能够避免因随机性选择初始中心而产生局部最优的缺陷。算法通过优化选择 k 个初始化中心的过程，使得聚类结果更加接近真实聚类中心，减少迭代次数，提高了聚类质量和异常检测率。孙志鹏等人改进了计算方法，提高了粗糙 K-means 算法执行效率低的问题，提出了一个基于加权距离计算的自适应粗糙 K-means 算法，该算法在粗糙集理论的基础上修正数据集合的隶属度函数，进一步简化属性，通过设置一个权值来改进聚类效果，在欧氏距离中引入权值系数实施初始化中心点，最后通过修改权值因子，在欧氏距离中引入了权值动态调整系数，通过递增 k 值改进算法执行效果，自动化地验证正态分布，验证每一个数据簇是否符合相关的高斯分布模型，从而可以自适应地确定 k 值，实验结果显示其可以提高算法聚类的准确度，提高算法的执行效率，还适用于高维数据。吉兴全等人在 K-means 聚类算法中引入了密度聚类方法，首先利用密度距离平方和选择一个合适的初始聚类中心，然后确定一个最佳的聚类数目 k，提出基于类间差异度、类内差异度的评价函数，通过应用 K-means 算法聚类结果进行评估，实验结果表明该算法提高了数据聚类准确度。徐大川等人详细地分析了 K-means 算法需要指定初始化分组才能够收敛到某一个目标解，因此可以针对该算法进行交替指派初始化分簇中心，利用这个分簇中心实现线性收敛，但是这种指派模式的缺点非常明显，不能够确保算法收敛到全局最优解，算法运行结果的好坏依赖初始解，可以利用学者提出的不同的初始化聚类中心方法提高 K-means 算法准确度。

蔡岳平等人在 K-means 算法中引入了一种先进的数据缓存机制，该算法利用控制器获取相关的算法运行过程中产生的各类型状态数据信息，将这些上下文状态数据保存在一起，实现一个强大的高速缓存，能够提高 K-means 算法执行效率，改善算法的时间复杂度。张天骐等人在 K-means 算法应用中指出，引入先进的 BP 神经网络技术，这样就可以形成一个具有选择性的搜索候选区域，能够准确地设置初始化聚类中心，尤其适用于高维数据空间。经过 BP 神经网络的卷积和连接操作，将高纬度特征空间数据映射到低纬度特征空间数据上，从而可以优化算法聚类中心，进一步提升数据区域的交叠。刘倩颖等人认为利用回归分析的基本思想，将 K-means 算法引入到数据图像检测过程中，将视频图像的特征目标检测看作一个重要的回归分析问题，可以预估计视频图像的标定位置和概率类型，进一步提高 K-means 算法线性回归的输出目标轮廓，采取先进的回归分析替代 K-means 算法，这样就可以更好地实现视频图像特征检测，获取更多的聚类分析信息。乔俊飞等人在视频图像目标检测中使用 K-means 算法，这样能够采用无监督学习思想自动化地分析视频内容，针对传感器、摄像头采集的图像进行预处理和分析，从而可以获取图像中的车辆、司机等，并且可以利用轮廓图像标定这些图像位置。

目前，K-means 算法也在许多的应用软件开发中得到了广泛应用，有效地提高了数据挖掘的准确性和便捷性。研究通过对相关的文献进行总结和分析，归纳了 K-means 算法改进方向，首先是改进初始化聚类中心的选择模式，如引入密度距离平方和、遗传算法、模拟退火等技术，从随机地选择 k 个初始化聚类中心发展到利用启发式规则选择聚类中心，这样就可以大幅度提升 K-means 算法准确度；其次是改进算法的相似性度量方法，从传统的欧氏距离相似性度量方法改进为其他模式，比如马氏距离等，提高算法的相似性度量准确度；最后是改进 k 这个参数设置的合理性，比如可以引入相关的网格聚类、层次聚类等方法，合理设置 k 值，提高 K-means 算法执行效率和准确度。

三、聚类相关知识

聚类：

① 聚类是将相似数据并成一组的方法。

② 聚类会直接在所存在的数据中学习。

③ 聚类是一种在大量数据中探索和发现其内在的数据结构的分析方法。

常见的三类聚类算法：

① 层次聚类算法（Hierarchical）。

② 基于划分的方法（Partitional）。

③ 基于密度和基于模型。

K-means（K 均值）：

① 随机选取 k 个数据点作为“种子”。

② 根据数据点与“种子”的距离大小进行类分配。

③ 更新类中心点的位置，以新的类中心点作为“种子”。

④ 按照新的“种子”对数据归属的类进行重新分配。

⑤ 更新类中心点（2→3→4），不断迭代，直到类中心点变得很小。

优点：

① 算法原理简单，数据处理快。

② 聚类数据聚集密切的时候，类与类之间区别明显，效果好。

缺点：

① k 是事先给定的，k 值难确定。

② 对孤立点、噪声敏感。

③ 结果不一定是全局最优，只能保证局部最优。

④ 很难发现大小差别很大的簇及进行增量计算。

⑤ 结果不稳定，会出现影响最终结果的情况。

⑥ 计算量大。

MATLAB 执行代码（主函数）：

```
clc;
clear all;
close all;
data1 = ones(30,1); % 产生数据
data2 = ones(30,1) * 50;
```

```
data3 = ones(30,1) * 2500;
data = [data1;data2;data3];
% [u re] = myK-means(data,3);
[myerror,label,diedai] = mymyK-means(data,4);
% % % % % % % % % % % % % % % %
function [myerror,label,diedai] = mymyK-means(data,K)
[m,n] = size(data); % 求 data 的大小,m 代表样本的个数,n 代表数据特征数
zhongxin = zeros(K,n); % 存储中心点
juli = zeros(m,K); % 存储各个样本到中心点的距离,行是所有的样本,列是每个样本与中心点的距离
juli1 = zeros(m,K);
label = zeros(m,1); % 存储各个样本的标签
diedaimax = 500; % 设置最大迭代次数
for i = 1:K
zhongxin(i,:) = data(floor(rand * m),:); % 随机产生 K 个聚类中心
end
% for i = 1:n
%         ma(i) = max(data(:,i));      % 每一维最大的数,每一列的最大值
%         mi(i) = min(data(:,i));      % 每一维最小的数
%         for j = 1:K
%                 zhongxin(j,i) = ma(i) + (mi(i)-ma(i)) * rand(); % 随机初始化,不过还是在每一维
[min max]中初始化好些
%         end
%     end
% % 下面开始进行迭代
for diedai = 1:diedaimax
for i  = 1:m
     for j = 1:K
     juli1(i,j) = sqrt(sum((data(i,:)-zhongxin(j,:)).^2)); % 一个样本与所有聚类中心的距离
     end % 一行代表一个样本,K 列代表与 K 个聚类中心的距离
end
for i  = 1:m
     [julisort,zuobiao] = sort(juli1(i,:)); % 将距离按照由小到大排序
     label(i,1) = zuobiao(1,1);
%      for k = 1:K
%        if zuobiao(1,1) = = k % 如果最小距离的标签是 k
%           label(i,1) = k; % 则第 k 个样本的标签就是 k
%        end
%      end
end
sumaver = zeros(K,n); % 初始化中心点的特征向量 sumaver
geshu = zeros(K,1); % 为求中心点的特征向量的平均值而设定的计数器
  % 计算聚类中心
      for i = 1:m
      sumaver(label(i,1),:) = sumaver(label(i,1),:) + data(i,:);
```

```
        geshu(label(i,1),1) = geshu(label(i,1),1) + 1;
        end
    for k = 1:K
            sumaver(k,:) = sumaver(k,:)./geshu(k,1);
            zhongxin(k,:) = sumaver(k,:); % 更新聚类中心
    end
    myerror = 0;
    for i = 1:m
    for k = 1:K % 如果距离不再变化,即中心点不再变化,或者达到了最大的迭代次数,则停止迭代
    myerror = myerror + sum((juli1(i,k)-juli(i,k)).^2);
    end
    end
    juli = juli1;
    juli1 = zeros(m,K);
    if myerror = = 0 % 如果所有的中心点不再移动
        break;
    end
    end
```

另外，MATLAB 中有自带的 K-means 函数，可以直接使用。K-means 聚类算法采用的是将 $N \times P$ 的矩阵 $\boldsymbol{X}$ 划分为 K 个类，使得类内对象之间的距离最大，而类之间的距离最小。

使用方法：

Idx=K-means(X, K)

[Idx, C] =K-means(X, K)

[Idc, C, sumD] =K-means(X, K)

[Idx, C, sumD, D] =K-means(X, K)

各输入输出参数介绍：

X——$N \times P$ 的数据矩阵；

K——表示将 $\boldsymbol{X}$ 划分为几类，为整数；

Idx——$N \times 1$ 的向量，存储的是每个点的聚类标号；

C——$K \times P$ 的矩阵，存储的是 K 个聚类质心位置；

sumD——$1 \times K$ 的和向量，存储的是类内所有点与该类质心点距离之和；

D——$N \times K$ 的矩阵，存储的是每个点与所有质心的距离。

[…] =K-means(…, ‘Param1’, ‘Val1’, ‘Param2’, ‘Val2’, …)。

其中参数 Param1、Param2 等，主要可以设置为如下：

‘Distance’ 距离测度；

‘sqEuclidean’ 欧氏距离；

‘cityblock’ 绝对误差和，又称 L1；

‘cosine’ 针对向量；

‘correlation’ 针对有时序关系的值；

‘Hamming’ 只针对二进制数据；

‘Start’初始质心位置选择方法；
‘sample’从 **X** 中随机选取 K 个质心点；
‘uniform’根据 **X** 的分布范围均匀地随机生成 K 个质心；
‘cluster’初始聚类阶段随机选取10%的 **X** 的子样本（此方法初始使用‘sample’方法）；
Matrix 提供 $K \times P$ 的矩阵，作为初始质心位置集合；
‘Replicates’聚类重复次数，为整数。
使用案例：

```
data =
5.0 3.5 1.3 0.3 -1
5.5 2.6 4.4 1.2 0
6.7 3.1 5.6 2.4 1
5.0 3.3 1.4 0.2 -1
5.9 3.0 5.1 1.8 1
5.8 2.6 4.0 1.2 0
[Idx,C,sumD,D] = K-means(data,3,'dist','sqEuclidean','rep',4)
```

运行结果：
Idx=
1
2
3
1
3
2
C=
5.0000 3.4000 1.3500 0.2500 −1.0000
5.6500 2.6000 4.2000 1.2000 0
6.3000 3.0500 5.3500 2.1000 1.0000
sumD=
0.0300
0.1250
0.6300
D=
0.0150 11.4525 25.5350
12.0950 0.0625 3.5550
29.6650 5.7525 0.3150
0.0150 10.7525 24.9650
21.4350 2.3925 0.3150
10.2050 0.0625 4.0850
K-means 算法找中心的方法有很多种，需要综合考虑算法的效率和效果进行选择。

四、案例分析——儿童腕带的选择

在进行儿童腕带设计过程中，需要设计师查阅各种各样的有效信息，并对这些有效信息进行遴选，如按照市场销售程度、用户满意度、产品创新程度三个原则来进行遴选，并给出分布的特征信息。

（1）首先给出所收集的 20 组信息（表 6-1）

表 6-1 儿童腕带数据

市场销售程度	用户满意度	产品创新程度
1.14167	1.382	0.1427
1.2126	2.1338	0.5115
3.1104	2.5393	0.0588
3.1141	0.1244	0.6811
1.1497	1.9414	0.3035
1.1112	1.8802	0.0291
1.0114	0.8029	0.1317
3.1715	0.1041	0.3338
1.0796	2.1353	0.7921
1.062	2.1478	1.275
3.4509	1.9975	0.1285
2.558	1.7623	0.1049
1.031	1.0553	0.2928
3.1163	1.9241	0.455
3.0091	0.0186	0.9111
2.8845	2.1465	0.533
0.9894	1.9745	0.0146
1.0536	1.9818	0.0631
0.9076	1.8845	0.1121
2.9205	2.2418	0.4137

（2）K-means 代码实现

```
%第一类数据
data1 = [1.14167   1.382   0.1427
1.2126   2.1338   0.5115
```

```
1.1497   1.9414   0.3035
1.1112   1.8802   0.0291
1.0114   0.8029   0.1317
1.0796   2.1353   0.7921
1.062    2.1478   1.275
1.031    1.0553   0.2928
1.0536   1.9818   0.0631
0.9894   1.9745   0.0146
0.9076   1.8845   0.1121];
%%第二类数据
data2 = [2.558     1.7623   0.1049
2.8845   2.1465   0.533
2.9205   2.2418   0.4137];
%第三类数据
data3 = [3.1104   2.5393   0.0588
3.1141   0.1244   0.6811
3.1715   0.1041   0.3338
3.4509   1.9975   0.1285
3.1163   1.9241   0.455
3.0091   0.0186   0.9111];
%显示数据
plot3(data1(:,1),data1(:,2),data1(:,3),'b+');
hold on;
plot3(data2(:,1),data2(:,2),data2(:,3),'r+');
plot3(data3(:,1),data3(:,2),data3(:,3),'g+');
grid on;
```

① 对数据进行测试，原始数据集如图 6-1：

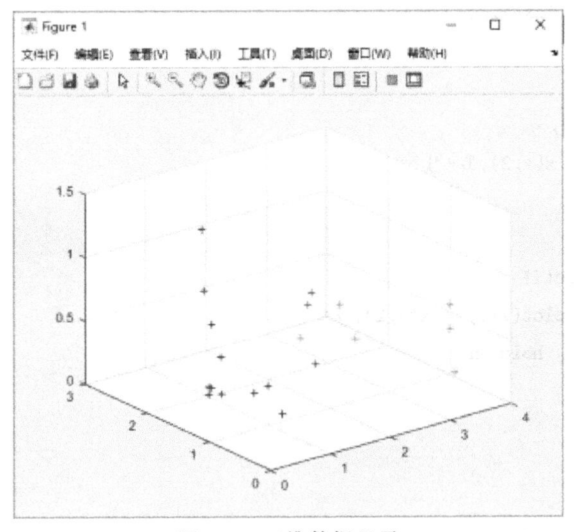

图 6-1　三维数据显示

② MATLAB代码主程序如下：

```
k = 3;
 x = [1.14167    1.382  0.1427
1.2126  2.1338  0.5115
3.1104  2.5393  0.0588
3.1141  0.1244  0.6811
1.1497  1.9414  0.3035
1.1112  1.8802  0.0291
1.0114  0.8029  0.1317
3.1715  0.1041  0.3338
1.0796  2.1353  0.7921
1.062   2.1478  1.275
3.4509  1.9975  0.1285
2.558   1.7623  0.1049
1.031   1.0553  0.2928
3.1163  1.9241  0.455
3.0091  0.0186  0.9111
2.8845  2.1465  0.533
0.9894  1.9745  0.0146
1.0536  1.9818  0.0631
0.9076  1.8845  0.1121
2.9205  2.2418  0.4137
];
  [n,d] = size(x);
  bn = round(n/k * rand);
  nc = [x(bn,:);x(2 * bn,:);x(3 * bn,:)];
  [cid,nr,centers] = K-means(x,k,nc);
      if cid(i) = = 1,
          plot(x(i,1),x(i,2),'r * ')
    hold on
  else
      if cid(i) = = 2,
        plot(x(i,1),x(i,2),'b * ')
          hold on
       else
                if cid(i) = = 3,
                     plot(x(i,1),x(i,2),'y * ')
                        hold on
          end
        end
    end
end
strt = '红色 * 为第一类;蓝色 * 为第二类;黄色 * 为第三类';
```

```
text(1,0.6,strt);
```

③ K-means. m 主程序如下：

```
function [cid,nr,centers] = K-means(x,k,nc)
[n,d ] = size(x);
    cid = zeros(1,n);
        oldcid = ones(1,n);
nr = zeros(1,k);
maxgn = 100;
iter = 1;
while iter < maxgn
     for i = 1:n
          dist = sum((repmat(x(i,:),k,1)-nc).^2,2);
          [m,ind] = min(dist);
          cid(i) = ind;
     end
            for i = 1:k
          ind = find(cid = = i);
          nc(i,:) = mean(x(ind,:));
          nr(i) = length(ind);
     end
     iter = iter + 1;
end
maxiter = 2;
iter = 1;
move = 1;
while iter < maxiter &move - = 0
     move = 0;
           for i = 1:n
           dist = sum((repmat(x(i,:),k,1)-nc).^2,2);
           r = cid(i);
           dadj = nr./(nr + 1). * dist';
           [m,ind] = min(dadj);
           if ind - = r
                   cid(i) = ind;
                   ic = cid = = ind;
                   nc(ind,:) = mean(x(ic,:));
                   move = 1;
           end
       end
       iter = iter + 1;
   end
     centers = nc;
```

```
    if move = = 0
      disp('No points were moved after the initial clustering procedure. ')
    else
      disp('Some points were moved after the initial clustering procedure. ')
    end
end
```

（3）聚类结果

通过代码运算可获得如图 6-2 所示的聚类结果。

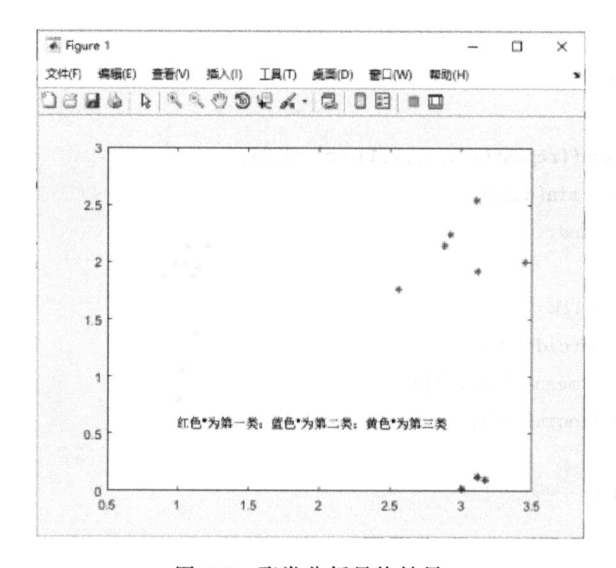

图 6-2　聚类分析最终结果

本章案例选自：研究生课程《产品创新设计》课程作业。

CHAPTER

第七章 大数据聚类分析

一、大数据聚类分析在产品设计创新领域的研究现状

相比于传统数据，大数据在规模、处理方式、理论及方法等特点上存在着诸多不同。大数据的形式决定了其有着诸如存储分散、多源异构、动态变化、数据构建模式等特点，这为大数据时代提出了更高的信息处理要求。因此，在设计大数据融合平台时，要考虑现有的实际情况，也要把未来的场景和科技发展考虑进去。

一般来说，越是复杂的产品，其结构越复杂，所涉及的领域与学科也越广泛，相应的研发周期也更长。因此对企业来说，如能有合适的方法，能够在提升产品质量的同时压缩产品设计周期，无疑有着重要的意义。

面对以上需求，刘晓阳针对复杂产品研发设计过程的特点与需求，基于知识重用，建立了新的复杂产品概念设计过程。

其中知识重用主要包括基于实例推理的设计实例重用和基于规则推理的设计实例融合两个方面，并对其中的知识模型、围绕模型的设计实例聚类、离群点挖掘和概念设计方案评价等关键技术进行了研究。

针对目前复杂产品设计中知识重用技术存在的问题，提出利用聚类技术挖掘典型实例的思路，提高知识的重用效率。

为保证在融合推理过程中设计实例集合具有较好的多样性，将与需求实例最相似的设计实例所在的类推送到融合推理过程中，同时，一并推送从企业历史设计实例中挖掘的离群点，这样在保证继承原有设计实例的情况下，可有效提高概念设计方案的创新性。

根据设计实例的融合推理特点，建立融合推理模型。为有效评价融合推理得到的概念设计方案，在满足用户需求和产品显性功能约束的情况下，提出综合考虑概念设计方案的继承性和创新性的评价方法。

继承性体现在设计实例组合在企业历史设计实例中的配置频率，创新性体现在设计实例组合中离群点的配置数量。

肖园园也认为：随着云计算与大数据技术的不断发展，互联网普及程度增加，随之而来的是互联网用户的快速增长。在这个过程中，用户产生的数据出现了海量的增长。但大部分数据仍处于沉睡状态，因此，如何挖掘这些数据潜在的应用价值，并开发出有针对性的用户服务，是学界与商界需要考虑的问题。针对网络海量数据处于待开发的状态，该技术主要面向应用开发商，利用大数据处理技术，对用户在各种不同终端设备上产生的行为数据，进行收集、清洗，过滤出有价值的信息，统计分析用户所需的各种信息，对应用开发商的一些决策提供比较可靠的数据支持。

重大的技术变革都会推动产品设计开发的演变，进而带来颠覆式的创新。面对现在如火

如荼的第四次科技革命，数据挖掘、人工智能的应用在深刻地改变着世界的同时也改变着设计的产生和运行。海量数据下新产品运作过程不仅限于技术活动过程，更是一种基于预测活动的创造过程，产品创新相关的数据构成以及分类成为知识架构和框架的内在因素，揭示与确定此知识构造特点和探索其表征是后续建模的关键问题。

面对巨大技术需求，学者们展开了积极研究。李岩通过语义聚类分析的方法，对其收集的互联网上用户对水杯的评价信息进行处理，分析情感极性与感性关键词之间的关联，从而把产品设计要素和用户的实际体验联系起来，为设计师进一步挖掘用户感性需求提供了方法，建立了以用户情感体验为中心的产品感性设计评价机制。文周也利用大数据对产品与其目标客户和相关封面进行了研究，探讨了大数据时代产品包装与传统包装在设计上的差异，探究当代产品包装的特点。

在对产品开发的过程与流程研究中，采用交叉功能组的方式可以有效提高产品开发中的风险，通过大数据获取产品开发的信息，捕捉“创意”过程。在整个产品设计流程中均可以嵌入大数据分析，在产品开发中的机遇识别、概念生成、产品与市场定位、产品在线分析、产品利润分析等整个开发周期中，大数据都可以产生作用。大数据设计趋势必将成为包装设计未来的发展方向。如今产品包装设计已不再仅凭借设计师的主观判断，而是通过大数据方法，对用户产生的客观数据进行收集、整理和分析，从数据的维度反映出消费者的客观状态，以此来帮助设计师对自己的目标用户进行深度的理解，设计出更加满足消费者实际需求的产品包装。由此，设计的思维方式和设计方法常常决定了一个设计产品能够创造多少价值，而在历史的任何时期，都有最适合时代的方法论。

基于信息论、人工智能以及数据挖掘等发展而来的数据驱动设计是构建由数据驱动的设计流程的研究热点。陈思慧提出了一种基于层次式 MPI 并行编程模型和改进模糊 K-means 算法的大数据聚类方法，旨在克服经典模糊 K-means 算法在应用于大数据聚类时，聚类效率低和运行时间长的问题。

刘念、刘宇以信息可视化及大数据可视化的方法，研究大规模非数值型信息资源的视觉展示，从而实现帮助人们直观理解数据并进行数据分析的目的。

基于对海量的关系型数据进行有效挖掘的目的，采用将数据挖掘领域的聚类分析算法与力导引布局算法相结合的方法，提出了一种新的基于聚类分析算法的海量数据可视化方法。

针对关系数据集做简单的统计和对比分析，然后通过聚类分析算法对其进行分簇，将得到的各主节点和权重、关系等数据通过力导引算法，写入弹性图布局中，最后基于图可视化的判断标准画出图布局的基本架构。

在刘刚的研究中，其展现了深层次专利挖掘所采用的术语提取（语义信息的特征词选取）、文档建模、分类聚类（专利文献二类聚类分析）和知识提取（对聚类结果提取其设计知识）等技术。早期专利挖掘往往是以结构化著录项数据为基础进行的，但是随着机器学习技术的发展，以及大数据相关技术的发展，专利挖掘出现了利用非结构化数据进行深层次挖掘的趋势。

其次，该研究介绍了文本挖掘技术在研究过程中的应用，并总结了文本挖掘的技术特点和一般过程。该算法以 VSM 模型为研究对象，以余弦相似度为度量文本相似度的标准，采用 K-means 算法对数据集进行聚类，对于同聚类结果，根据其新颖值进行排序，通过不同设计知识的兼容性形成了设计知识矩阵，以此为设计人员提供设计参考。设计人员可以一一分析矩阵元素，并选择具有创新性的知识来改进设计方案。建成了针对产品专利的设计知识提取系统，可以从专利文献中提取产品设计知识。

围绕智能聚类算法过程建模，对大数据驱动的动能、使动因素、指挥与运行规则进一步揭示。在席涛与郑贤强团队的研究中，提出了基于大数据时代，互联网产品创新迭代设计的方法。通过对当前互联网产品的迭代设计进行分析，探讨了大数据思维对互联网产品设计三个方面的影响，即设计范围、设计概念和设计方法。并提出了互联网产品迭代创意设计方法，使其可用于投放目标广告、动态优化营销策略以及定制用户的潜在需求。最后讨论了在互联网产品的迭代设计中使用大数据思维的优势和注意事项，并为互联网产品设计的发展提出了一些合理的建议。

大数据与传统数据相比，在规模性、处理方式、理论方法等方面存在诸多不同的特点，如多源异构、存储分散、动态变化、先有数据后有模式等，这些特点决定了在大数据时代进行数据的科学管理和处理时面临的问题和挑战。所以，大数据融合平台的设计和构建，不仅要能够应对大数据应用的现实需求，还要能够适应未来技术发展和应用需求的动态变化。

复杂产品具有结构复杂、研发周期长、涉及领域广泛等特点，研究针对复杂产品的快速有效的概念设计方法，对于企业缩短产品设计周期、提高产品设计质量具有重要的实际应用价值。

数字化条件下的云计算、高速网络、智能算法等领域伴随着信息技术的发展取得了长足的发展。在大数据技术背景下，分析产品创新与数据之间的关系，应用和融合交叉学科知识，解决数据驱动、知识转译模式、数据与知识转化模型等关键技术问题，综合运用解析、数值分析以及实验的方法开发出数据驱动产品创新设计模型系统。其中，随着计算机与智能手机逐渐成为民众标配，何春华开展了非结构化数据的数据模型分析，提出了多维数据去重的聚类算法实现方法。此外，华丹阳认为抽象的聚类分析是数据挖掘研究的重要领域，随着数据量每 3 年翻一番，关键问题是如何对大型数据集高效率地进行聚类操作，研究将当前主流的聚类算法应用于大规模数据集，通过实验指出现有的聚类技术存在的关键问题及所面临的技术挑战，然后使用数据聚合树作为代表性大型数据集的数据结构，设计了一个新的聚集算法并通过实验证明其性能显著优于当前主流的 BUICH 聚类算法。在范联伟的研究中，面对数据量规模巨大到无法通过人工在合理时间内进行截取、管理、处理，并整理成为人类所能解读的信息，只有将这些分散的、异构的数据源和知识源挖掘出隐含的、有价值的和尚未被发现的信息和知识，依据知识源粒度的动态选择，改进知识源分解合并算法，智能获取合适粒度大小的知识源集合和尽可能真实可靠的知识，才可以提高分散异构信息获取的可靠性。

值得注意的是：刘子盟根据聚类的根本在于对数据的划分与集合，数据可通过聚类算法对象的相似性与不同合集中对象的区别性来进行数据记录。由于数据库的信息量大量增长，在面对大规模数据集时，聚类分析的算法形式已经无法满足高内存，传统的数据算法正面临着“不高效”的严峻问题。通过构造特征函数对大数据集进行分类、聚类，对子数据集采用径向基神经网络建立子模型，应用方差法、最小二乘法等实现多神经网络模型的自适应加权，提高模型精确度和鲁棒性。

周情涛认为随着大数据时代的到来，各种信息呈现爆炸式增长，尤其图像数据，不仅丰富而且抽象。他认为目前分布式框架有很多，其中 Spark 基于内存的计算模式，非常适合迭代的机器学习算法，而且相比流行多年的 Hadoop 框架，Spark 做机器学习甚至可以快 100 多倍。研究发现：基于 Spark-GPU 技术的 K-means 聚类算法和 CUDA 架构下的子空间聚类算法 LBF 都获得了较为明显的效率提升，这对图像检索、分类领域都具有重大的应用和指导价值。

在本领域数据分析已经形成研究热点，其他学者如汪宜东认为随着计算机科学与技术的快速发展，在很多行业中产生了越来越多的海量数据信息。聚类作为数据挖掘的一个非常受关注的分支学科，在这种情况下得到了长足的发展，一系列经典的聚类算法被研究者提出，但目前能应用于大数据聚类的算法不多，Apache Mahout 推出的聚类算法只有 5 种，其中有 4 种基于 K-means 算法开发的，Spark 官方推出的聚类算法目前只有 K-means。一些效果较好的聚类算法的时间复杂度比较高，开发出适应大数据聚类的算法难度较大。传统的 K-means 可以用于大数据聚类，但其迭代过程涉及多次 HDFS 文件系统的读写操作，非常费时。由此，该学者通过引入聚类特征树，获得微簇中心点集，利用 Maximin 算法选取初始聚类中心点集，提出了基于层次和划分的 BM2K-means 算法，同时利用微簇中心进行微簇融合，提出了基于层次和密度的 BMCMCluster 算法，从而实现高效的大数据聚类，但需要指定聚类类别数。后一种算法也能够实现快速、高效的大数据聚类，且聚类类别数不需指定，算法会通过微簇融合的方式形成大的聚簇，能够发现任意形状聚簇。

综合以上文献，在数据驱动设计创新领域，通常采用的方式是，针对这些产品的网络公开信息，定期地自动检索，从而获得本产品的基本开发创新点。此问题的难点：爬虫技术的开发、知识产权的保护与信息规范化的发展，使得很多信息获取必须面对伦理以及法律问题，需要关注与研究相关的问题。同时，信息的遴选机制和模型，基于产品开发的信息过滤机制，图片、语音、视频识别等人工智能（AI）问题，基础的信息检索中的知识问题均需要进行研究。鉴于此，需改进和提高数据聚类模型的运行效率和精度，开发改进 K-means 算法模型。

二、大数据设计创新应用

（1）数据驱动创新的概念

随着人类社会的信息技术与数据存储技术的不断升级迭代，数据量不断增加，获取和存储大量数据的方式已经十分方便。传统的对于数据的处理方式如浏览、统计等是浅层次的数据分析，而对于各个数据之间潜藏的不易被察觉的联系无法获取，这样的产品数据集便无法用于指导设计创新。要发掘产品数据的价值，摆脱“数据丰富，知识匮乏”的困境，实现数据驱动创新设计，就需要数据挖掘这种发掘数据潜在价值的工具。

产品数据，顾名思义，就是跟产品有关的数据，是在产品整个生命周期中，由产品、人和环境相互作用的产物。产品数据是大量的、有噪声的、模糊的、不完全的，要使用这些产品数据驱动产品创新设计就需要利用数据挖掘进行处理。

（2）数据驱动产品创新的形成和特点

数据挖掘最先是人工智能领域的概念，数据挖掘的意义在于从海量的数据中获得有价值的信息，数据驱动产品创新就是利用获取的有价值信息制定设计策略。数据驱动产品创新的优势在于可以利用大量的数据抵消系统的不确定性，还能够获取海量数据中潜在的有价值信息，能够通过分析已有产品的数据预测、指导设计活动。

产品数据通过分析手段挖掘出设计的商业价值，解决设计问题和创造价值。产品生命周期产生的数据只有作用于设计思维才能显示出强大的作用。数据、产品和用户情感化之间的数据是产品设计开发的重要因素，数据化的设计方法在整个设计因素中的比重越来越大，在整个产品生命周期中占有重要地位的是用户评价数据。数据挖掘发现有价值的潜在信息，发掘的数据用来指导现在的设计过程，所以数据挖掘的结果具有可用性的固有属性。理解消费者真正的需求和痛点，在设计过程中通过对产品数据的分析，产品设计人员在识别市场机会和解决市场问题方面可以获得策略上的技术支持。

数据的流程见图 7-1。

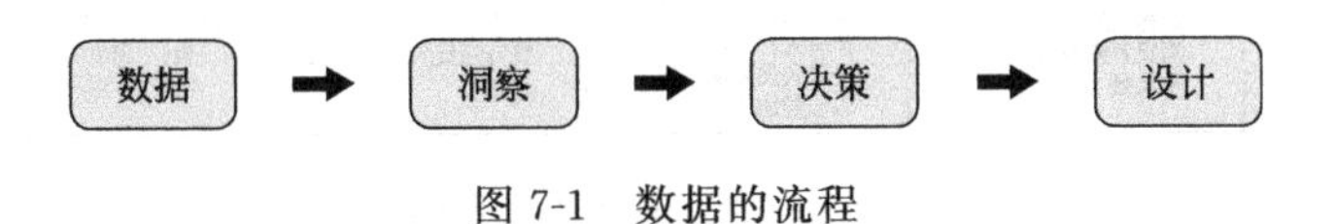

图 7-1　数据的流程

一般情况下，产品数据研究将市场上的信息数据与消费者、顾客以及公众密切联系在一起。产品数据的研究可以帮助设计人员聆听消费者的声音，支持商业决策、减少风险、识别市场机会。产品数据研究不能够取代设计人员的设计决策，但基于对产品数据客观事实的洞察，能够辅助设计人员决策过程。

(3) K-means 聚类的数据驱动创新设计

数据时代，在海量数据下，应用数据对产品设计创新提出新的设计思路成为诸多学者研究的驱动力。聚类分析是将抽象或物理对象的集合进行分组，并由类似的对象组成各种分类的分析过程。聚类分析的基本思路就是采用相似性对所收集数据进行分类。

基本流程为：通过描述数据，衡量不同数据源间的相似性，进而将数据源分类到不同的簇中。

K-means 算法是简单而又有效的统计聚类算法，聚类通常并不需要使用训练数据进行学习，这在机器学习中被称作"无监督学习"。K-means 算法就是这种用于统计的无监督聚类技术。

由于其算法原理简单，易于编程实现，并且具有快速收敛等优点，在实际中得到广泛应用。但也存在一些缺点，比如说对初始中心敏感、需要初始化簇数目以及只能发现类球形的簇等。针对 K-means 算法的缺点，以及满足现阶段的实际应用需要，出现了许多改进的 K-means 算法。

改进算法的目标主要针对三个方面：

① K 值确定。K-means 算法在开始聚类时需要明确给定要聚成簇的数目值 K，但对于许多要进行聚类的数据集来讲并不能确定要聚成多少类，如果使用者仅凭经验设定该值不仅提高了对用户的要求，而且聚类结果也往往不够准确。

② 初始聚类中心的选择。K-means 算法要给定 K 个初始聚类中心，然后对数据集建立一个初始划分，接下来对初始划分进行迭代优化得到最优解。初始聚类中心是影响聚类结果的重要因素，优化初始聚类中心选择方式是改进算法的一项重要内容。

③ 时间复杂度。K-means 算法的时间复杂度相比其他一些聚类算法低，但由于算法执行过程是重复迭代操作，并且大量数据在簇之间随机调整，所以在执行时间上仍然有改进的空间。

大数据时代产品创新的方法也在与时俱进，将数据分析作为创新设计的驱动力是重要的研究方向。大数据时代创新设计的范围、理念、方法都发生了深刻的变革，数据驱动创新设计的应用为产品设计的发展提供了合理化的路径，深刻影响着产品创新的过程（图 7-2）。

大数据时代的数据驱动创新设计必将深刻影响现代的设计模式，数据驱动设计已经交融在数据时代的洪流中。数据对于创新设计只是实现设计目标的手段，数据驱动设计能够实现

阶段	探索（理解用户识别机会）		发展			优化
	机会领域	数据驱动	种子创意	概念蓝图	最终概念	概念筛选
活动/输入	一手/二手/外部/内部数据	消费者观察&产品数据驱动设计	以数据驱动为基础，用于指导设计创意	设计概念发展	概念调整	方案可行性分析
取得成功的关键因素	· 多种来源的数据 · 可以衡量并能抓住的机会点	· 结构化的有说服力的消费者洞察给创意产生灵感	· 以产品数据为驱动 · 参与人员充满活力 · 设计人员充满创造力 · 多职能协作	· 把碎片式的种子创意整合连贯成一个解决方案	获得以下几个领域的解： · 设计/研发的见解 · 消费者/用户的见解	· 以人为本 · 符合用户需求 · 实现商业价值

图 7-2　产品创新的流程图

数据的价值，也会促进社会的发展。设计的决策要有数据的支持，通过数据可视化的手段，帮助设计人员做出决定，分析商业数据在现代企业里的作用。数据以及数据分析在商业流程中的新产品开发、市场推广、业务开发、销售、用户体验等每一步都是至关重要的，应用数学、统计、计算机科学中的方法来分析产品数据，寻求有价值的洞察，帮助设计人员作出更好的设计决策，创造更多的价值。数据中包含或者隐含的有价值的信息，通过分析方法挖掘出来，获取有价值的设计指导。

发掘用户的需求对产品设计非常重要，产品以用户产生的数据对发掘用户需求十分重要，对这类数据进行分析就会确定用户的购买意向与喜爱偏好。数据驱动创新是对产品数据作出分析，需要应用到机器学习等计算机学科的知识来获取用户需求。能够实施数据驱动的必要条件是：产品与人相互作用产生大量的数据，数据引用技术的成熟，社会对于数据驱动产品创新价值的肯定。K-means 聚类的数据驱动模型，如图 7-3 所示。

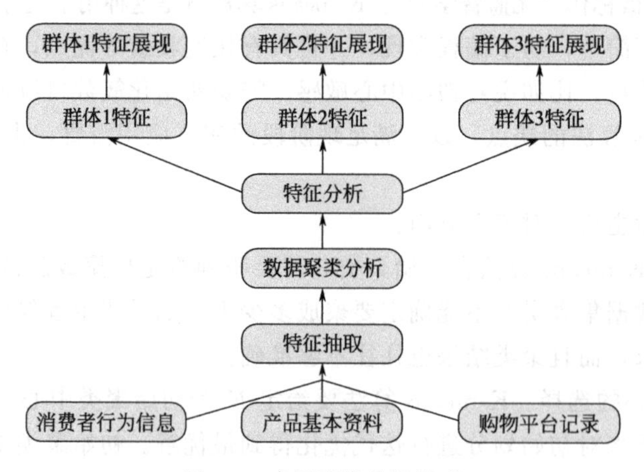

图 7-3　产品聚类分析模型

获取产品数据：使用爬虫程序获得初始的数据，对杂乱的数据进行规整化处理，为聚类分析做好准备工作。用户数据的初始状态是复杂的，所以要对用户数据进行筛选抽取。

K-means 聚类分析：利用有关 K-means 聚类分析对样本进行聚类细分，特征相近的样本归为一簇，特征相差比较大的样本归到不同的簇中。

K-means 聚类特征分析：根据 K-means 聚类结果，分析样本的特征，比较同簇中样本的共同性和不同簇中样本的不同特征。

特征规则展现：K-means 聚类特征分析要为实际的设计活动提供依据。

(4) K-means 聚类的数据驱动产品创新模型构建

研究所构建的数据处理方法具体步骤如下：获取在线销售产品数据进行预处理；产品数据清洗；进行 K-means 聚类分析，获取产品特征亮点和弱点；对产品数据的文本信息进行词云分析；给出产品创新设计指导意见。

K-means 聚类的数据驱动产品创新模型原型的构建，如图 7-4 所示。

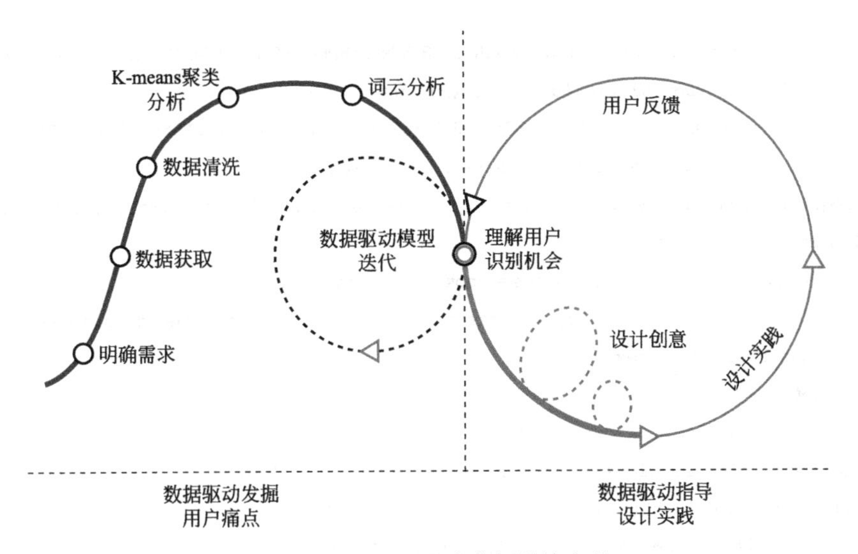

图 7-4　K-means 聚类分析设计流程

(5) K-means 聚类的数据驱动产品创新模型原型的程序实现

① 数据挖掘。数据的收集需要的带宽，以及存储设备都在呈指数增长，这为数据的获取提供了必要条件。数据的收集已不再限于传统的金融、零售行业。挖掘数据里面的价值，已经成为企业提高运营效率和盈利能力的关键，并据此更好地了解用户，更有效地为其产品定价，并获得竞争优势。数据挖掘方法学的发展与计算能力和存储能力的爆炸式增长相结合，更好的计算硬件、并行计算和云计算，使企业能够比以往更快、更准确地解决重大问题。

网络爬虫，是一种功能强大、编程语言简单、编辑性强，能够获取互联网数据的工具。Python 是最常用且开源的程序语言，有许多软件包可以利用，是实现产品数据获取的重要工具。爬取数据具体程序如下，本次应用爬虫工具对需要研究的儿童机器人进行数据的获取工作。

```
import os
import requests
import re
import random
from bs4 import BeautifulSoup
def amazon_spider(text = "儿童机器人",type = ''):
    user_agent = {
        'User-Agent':'Mozilla/5.0(Windows NT 10.0;WOW64)AppleWebKit/537.36(KHTML, like Gecko)
Chrome/53.0.2785.104 Safari/537.36 Core/1.53.4295.400 QQBrowser/9.7.12661.400',
        'Host':'www.amazon.cn',
        'Cookie':
```

```
'x-wl-uid = 1 + EeiKz9a/J/y3g 6XfXTnSbHAItJEus3oQ6Gz + T/haur7dZfkNIgoxzMGwviB + 42iWIyk9LR + iHQ = ;'
                              'session-id = 456-2693740-8878563;       ubid-acbcn = 458-5133848-3255047;
lc-acbcn = zh_CN;i18n-prefs = CNY;'

'session-token = "8n/0i/dUCiI9zc/0zDLjB9FQRC6sce2 + Tl7F0oXncOcIYDK4SEJ7eek/Vs3UfwsRchW459OZ
ni0AFjMW + '

'9xMMBPSLM8MxLNDPP1/13unryj8aiRIZAE1WAn6GaeAgauNsijuBKKUwwLh8Dba7hYEjwlI1J6xlW0LKkkyVuApjRXnOsvdYr'
                    'X8IURVpOxDBnuAF9r7071d/NPkIQsHy7YCCw = = ";session-id-time = 20827872011;'
                      ' csm-hit = tb:s-85XYJNXFEJ5NBKR0JE6H|1566558845671&t:1566558845672&adb:adblk_no'}
        cookies = dict(useid = '123456', token = 'funkystyle')
        request_response = requests. get(f'https://www. amazon. cn/s?k = {text}{type}&__mk_zh_CN = 亚
马逊公司网站 &ref = nb_sb_noss',
            headers = user_agent, cookies = cookies, verify = False)
                                    request_response. en-coding = request_response. apparent_encoding
    index = request_response. text
    # 请求成功
    if request_response. status_code = = 200:
        page = re. findall('class = "a-disabled">(\d + )</li>', index)
        for i in range(1, int(page[-1]) + 1):
            rand = rand om. randint(1560000000,1570000000)
            url = f'https://www. amazon. cn/s?k = {text}{type}&page = {i}&__mk_zh_CN = 亚马逊公司
网站 &qid = {rand}&ref = sr_pg_{i}'
            request_response = requests. get(url, headers = user_agent)
            request_response. encoding = request_response. apparent_encoding
            if request_response. status_code ! = 200:
                print(f'运行到第{i}页请求失败')
                break
            request_content = request_response. text
            file_path = os. getcwd() + "\001 product_list"
            if not os. path. exists(file_path):
                os. makedirs(file_path)
            with open (file _ path + " \ page _" + str ( i ) + " . html", 'w', encoding = request _
response. encoding)as f:
                f. write(request_content)
            f. close()
            goods_list = re. findall(f'<a class = "a-linK-normal a-text-normal" target = "_blank"
href = "(. * ?)ref = ',
                                          request_content)
            for j ,goods in enumerate(goods_list):
                goods_url = f'https://www. amazon. cn/{goods}'
            res = requests. get(goods_url, headers = user_agent)
            res. encoding = res. apparent_encoding
      if res . status_code ! = 200:
```

```
            print(f'运行到{i}失败')
        cont = res.text
        file_path = os.getcwd() + "\002 product_detail"
        if not os.path.exists(file_path):
            os.makedirs(file_path)
        try:
            # print(res.encoding)
            with open(file_path + "\page_" + str(i) + "_" + str(j + 1) + ".html",'w',
                    encoding = res.encoding)as f:
                f.write(cont)
            f.close()
        except:
            pass
# 请求失败
else:
    print('首页访问失败!')
```

② 数据清洗。对获取的产品数据进行清洗是数据分析前必不可少的步骤，在获取大量的数据之后最重要的是数据清洗。数据其实是很乱的，能否得到一个非常格式化、标准、好的数据，直接决定了模型的质量。只有高质量的数据集才会得出高质量的分析结果。检查数据的完整性和正确性，净化噪声数据，清除冗余数据，推测缺省值数据，提高数据质量，还要对数据进行转换，把一些连续型的数据转换成离散型的数据。

数据的清洗能够保障数据的质量，直接影响到分析结果的有效性和普遍性。数据清洗一般要检查产品数据中的错误数据、缺失数据、异常数据，数据必须是相对高质量的。找到缺失数据，对缺失数据进行处理。数据的不确定性是挑战和机会，如何去除噪声然后获得用户的需求关键是数据的清洗。将数据格式化是数据驱动设计的必要流程，将数据与产品设计连接。

数据清洗的具体程序如下：

```
import json
import os
import pandas as pd
import numpy as np
import re
from bs4 import BeautifulSoup as bsp
from datetime import datetime
from sklearn.preprocessing import LabelEncoder
# 获取指定文件夹下特定格式的所有文件
def get_folder_files_list(file_folder,abs_dir_flag = False,file_type = ['.csv']):
    if abs_dir_flag:
        path = file_folder + '\'
    else:
        path = os.getcwd() + '\'+ file_folder + '\'
    files_list = []
```

```
    if not os.path.exists(path):
        return files_list
    for file_name in os.listdir(path):
        if os.path.splitext(file_name)[1] in file_type:
            index = file_name.rfind(".")
            files_list.append([file_name[:index],path + file_name])
    return files_list
def save_data_into_csv(file_name,file_folder,data_df,abs_flag = False,index = 0):
    if not abs_flag:
        path = os.getcwd() + '/' + file_folder + '/'
    else:
        path = file_folder + '/'
    if not os.path.exists(path):
        os.makedirs(path)
    data_df.to_csv(path + file_name + '.csv',encoding = "utf-7-sig",index = index)
def get_html_info(file_path):
    # 产品数据
    product_data_dict = {
        "商品类别":"",
        "商品标题":"",
        "商品星级":"",
        "商品标签":[],
        "商品链接":"",
        "商品价格":"",
        "商品Prime":"",
        "商品库存":"",
        "送达日期":"",
        "销售配送":"",
        "退换承诺":"",
        "商品组件":[],
        "商品公司":[],
        "商品描述":"",
        "买家评级":"",
        "买家评论":[],
        ###
        "品牌":"",
        "商品尺寸":"",
        "商品重量":"",
        "产品颜色":"",
        "型号/款式":"",
        "厂商推荐适用年龄:":"",
        "是否需要电池":"",
        "ASIN":"",
        "用户评分":"",
```

```
        "亚马逊公司热销商品排名":"",
        "发货重量":"",
        "Amazon.cn 上架时间":"",
        "产品信息":{},
    }
    # 商品页面
    html_soup = bsp(open(file_path,encoding = "utf-8").read())
    # 商品类别
    html_type = html_soup.find_all(name = 'ul',attrs = {"class":"a-unordered-list a-horizontal a-
size-small"})
    if len (html_type)> 0:
        product_data_dict["商品类别"] = html_type[0].text.replace("\n","").strip().replace
(" ","")
    # 商品标题
    html_title = html_soup.find_all(name = 'span',attrs = {"id":"productTitle"})
    if len(html_title)> 0:
        product_data_dict["商品标题"] = html_title[0].text.replace("\n","").strip(). re-
place(" ","")
    # 商品星级
    html_rank = html_soup.find_all(name = 'span',attrs = {"id":"acrCustomerReviewText"})
    if len(html_rank)> 0:
        product_data_dict["商品星级"] = html_rank[0].text.replace("\n","").strip().replace
(" ","")
    # 商品标签
    html_tag = html_soup.find_all(name = 'i',attrs = {"class":re.compile(r"a-icon a-icon-addon
detail_badge")})
    for tag_value in html_tag:
        product_data_dict["商品标签"].append(tag_value.text.replace("\n","").strip().
replace(" ",""))
    # 商品链接
    html_link = html_soup.find_all(name = "link",attrs = {"rel":"canonical"})
    if len (html_link)> 0:
        product_data_dict["商品链接"] = html_link[0].get("href")
    # 商品价格
    html_price = html_soup.find_all(name = "div",attrs = {"id":"price"})
    if len (html_price)> 0:
        span_price = html_price[0].find_all(name = "span",attrs = {"id":"priceblock_our-
price"})
            if len (span_price)> 0:
  product_data_dict["商品价格"] = span_price[0].text.replace("\n","").strip().replace(" ","")
    if product_data_dict["商品价格"] = = "":
        html_price = html_soup.find_all(name = "span",attrs = {"class":re.compile(r"a-color-
price")})
        if len (html_price)> 0:
```

```
                product_data_dict["商品价格"] = html_price[0].text.replace("\n","").strip().replace(" ","")
            # 商品 Prime
            html_prime = html_soup.find_all(name = 'i', attrs = {"class":"a-icon-wrapper a-icon-prime-with-text"})
            if len(html_prime) > 0:
                product_data_dict["商品 Prime"] = html_prime[0].text.replace("\n","").strip().replace(" ","")
            # 商品库存
            html_warehouse = html_soup.find_all(name = 'span', attrs = {"id":"ddmAvailabilityMessage"})
            if len(html_warehouse) > 0:
                product_data_dict["商品库存"] = html_warehouse[0].text.replace("\n","").strip().replace(" ","")
            # 送达日期
            html_arrive = html_soup.find_all(name = 'tr', attrs = {"id":"ddmShippingMessage"})
            if len(html_arrive) > 0:
                product_data_dict["送达日期"] = html_arrive[0].text.replace("\n","").strip().replace(" ","")
            # 销售配送
            html_ship = html_soup.find_all(name = 'span', attrs = {"id":"ddmMerchantMessage"})
            if len(html_ship) > 0:
                product_data_dict["销售配送"] = html_ship[0].text.replace("\n","").strip().replace(" ","")
            # 退换承诺
            html_promise = html_soup.find_all(name = 'div', attrs = {"id":"returnable_feature_div"})
            if len(html_promise) > 0:
                product_data_dict["退换承诺"] = html_promise[0].text.replace("\n","").strip().replace(" ","")
            # 商品组件
            html_component = html_soup.find_all(name = "div", attrs = {"id":"featurebullets_feature_div"})
            for component_info in html_component:
                component_list = component_info.find_all(name = "span", attrs = {"class":"a-list-item"})
                for component_str in component_list:
                    product_data_dict["商品组件"].append(
                        component_str.text.replace("\n","").strip().replace(" ",""))
            # 商品公司
            html_company = html_soup.find_all(name = 'div', attrs = {"class":"a-fixed-left-grid-col a-col-right"})
            if len(html_company) > 0:
                company_list = html_company[0].find_all(name = 'div', attrs = {"class":"a-row"})
                for company_info in company_list:
                    product_data_dict["商品公司"].append(company_info.text.replace("\n","").strip
```

```
().replace(" ",""))
        # 商品描述
        html_desc = html_soup.find_all(name = "div",attrs = {"id":"productDescription"})
        if len(html_desc)> 0:
            product_data_dict["商品描述"] = html_desc[0].text.replace("\n","").strip().replace
(" ","")
        # 买家评级
        html_score = html_soup.find_all(name = 'div',
                                        attrs = {"class":"a-fixed-left-grid AverageCustomer-
Reviews a-spacing-small"})
        if len(html_score)> 0:
            product_data_dict["买家评级"] = html_score[0].text.replace("\n","").strip().re-
place(" ","")
        # 买家评论
        html_review = html_soup.find_all(name = 'div',attrs = {"data-hook":"review-collapsed"})
        for review_info in html_review:
            product_data_dict["买家评论"].append(review_info.text.replace("\n","").strip().re-
place(" ",""))
        # 产品信息
        html_info = html_soup.find_all(name = "div",attrs = {"class":"wrapper CNlocale"})
        for info_div in html_info:
            td_list = info_div.find_all(name = "td")
            for i in range(int(len(td_list)/2)):
                if str (td_list[i * 2].contents[0]).strip()in product_data_dict.keys():
                    product_data_dict[str(td_list[i * 2].contents[0]).strip()] = td_list[i
* 2+1].text.replace("\n","").strip()
                else:
                    product_data_dict["产品信息"][str(td_list[i * 2].contents[0]).strip()] =
td_list[i * 2+1].text.replace("\n","").strip()
        if product_data_dict["产品颜色"] = = "":
            for data_key in product_data_dict.keys():
                if "颜色" in data_key:
                    product_data_dict["产品颜色"] = product_data_dict[data_key]
        return product_data_dict
    def get_product_detail():
        product_detail_dict = {"html_file":[]}
        files_list = get_folder_files_list("002 product_detail",abs_dir_flag = False,file_type =
['.html'])
          for file_i in range(len(files_list)):
          file_path = files_list[file_i][1]
          print("<<<<<<<\t" + file_path)
          product_detail_dict["html_file"].append(file_path)
          temp_detail_dict = get_html_info(file_path)
          for detail_key in temp_detail_dict.keys():
```

```
                if detail_key not in product_detail_dict.keys():
                    product_detail_dict[detail_key] = []
                product_detail_dict[detail_key].append(temp_detail_dict[detail_key])
        product_detail_df = pd.DataFrame(product_detail_dict)
        save_data_into_csv("product_detail_data","003 product_data",product_detail_df,abs_flag =
False,index = 0)
        return product_detail_df
    # 处理数据
    def get_processed_data(product_detail_df):
        # 商品星级
        product_detail_df["product_rank"] = [re.findall(r'\d+',product_detail_df.iloc[i]['商品星
级'])[0] if len(
                re.findall(r'\d+',product_detail_df.iloc[i]['商品星级']))> 0 else 0 for i in range(len
(product_detail_df))]
        product_detail_df["product_rank"] = product_detail_df["product_rank"].astype(np.float)
        # 买家评级
        product_detail_df["customer_rank"] = [product_detail_df.iloc[i]['买家评级'].split("颗
星,")[0] if len(
        product_detail_df.iloc[i]['买家评级'].split("颗星,"))> 1 else 0 for i in range(len(product
_detail_df))]
        product_detail_df["customer_rank"] = product_detail_df["customer_rank"].astype(np.float)
        # 商品得分
        product_detail_df["product_score"] = 0.2 * product_detail_df["product_rank"].astype
(np.float) + 0.8 * (
                product_detail_df["customer_rank"] * (
                product_detail_df["product_rank"].max()-product_detail_df["product_rank"].min
()) +
                product_detail_df["product_rank"].min()).astype(np.float)
        # 商品价格
        product_detail_df["price"] = [product_detail_df.iloc[i]['商品价格'].replace("¥","")
.split("-")[-1] if bool(
                re.compile(r'^[-+]?[-0-9]\d*\.\d*|[-+]?\.?[0-9]\d*$').match(
    product_detail_df.iloc[i]['商品价格'].replace("¥","").split("-")[-1]))else np.nan
        for i in range(len(product_detail_df))]
        # 产品颜色
        product_detail_df["color"] = [
        product_detail_df.iloc[i]["产品颜色"][:(product_detail_df.iloc[i]["产品颜色"].index("
色")+1)] if "色" in
product_detail_df.iloc[
i][
"产品颜色"] else "默认彩色"
                for i in range(len(product_detail_df))]
        # 商品材质
        product_material_list = []
```

```
        for i in range(len(product_detail_df)):
            material_info = "通用材料"
            if "材质" in product_detail_df. iloc[i]["产品信息"]. keys():
                material_info = product_detail_df. iloc[i]["产品信息"]["材质"]
            product_material_list. append(material_info)
        product_detail_df["material"] = product_material_list
        # 商品信息
        product_info_list = []
        for i in range(len(product_detail_df)):
            product_info = product_detail_df. iloc[i]["商品标题"] + " " + (" ". join(product_detail_
df. iloc[i]["商品组件"])). replace(
                "\t"," "). replace("原文",""). strip() + " " + product_detail_df. iloc[i]["商品描述"]
        product_info_list. append(product_info)
        product_detail_df["information"] = product_info_list
        save_data_into_csv("product_processed_data","004 processed_data",product_detail_df,abs_
flag = False,index = 0)
        return product_detail_df
    def get_encoded_data(product_detail_df):
        label_encoder = LabelEncoder()
        product_detail_df["encoded_color"] = label_encoder. fit_transform(product_detail_df["color"])
        label_encoder = LabelEncoder()
        product_detail_df["encoded_material"] = label_encoder. fit_transform(product_detail_df["
material"])
        save_data_into_csv("product_encoded_data","005 encoded_data",product_detail_df,abs_flag
= False,index = 0)
        return product_detail_df
```

③ 数据分析。数据分析流程包括数据探索、目标分析、提出建议，数据探索之前需确保数据质量，只有优质的数据才会产生优质的分析结果（图 7-5）。

数据探索 → 目标分析 → 提出建议

图 7-5　数据分析

数据探索是运用一些简单的图表，理解数据每一行、每一列的含义，更好地了解数据。目标分析用来回答重要的产品设计问题，使用设计语言来解释分析结果。最后提出建议，发挥分析的价值。要明确为什么进行数据驱动，对数据要有一定的掌控。

通过数据分析从历史数据中找到规律，找到影响产品成功或失败的某个工业设计方面的原因。针对产品数据的分析不单单要预测将来如何，还要指导设计人员如何做，才可以起到指导设计实践的作用。K-means 聚类分析在此次研究中程序实现如下：

```
    # 基于 K-means 模型聚类
        print("<<<<< K-means\t")
        gc. collect()
        cluster_type = "km_cluster"
        km_obj,clusters = k_means(feature_matrix = feature_matrix,num_clusters = num_clusters)
```

```
data_df["id"] = data_df.index
data_df["cluster"] = clusters
data_df[cluster_type] = clusters
# 获取类的信息
cluster_data = get_cluster_data(clustering_obj = km_obj,
                                content_info_data = data_df,
                                feature_names = feature_names,
                                num_clusters = num_clusters,
                                topn_features = 20)
# 绘制类图
plot_clusters(num _clusters = num_clusters,
              feature_matrix = feature_matrix,
              cluster_data = cluster_data,
              content_info_data = data_df,
              image_name = "k_means_cluster",
              image_folder = "006 cluster_data",
              plot_size = plot_size)
```

数据分析通过使用图、表等可视化手段来更好地描述数据中隐藏的价值，使用数学模型来模拟不同的可能性，将实际行动和效果结合起来，然后做出最佳决策。使用数据分析提供用户痛点信息给相关设计人员，主动解决用户面临的问题，根据数据分析结果使设计人员做出最佳的设计方案。

④ 程序实现。以 K-means 聚类的数据驱动儿童陪伴机器人创新为数据驱动设计的实例，进行程序的编写，以此来完成数据驱动产品的程序实现。使用 Python 程序语言进行编写，使用一些程序包。通过 Amazon（中国）的线上购物平台获取儿童机器人的产品数据，然后经过数据清洗、数据脱敏，再将清洗好的数据进行 K-means 聚类分析，获得可视化的数据分析图表。

使用 Anaconda3 软件平台实现这次的数据分析过程，使用其中的开源程序包：spider as spi、function as fun、cluster as clu、text as tex、gc。

程序代码如下：

```
import spider as spi
import function as fun
import cluster as clu
import text as tex
import gc
"""
# 爬取 Amazon 产品页面
print("<<<<<<< Get data from amazon")
spi.amazon_spider(text = "儿童机器人",type = '')
gc.collect()
"""
```

```
# 解析 Amazon 产品页面
# print("<<<<<<< Get data from html file")
product_detail_df = fun. get_product_detail()
gc. collect()
# 处理 Amazon 产品数据
print("<<<<<<< process data from original data")
processed_data_df = fun. get_processed_data(product_detail_df)
gc. collect()
# 对聚类特征数据进行 one-hot 编码
print("<<<<<<< encode by one-hot")
encoded_data_df = fun. get_encoded_data(processed_data_df)
gc. collect()
# 删除无效数据 即价格为空数据
print("<<<<<<< delete invalid data according to price")
encoded_data_df = encoded_data_df. dropna(). reset_index(drop = True)
gc. collect()
# 采用 K-means 进行聚类
print("<<<<<<< k means clustering")
cluster_data_df = clu. get_cluster_info(encoded_data_df,plot_size = (12,28),num_clusters = 3)
gc. collect()
# 各个类的词云生成
print("<<<<<<< cluster word cloud")
tex. get_cluster_wordcloud(cluster_data_df)
gc. collect()
```

使用开源程序包 os、numpy as np、pandas as pd、jieba、jieba. analyse、WordCloud、PIL. Image as image，文本信息的词云分析运算程序如下：

```
# 保存文本
def save_data_into_excel(file_name,file_folder,data_df,abs_flag = False, index = 0):
    if not abs_flag:
        path = os. getcwd() + '/' + file_folder + '/'
    else:
        path = file_folder + '/'
    if not os. path. exists(path):
        os. makedirs(path)
    data_df. to_excel(path + file_name + '. xlsx', encoding = "utf-7-sig", index = index)


# 词云 http://www. imooc. com/article/269693
def get_cluster_wordcloud(data_df):
    cluster_record_dict = {
        "cluster_id":[],
```

```
            "cluster_word":[],
        }
        result_folder = "007 cluster_wordcloud"
        for cluster_num in data_df['cluster']. unique():
            temp_df = data_df[data_df['cluster'] = = cluster_num]
            text = ". ". join(temp_df["information"]. tolist())
            # print(text)
            word_list = jieba. cut(text)
            text = " ". join(word_list)
            path = os. getcwd() + "\" + result_folder
            if not os. path. exists(path):
                os. makedirs(path)
           mask = np. array(image. open("wordcloud. png"))
           wordcloud = WordCloud(
                mask = mask,
                font_path = "C:\Windows\Fonts\msyh. ttc"
           ). generate(text)
           image_produce = wordcloud. to_image()
           image_produce. save(path + "\" + str(cluster_num) + "_wordclond. png")
           cluster_record_dict["cluster_id"]. append(cluster_num)
           cluster_record_dict["cluster_word"]. append(word_list)
        save_data_into_excel("cluster_word",result_folder,pd. DataFrame(cluster_record_dict),abs_
flag = False, index = 0)
```

根据 K-means 聚类分析的结果，结合生产的词云，提取与 K-means 聚类分析的结果有关的关键词指导儿童陪伴机器人的设计。以 K-means 聚类的数据驱动的创新为数据驱动设计的实例，在获取的产品数据基础上应用 K-means 聚类算法获取数据分析的结果，结合对于文本信息的词云分析进而实现数据驱动设计。在这一过程中，数据是实现创新设计模型的基础。获取产品数据后，对含有噪声的产品数据进行整理，研究 K-means 聚类算法的应用，完善上一章节构建的基本框架，保障创新模型的有效性。从数据采集、数据清洗、数据分析到数据可视化，初步建立数据驱动产品创新模型，是 K-means 聚类算法应用在工业设计领域的一种设计实践。

三、数据驱动产品创新设计

1. 产品的数据来源

确定数据来源是进行 K-means 聚类的数据驱动产品创新的开始环节，产品数据来源包括：企业内部数据，例如其他销售渠道内已有的顾客数据；第三方数据，例如 Dun&Bradstreet、Hoover、Public Database、Web Crawling。

此次应用 K-means 聚类的数据驱动智能儿童陪伴机器人产品创新案例使用的数据是从亚马逊公司（中国）电商平台中获取的，线上购物具有产品数据易于获取、数据维度多样性、数据量大等优势。大数据时代，数据越多越好，维度越多越好。

常见的儿童机器人见图 7-6。

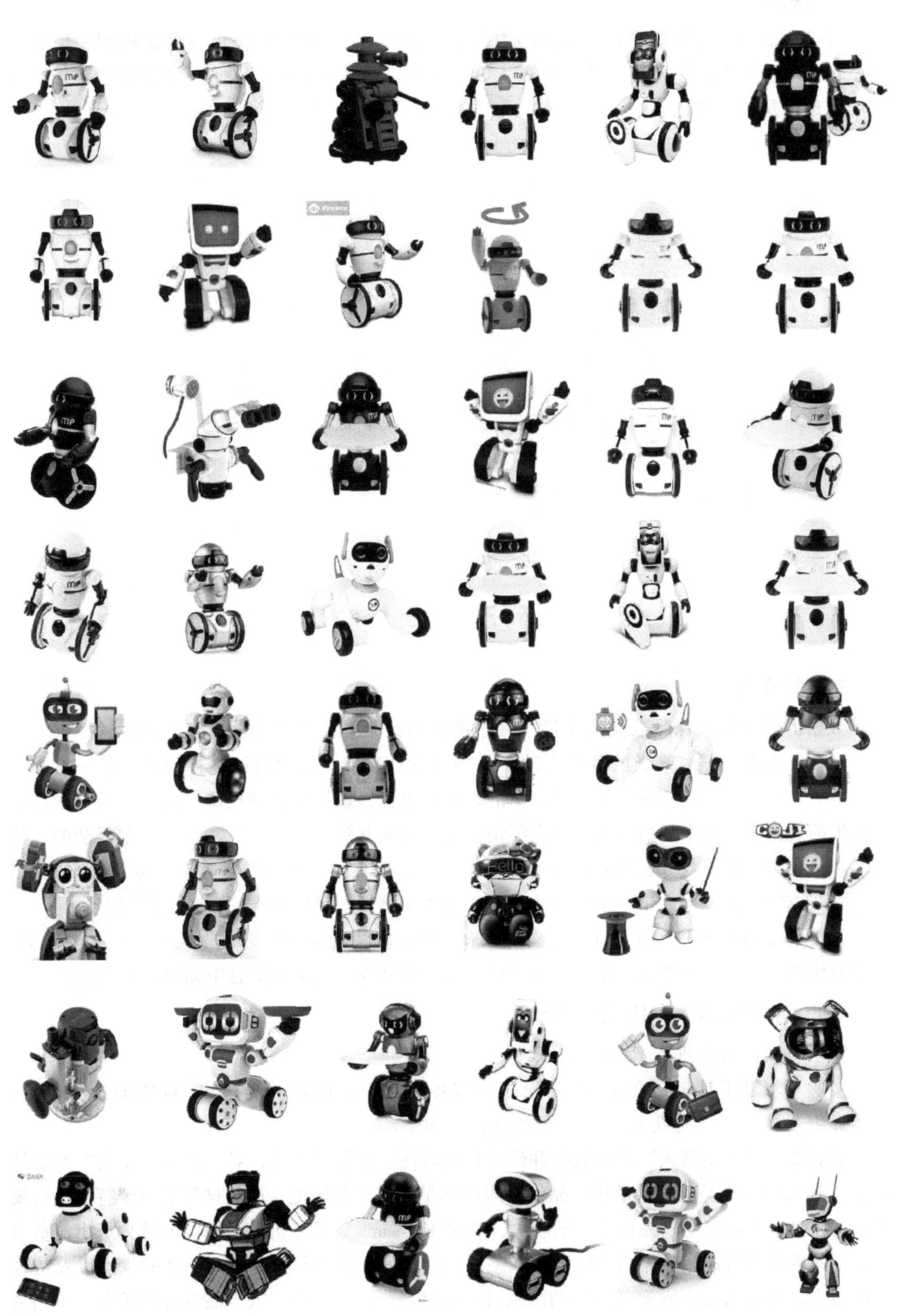

图 7-6　常见儿童机器人

2. 数据获取

对于获取的产品数据只在一定范围内研究。通过 Python 网络爬虫的算法模型获取亚马逊公司（中国）电商平台中“儿童机器人”的所有产品数据，包含了产品的消费者评级、消费者评论、星级、颜色、销量、价格、材质等多个数据（图 7-7）。

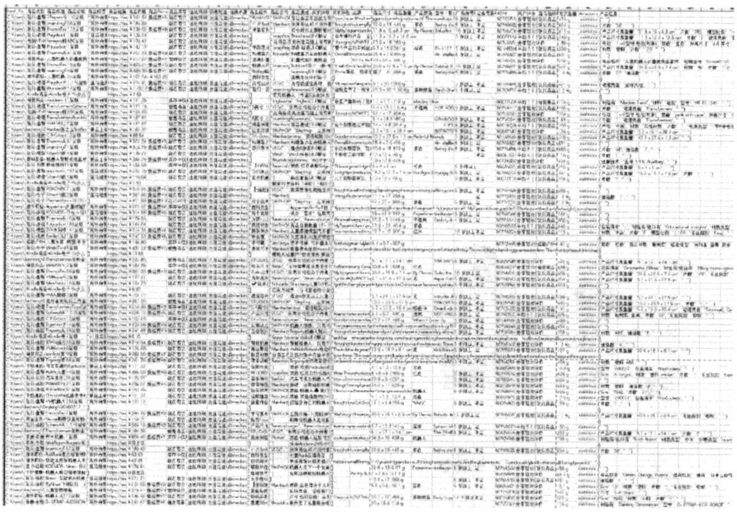

图 7-7　数据集合

3. 数据清洗

数据的清洗能够保障数据的质量，其直接影响到分析结果的有效性和普遍性。

结合此次 K-means 聚类的数据驱动产品创新设计实践，针对设计进行预测，是一项非常具有挑战性的工作。其基本原理是很简单的，从历史销售数据中找到规律，找到关系，通过已经发生的规律和关系来预测将来。但实际情况是，建模并没有这么简单，它是非常复杂的，数据噪声特别大，数据与数据之间的误差特别大，波动也很大，数据非常嘈杂，规律不易挖掘。以现有获取的产品数据，用一个合理的方法对将来预测，预测的准确度在一个范围内。

数据清洗是十分重要的，对“儿童机器人”数据的清洗是对其进行聚类分析的必要前提，将没有价格的产品信息删除，把产品的颜色以及材质从庞杂的文字信息中提取出关键信息。

4. 儿童陪伴机器人产品数据分析

（1）对产品数据进行 K-means 聚类分析

实验环境及工具包括在 Python 程序语言环境之下，使用 Anaconda 对数据进行分析。具体详细步骤如下，完成 K-means 聚类分析（图 7-8）。

在获取“儿童机器人”产品数据并经过数据清洗、数据脱敏后，对“儿童机器人”产品特征进行 K-means 聚类分析，使用产品价格与产品星级、产品颜色、产品材质这三个特征进行聚类，这三个产品特征对产品设计影响较大。根据 K-means 聚类分析的结果，能够分析出消费者对于不同的儿童机器人产品的喜好度存在差异，能够发掘这些儿童机器人产品的优点以及待改进的地方，通过 K-means 聚类分析的结果可以找到新一代儿童机器人产品设计的重点。得到清洗好的“儿童机器人”产品数据后，进行 K-means 聚类分析，确定 K 值为 3。

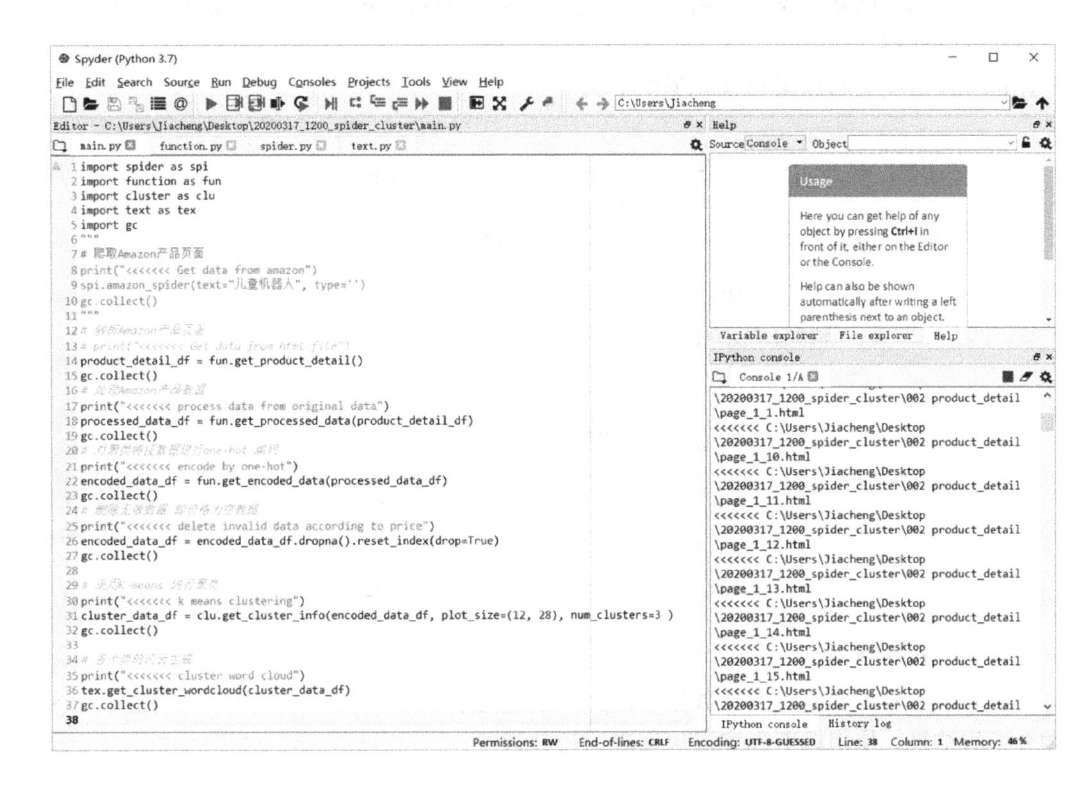

图 7-8 执行 K-means 聚类分析

从表 7-1 中可以分析得到，以产品颜色、产品材质为特征进行 K-means 聚类，根据实际情况以用户对产品的评级与商品的星级两者的加权值（0.2 倍的商品星级与 0.8 倍的用户评级）为聚类依据。

表 7-1 群簇计数数据

cluster count data		
cluster	color	material
0	111	111
1	279	279
2	18	18

cluster mean data	
cluster	product score
0	91.14774775
1	244.674552
2	183.6111111

应用 K-means 聚类的数据驱动产品创新方法进行设计实践的研究，以机械鹿为这种创新方式的载体，这是一款针对儿童陪伴教育的智能陪伴机器人。该产品挖掘了产品数据的价值，以此来指导实际活动的进行。它的设计理念是从儿童的兴趣点出发，引导和陪伴儿童进

行系统、高效的基础知识学习。所以根据实际需求的因材施教可以有效地吸引儿童的注意力，提高学习效率。

K-means 聚类分析结果可视化见图 7-9。

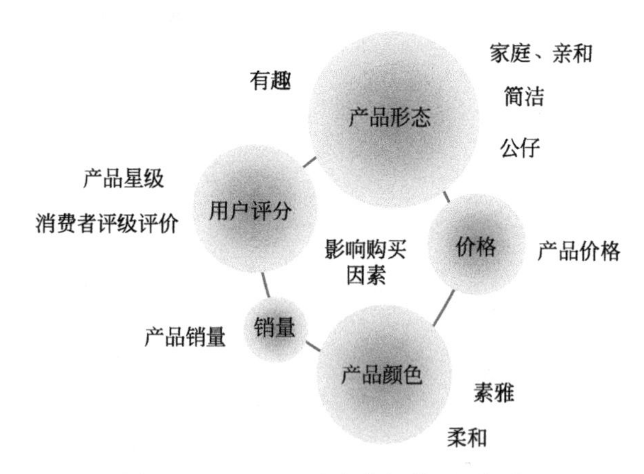

图 7-9　K-means 聚类分析结果可视化

（2）词云数据分析

对获取的儿童机器人的产品数据中的文字信息进行词云分析（图 7-10），结合 K-means 聚类分析的结果，使用以下程序段来实现词云分析：

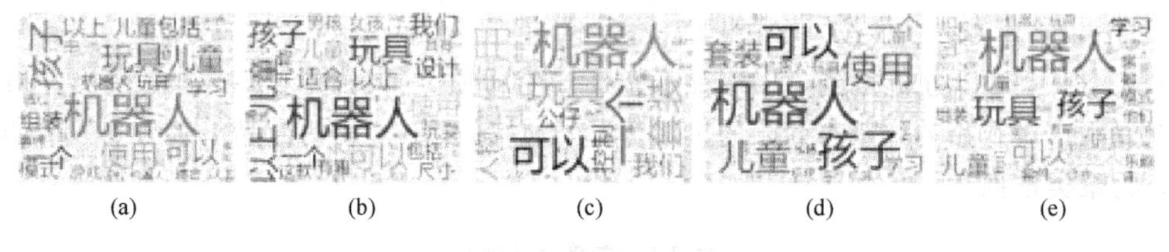

图 7-10　产品数据词云分析

```
# 各个类的词云生成
print("<<<<<<< cluster word cloud")
tex.get_cluster_wordcloud(cluster_data_df)
gc.collect()
```

由分析结论可以得知，受欢迎的产品要具有科技感同时要与人有亲和感；还要满足男孩与女孩的需求，让女孩也要获得科技的红利；要提供乐趣；仿生的公仔造型受欢迎程度较高；颜色不宜太艳丽，应符合科技产品的格调；材质应适当地柔软。

5. 案例总结

一个陪伴性的玩具对儿童的成长，以及儿童的身心健康发展很重要。从数据驱动创新的角度出发，切实了解用户的需求。抓住用户的感受和体验，以及使用产品的氛围和环境，然后在从亚马逊公司（中国）获取的相关产品数据中提取可借鉴的设计元素，运用到产品设计中（图 7-11、图 7-12）。产品采用仿生设计，旨在拉近产品与用户的距离。

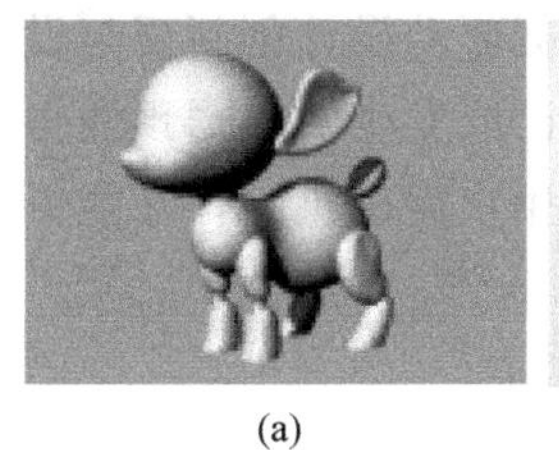

(a)

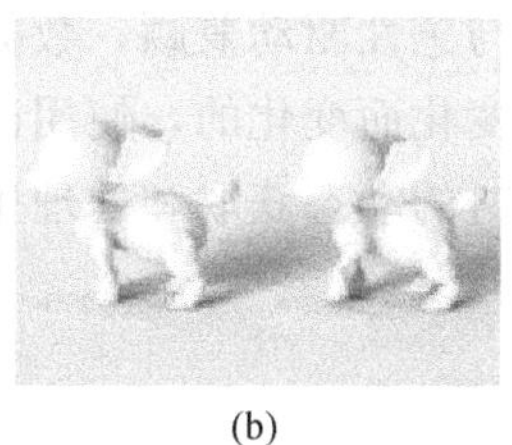

(b)

图 7-11　设计草图

(a)

(b)

图 7-12　设计产品三维渲染效果图

通过对陪伴机器人相关竞品的分析，从 CMF 的视角出发进行设计意向图的搜集，从而确定产品的设计概念，包括造型、色彩、材料、工艺及纹理。从高端时尚的产品中可以看出，“珍珠白”搭配是其最好的代名词，以白色为主体色，金色作为装饰色可以打造出产品的高端感和艺术感。塑胶和电镀铝是比较常见的材料搭配，铝材经过阳极氧化或者电镀后常作为高端产品的装饰条。表面处理常用抛光、喷涂、喷砂、阳极氧化和电镀等。

当前市场中的竞品机器人的使用环境主要集中在科技场所以及家庭中，因此大多数造型及风格偏向于亲和简洁，而少数家用产品则过于生活化，缺少高端产品。竞品价格主要集中在 500～2000 元的区间内，并且陪伴机器人鉴于使用者的消费能力价格相对低廉，而家用的价格方面则具有很大潜力。对于 CMF 方面，这些竞品中色彩主要趋近于清新化，家用则为生活及简约化，使用的主要材料是塑胶（PP 居多）、塑料、硅胶及玻璃等，表面处理工艺主要为喷涂和阳极氧化。综上，在智能陪伴机器人方面有一定的市场缺口，那么亲和性和简洁化则为关键的设计要素。

人工智能时代的来临给人类带来前所未有的挑战，人工智能的变革潜力使它在工业设计领域及创新领域发挥越来越重要的作用。产品的设计是一个相对复杂的过程，是综合了各种因素的产物，无论设计的流程如何优化，设计的目的都是围绕人的需求进行的。

研究以儿童陪伴机器人的创新设计为案例验证 K-means 聚类的数据驱动产品创新模式的可行性，产品的数据经过数据获取、数据清洗、数据分析、分析结论、指导设计，按照整个数据驱动的流程运行。将产品整个周期中产生的有价值数据进行 K-means 聚类分析，从而进行产品特征分类，综合给出新产品设计或者改进的意见，发现对于设计有价值的信息，满足用户的需求。

应用 K-means 聚类的数据驱动产品创新方法对儿童机器人的设计实践，是对 K-means 聚类的数据驱动产品创新方法的检验。数据驱动设计是对传统的设计方法的发展，改变了问卷调查、专家访谈、售后服务等前期研究工作，运用大数据思维通过程序编码获取所有要研究的数据，并且进行快速处理。虽然数据驱动设计的模式发生了变化，设计的目的始终都是人。

同时也认识到：对于数据驱动设计的研究仍存在一些不足的地方，一是数据驱动设计的路径有许多，K-means 聚类的数据驱动产品创新方法只是一种；二是数据来源并不全面，受限于人力和物力，只获取了亚马逊公司（中国）网站的数据，以此来论证数据驱动设计的可行性；三是消费者需求挖掘存在一定的局限性，消费者的需求往往是复杂的、模糊的、无序的，模型永远都是不完美的，建模是一个信息压缩的过程，会遗漏一些数据点，模型很难预测未来，会有很多种因素影响。应用 K-means 聚类的方法进行消费者需求挖掘的本质是运用已知来推测未知，是在一定范围内的准确。

在使用 K-means 聚类的数据驱动产品创新设计实践中，工业设计中产品创新的路径有很多，数据驱动产品也存在缺点，需要理性驱动与感性驱动兼顾，数据驱动设计创新要与设计者的设计素养相结合。用户需求是随着时间的变化而变化的，使用已经发生的数据预测将来的用户需求就会有一定的延时性，应当建立实时的动态获取和处理用户需求机制，才能更好地发现用户需求。

设计产品最后结果见图 7-13。

图 7-13　设计产品最后结果

本章案例选自：张珈诚《应用 K-means 聚类的数据驱动产品创新方法研究》。

CHAPTER

第八章
数据挖掘技术

一、数据挖掘在产品设计创新研究中的应用现状

通常面对产品设计创新，在完整的产品生命周期过程中会产生大量数据，数据作为产品设计的基础，在面向瞬息万变的市场过程中发挥着越来越重要的作用。数据挖掘技术的无监督的数据驱动设计创新构建在数据存在的基础上，通过对数据的分析、比较、推演，获得对于产品设计创新技术以及设计规则的帮助，从而指导产品的设计过程，提高工作效率，为用户提供更为个性化和有针对性的服务。

在数据应用到产品设计创新的研究中，景旭文、易红、赵良才在产品概念设计过程中，通过引入数据挖掘技术和方法，提出了基于数据挖掘的全息虚拟产品概念设计模型，开发了数据挖掘工具，建立了面向产品概念设计方案生成的数据仓库。并开展了建立决策树算法的数据挖掘模型的研究，实现了从所建立的机械产品库、设计规则库、领域知识库中挖掘相关数据、信息和知识，从而极大地支持机械产品方案创新设计过程。以机床传动机构设计为例，在实现机械产品概念设计的功能结构映射过程中，采用和开发了决策树方法的数据挖掘模型。伴随着进一步研究的开展，该团队还在阐述人、环境和产品数据相互作用的概念基础上，提出基于数据挖掘的动态全息虚拟产品概念设计模型的数学表达式及综合描述，并开发了数据挖掘工具。从而实现了从已有的产品库、设计规则库、知识库中挖掘感兴趣的信息和知识，最终开发了支持产品概念设计系统。案例以机床主轴箱设计为例，实现了机械产品概念设计过程中的功构映射及机构组合的预测评价。

景旭文认为："产品设计的核心是创新产品，满足用户需要。如何在最短的时间内快速地响应市场，开发出质量高、价格能被用户接受的新产品，已成为 21 世纪制造企业竞争的焦点。"面对产品概念设计，由于对设计人员的约束相对较少，具有较大的创新空间，因此重视产品概念设计也就是为产品走向市场奠定良好的基础。其团队针对产品概念设计问题，从产品全生命周期视角出发，重点研究了动态全息产品概念设计及其关键技术，研究和构建了一种基于数据挖掘的动态全息产品概念设计系统体系框架，并开发了基于数据挖掘的机床产品概念设计原型系统（DMCACD），以有效地支持产品概念设计过程。

面对数据的大量产生和运用，以及国内外产品设计、产品概念设计建模理论和方法研究，一些专家学者从并行工程和产品全生命周期设计视角出发，提出了建立统一的产品全生命周期模型，开展了研究和构建基于并行工程的全生命周期产品设计体系结构，并进行了全生命周期设计过程的产品动态建模的研究。蓝伟文认为：知识的发现是产品创新和企业取得成功的关键，数据信息在产品的创新设计与制造中发挥着越来越重要的作用，充分利用数据挖掘技术，从产品市场需求分析、概念设计、制造和服务中提取相应的知识，从而控制和改善下一代产品的设计与制造。数据挖掘在产品市场需求、概念设计、设计评价与优化过程中

将发挥出重要的作用。

在基于知识的获取领域，余媛芳以产品创新设计为背景，对网络环境下设计知识的获取方法进行了研究，综合采用人工智能、专家系统思想、智能搜索技术和文本挖掘等技术，提出和构建了可用于产品设计知识获取的方法体系。此外，刘巍巍、邵文达、刘晓冰团队为了有效获取机械产品设计中的用户需求信息，快速提取设计人员的经验知识并加以重用，指导产品创新与快速设计。该课题组通过分析 CAD/CAM 系统资源重用和协同支持在快速响应中的应用特性，提出了典型机械产品快速响应设计的技术框架以及设计流程，构建了基于领域本体的产品全生命周期产品信息模型以及基于该模型的快速设计框架。通过对机械产品的非结构化数据的研究，采用层次/模块化方法对产品设计知识进行划分，结合基于领域本体的信息抽取技术实例化本体，在此基础上，将粗糙集理论应用到历史数据挖掘中，从而发现产品全生命周期数据间隐含的设计知识，建立了产品方案设计模型。这些研究在数据驱动创新领域已经开始展现。

在面向数据挖掘算法的优化研究中，李向宁对抽象概念的作用进行了论述，面向抽象概念在需求发现与方案设计中的作用要求，开展了新产品开发的关键问题研究。针对传动方案设计，实现了多层、多维数据挖掘算法，并提出了一种 FP-tree 的生成算法。通过对已有的复杂机电产品功能-结构映射模型进行分解，得到数据训练集，将所得到的数据训练集导入到数据挖掘软件中，从而得到所需要的关联规则知识表，将所得到的关联规则知识表运用到复杂机电产品包装机的创新设计中，很好地表明了该方法能够为复杂机电产品的创新设计提供参考。

其他学者，如窦金花、覃京燕的研究对象是产品服务系统，在复杂情境下用户需求不断变化，设计概念模型与用户心智模型不能有效映射，该问题一直没有得到有效解决。用户情境数据形成多维空间，大量数据之间存在规律与关联，需要更加直观的方法帮助设计师了解用户需求，辅助设计师迅速作出设计决策。由此，该团队通过信息可视化系统模型构建，对用户情境数据进行深入挖掘与视觉呈现，探索设计概念模型与用户心智模型的映射机制，实现产品服务系统中用户域到功能域以及方案域之间的转换，支持产品服务系统的创新设计。从而提高设计师设计决策的效率，解决产品服务创新设计过程中的模糊、迟缓、无效等问题。与此同时，李霄林认为当今社会是一个信息的时代，如何充分利用各种各样的信息为人类服务已显得越来越重要，为人们从大量数据中获取感兴趣的、有用的信息提供了便捷之道。我国的摩托车行业正面临着前所未有的问题，摩托车企业花费大量的人力财力引进生产线及技术，积累了海量的数据，却没有效利用、挖掘、整理、共享，使得企业的自主创新能力和自主开发能力低下，导致产品档次不高，缺乏市场竞争力。大数据时代的数据驱动创新设计必将深刻影响现代的设计模式，数据驱动设计已经交融在数据时代的洪流中。如何利用计算机对摩托车行业中保存的大规模数据进行分析、利用并从中发现有用的知识以有效地支持决策，提高我国摩托车企业的自主开发能力及产品的市场竞争力，是我国摩托车行业亟待解决的问题。摩托车智能设计系统利用了人工智能、数据挖掘、神经网络等综合技术，着眼于摩托车产品开发的全生命周期，实现摩托车产品的获取、自动分类、记忆预测、性能分析、参数化造型和虚拟测试等过程，以提高摩托车设计开发的速度和可靠性，提高摩托车设计开发的能力，实现创新设计。摩托车智能设计数据挖掘系统作为其中的一个子系统，主要对摩托车实例库进行清理、分类，并对设计要求进行预测检索，找出最相似的设计方案供进一步推理使用。研究提出了一个将 ART1 神经网络和 BP 神经网络相结合的数据挖掘算法，构建了数据挖掘机制，实现数据的集成挖掘。

数据对于创新设计只是实现设计目标的手段，数据驱动设计能够实现数据的价值，也会促进社会的发展。姜超、高晨晖认为大数据技术在制造业的生产、物流、仓储、销售等环节的优化中已开始发挥效用。在产品设计的构思阶段，用户信息的反馈、社会需求的探究，对于可持续系统的综合评估等方面直接关联各种数据信息，发挥大数据在趋势预测和数据挖掘上的优势，可为设计创新的过程优化和问题改善提供新思路。设计的决策要有数据的支持，通过数据可视化的手段，帮助设计人员做出决定，分析商业数据在现代企业里的作用。数据以及数据分析对于商业流程中的新产品开发、市场推广、业务开发、销售、用户体验等每一步都是至关重要的，使用应用数学、统计、计算机科学中的方法来分析产品数据，寻求有价值的洞察，帮助设计人员作出更好的设计决策，创造更多的价值。数据中包含或者隐含的有价值的信息，通过分析方法挖掘出来，获取有价值的设计指导。

更多的学者在向数据应用的更深层次研究，于向军根据粗糙集理论中对知识进行分类的特点，将粗糙集理论应用到数据挖掘中来指导机械产品的概念设计，论述了粗糙集理论指导下的产品设计参数简化的方法。并且将基于属性的概念爬虫技术应用到设计知识数据库中，可以获得不同抽象层次、不同角度描述的设计参数与设计方案之间的关系规则。并结合电机方案设计问题，建立了一个支持产品概念设计的数据挖掘系统框架。针对从网络中搜集整理的设计数据库，对设计参数进行了化简，得到了确定电机类型所需要的最重要的参数集合，以便缩小设计的搜索范围，降低设计的复杂度，并对设计参数与电机方案实现了多层次的挖掘，获得了两者之间不同抽象层次的关系规则信息。为实现并验证上述各项工作，设计了一个基于粗糙集理论的数据挖掘技术指导电机概念设计的系统。

通过这些研究分析，数据挖掘以及以数据为核心的设计驱动方法已成为现阶段产品设计创新研究的一个热点问题。

二、数据挖掘技术简介

1. 定义

数据挖掘（Data Mining）是计算机科学的分支，主要基于人工智能、机器学习、统计学和数据库的交叉方法在相对较大型的数据集中的计算过程，是指从数据库的大量数据中揭示出隐含的、先前未知的并有潜在价值的信息的非平凡过程。同时，数据挖掘也是一种决策支持过程，综合应用人工智能、无监督机器学习、信息模式识别、统计数学、数据库知识、可视化技术等，采用高度自动化的方式分析企业的数据，作出归纳性的推理，在现存数据中挖掘出潜在的模式，帮助决策者调整市场策略，减少风险，作出正确的决策。

数据挖掘一般由3个阶段组成：①数据准备；②数据挖掘；③结果表达和解释。起根本性作用的技术路线是通过分析存在的每个数据，在大量数据中寻找其客观规律，从数据的角度来看，通常包括数据准备、规律寻找、规律表示和数据挖掘任务4个步骤。

① 数据准备：从相关的数据源中选取所需的数据并整合成用于数据挖掘的数据集。

② 规律寻找：用某种方法将数据集所含的规律找出来。

③ 规律表示：尽可能以用户可理解的方式将找出的规律表示出来。

④ 数据挖掘任务：采用关联分析、聚类分析、分类分析、异常分析、特异群组分析和演变分析等。

近年来，数据挖掘引起了数据应用界的极大关注，其主要原因是存在大量可以广泛使用的数据，针对这些数据除了原始分析步骤，它还涉及数据库和数据管理方面、数据预处理、模型与推断方面考量、兴趣度度量、复杂度的考虑，以及发现结构、可视化及在线更新等后处理，由此，迫切需要将这些数据转换成有用的信息和知识。

面对数据挖掘过程的总体目标，该领域的研究主要是从数据集中提取信息，获取的信息和知识可以广泛用于各种应用，其中面向的服务对象是：商务管理、生产控制、市场分析、工程设计和科学探索等。同时，数据挖掘不是凭空产生，而是利用了来自如下一些领域的思想：

① 统计学的抽样、估计和假设检验。

② 人工智能、模式识别和机器学习的搜索算法、建模技术和学习理论。

数据挖掘也迅速地接纳了来自其他领域的思想，这些领域包括最优化、进化计算、信息论、信号处理、可视化和信息检索。一些其他领域也起到重要的支撑作用。特别地，需要数据库系统提供有效的存储、索引和查询处理支持。源于高性能计算的技术在处理海量数据集方面常常是重要的。分布式技术也能帮助处理海量数据，并且当数据不能集中到一起处理时更是至关重要。数据挖掘是“数据库知识发现”的分析步骤，本质上属于机器学习的范畴。

2. 数据挖掘基本过程

数据挖掘的实际工作是对大规模数据进行自动或半自动的分析，以提取过去未知的有价值的潜在信息，例如数据的聚类分析、数据的异常记录和数据之间的关系。数据挖掘的方法包括监督式学习、非监督式学习、半监督学习、增强学习。监督式学习包括分类、估计、预测。非监督式学习包括聚类、关联规则分析。

数据挖掘过程模型步骤主要包括定义问题、建立数据挖掘库、数据分析、数据准备、模型建立、模型评价和实施。每个步骤的具体内容如表 8-1。

表 8-1 各步骤具体内容

	步骤	内容
1	定义问题	在开始知识发现之前最先的也是最重要的要求就是了解数据和业务问题。必须要对目标有一个清晰明确的定义，即决定到底想干什么。比如，想提高电子信箱的利用率时，想做的可能是“提高用户使用率”，也可能是“提高一次用户使用的价值”，为解决这两个问题而建立的模型几乎是完全不同的，必须做出决定
2	建立数据挖掘库	建立数据挖掘库包括以下几个步骤：数据收集、数据描述、选择、数据质量评估和数据清洗、合并与整合、构建元数据、加载数据挖掘库、维护数据挖掘库
3	数据分析	分析的目的是找到对预测输出影响最大的数据字段，和决定是否需要定义导出字段。如果数据集包含成百上千的字段，那么浏览分析这些数据将是一件非常耗时和累人的事情，这时需要选择一个具有好的界面和功能强大的工具软件来协助完成这些事情
4	数据准备	这是建立模型之前的最后一步数据准备工作。可以把此步骤分为四个部分：选择变量、选择记录、创建新变量、转换变量
5	模型建立	建立模型是一个反复的过程。需要仔细考察不同的模型以判断哪个模型对面对的商业问题最有用。先用一部分数据建立模型，然后再用剩下的数据来测试和验证这个模型。有时还有第三个数据集，称为验证集，因为测试集可能受模型特性的影响，这时需要一个独立的数据集来验证模型的准确性。训练和测试数据挖掘模型需要把数据至少分成两个部分，一个用于模型训练，另一个用于模型测试

续表

	步骤	内容
6	模型评价	模型建立好之后，必须评价得到的结果、解释模型的价值。从测试集中得到的准确率只对用于建立模型的数据有意义。在实际应用中，需要进一步了解错误的类型和由此带来的相关费用的多少。经验证明，有效的模型并不一定是正确的模型。造成这一点的直接原因就是模型建立中隐含的各种假定，因此，直接在现实世界中测试模型很重要。先在小范围内应用，取得测试数据，觉得满意之后再向大范围推广
7	实施	模型建立并经验证之后，可以有两种主要的使用方法。一种是提供给分析人员做参考，另一种是把此模型应用到不同的数据集上

3. 存在的问题

数据挖掘涉及隐私和安全问题，例如：一个企业主管可以透过访问医疗记录来筛选出那些有糖尿病或者严重心脏病的人，从而意图削减保险支出。然而，这种做法会导致伦理和法律问题。对于政府和商业资料的挖掘，可能会涉及国家安全或者商业机密之类的问题。数据挖掘有很多合法的用途，例如可以在患者群的数据库中查出某药物和其副作用的关系。这种关系可能在1000人中也不会出现一例，但药物学相关的项目就可以运用此方法减少对药物有不良反应的病人数量，还有可能挽救生命；但这当中还是存在着数据库可能被滥用的问题。

这个领域的问题需要法律、道德、伦理等软性科学研究的进一步发展，并需要对现有的数据使用制度做出与时俱进的调整。

数据挖掘实现了用其他方法不可能实现的方法来发现信息，但它必须受到规范，应当在适当的说明下使用。如果资料是收集自特定的个人，那么就会出现一些涉及保密、法律和伦理的问题。2018年5月25日，欧盟一般资料保护规范（General Data Protection Regulation，GDPR）正式上路，它将保障个人资料搜集的同意权与删除要求，在进入网站时会进行个人资料搜集、处理及利用告知，并在当事人同意之下做搜集。

三、数据挖掘在产品创新中的应用过程

产品数据的定义：产品数据伴随着产品的全生命周期而产生，是由产品、人和环境相互作用产生的数据。现如今，有三个产品数据来源：互联网数字资源、物理信息系统、科学实验。

“数据”作为产品设计和开发的重要因素，在产品的全生命周期，已经处于一种不可替代的位置。在智能时代，软硬结合，情感体验和数据驱动。在硬件发展方面，设计作为创新的驱动力，促进了产品设计技术的转型；在软件方面，作为驱动硬件的大脑，也对设计影响巨大。人与计算机软硬件的结合，促进了交互设计取得前所未有的发展。产品如同人，数据就是循环的血液，流淌在人体的各个节点，形成一个庞大网络。情感化的设计就像人的思想，支配着人的喜怒哀乐、衣食住行。没有情感的设计就如同没有灵魂的行尸走肉一般，毫无存在的意义。所以处理好产品、数据和情感化的设计三者的关系尤为重要。

大数据和设计之间的关系是一个研究热点。一方面，数据驱动设计的研究如火如荼，有些领域的研究已初见成效，但总体的技术水平不强，还需要不断地探索。另一方面，在各个领域中的设计对象的差异导致了不同形式的设计过程中，设计工具和专业知识，使之更难以抽象成通用设计范式。但在互联网行业，数据驱动的设计是非常成功的。例如，Pathmapp公司结合A/B测试与数据可视化分析，提供用于UI设计的数据获取和分析工具，如图8-1所示。

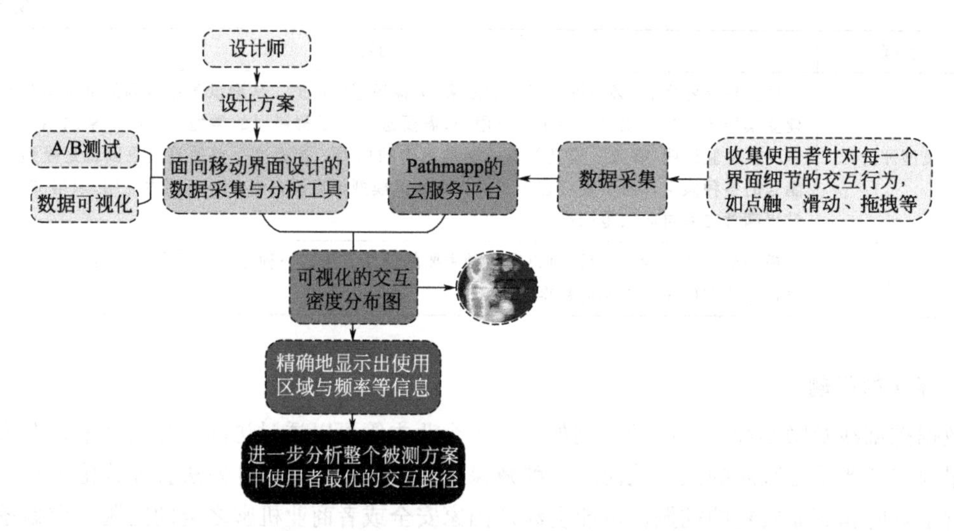

图 8-1　Pathmapp 公司的数据采集与分析工具

总体来说，数据驱动的设计具有以下几个特点：

① 设计概念来源于数据分析。

② 设计输出以数据的形式表现，如高保真的原型等。

③ 利用数据模型优化迭代设计结果。

谷歌首席经济学家 Hal Varian 说，“数据虽然被广泛使用，但是从中提取出知识的能力还不足”。目前，在企业的管理、市场决策和舆情分析等领域，数据分析被广泛应用。

设计模式的关键是人的创造性行为。Donald A. Schön 将设计描述为人与产品的反思性对话。在数据时代，数据作为对话的记录系统，将不可避免地影响设计师们的思维模式。在整个数据分析的过程中，两者有很大的相似性，目的都是获取更科学、更合理的调研数据。

① 目的相同。从获得用于设计活动的设计数据的角度来看，是为了获得可以转化成引导设计活动的真实数据。这与传统的设计方法是一致的。

② 方法不同。首先，从数据采集的方面看，传统方式为：搜集—整理—手动分析数据。大数据采用的是：检索技术—爬取人的行为和数据—智能处理。其次，从数量级方面看，传统方式只能有限地、固定地获得少量的数据，而大数据的体量是巨大的，且呈指数增长。

③ 过程相似。在实际的设计操作过程中，简单的数据是没有利用价值的，数据需要被转换为实际的操作设计语言。数据变换的处理方法，无论获取手段有何不同，转换的过程是类似的，并且它是从单个的数据转化为可操作描述性语言。

数据驱动产品设计流程图，如图 8-2。

作为世界知名设计公司 Nest 的创始人兼首席执行官，托尼·法德尔说：“设计者在进行设计时，必须对数据导出的大量需求进行判断。但是大数据常常可以为你提供一些预料以外的数据信息，帮助你设计用户所需要的产品。”因此，数据驱动的设计模式，需要设计师具有更高的设计研究、数据分析与洞察能力。互联网行业的设计已经开始转变成这个方面。越来越多的设计师强调的是，设计师应该有一些定量分析、信息可视化处理和产品的预测及判断能力，例如，可以利用一些数据工具研究用户行为、分析用户需求。相应地，设计师在后续过程中要反复不断地改进优化细节，具备交互原型开发和快速迭代的能力。

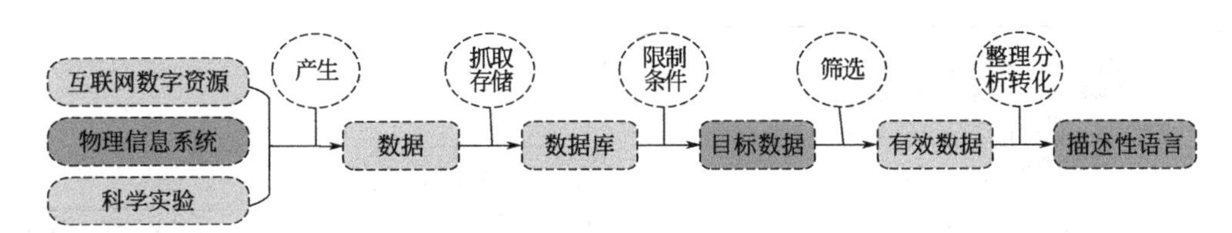

图 8-2　数据驱动产品设计流程

单纯从数据的角度来看，可以把数据驱动分成 4 个环节：数据采集、数据建模、数据分析和数据指标。如图 8-3 所示。

(1) 数据采集与埋点

欲流之远者，必浚其泉源。让数据驱动落地，数据采集的质量将决定数据分析的深度。其中，数据源是最重要的。一个查询引擎的好坏，无非是查询时间的消耗差异，但都会拿到正确的结果，只是速度会有不同，有时候影响并没那么大。若数据源存在问题，那么无论数据处理应用多智能的算法，都无法得出正确的结论。

大数据的特点总结起来是："大""全""细""时"（图 8-4）。

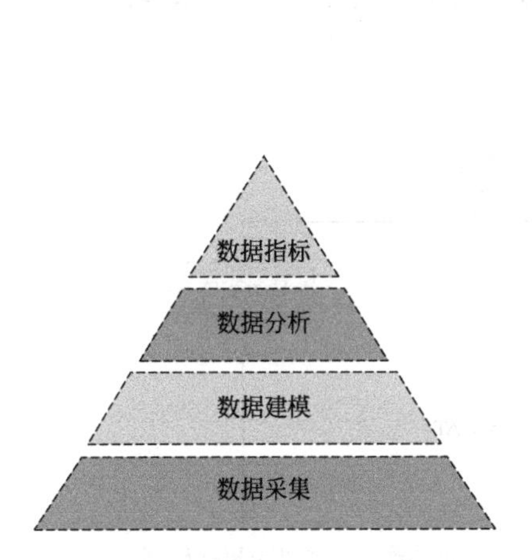

图 8-3　数据驱动金字塔

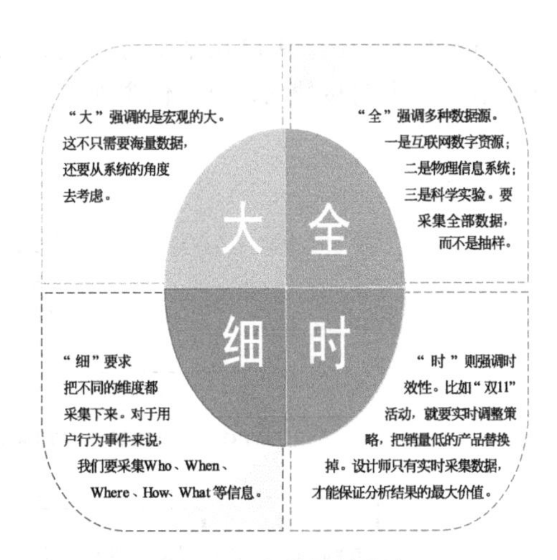

图 8-4　大数据的特点

在实际工作中，"大"可以作为宏观的考虑原则，重点关注更"全"和更"细"，"时"可以根据业务场景灵活把控，毕竟数据的时效性是有成本的。

数据采集方式归结为：全埋点、代码埋点和导入辅助工具三类。

全埋点的优势是具有可视化宏观指标，技术门槛低，使用与部署较简单。劣势是只能采集用户交互数据。与全埋点比较，代码埋点更适合精细化分析的场景，具有更高的数据可靠性。导入辅助工具可以减少系统耦合性，还可以采用日志、数据库的方式生成数据，然后对数据进行转换，通过实时或批量工具完成数据导入。详细说明如图 8-5 所示。

(2) 数据建模

数据建模就是对现实世界抽象化的数据展示。数据建模在满足抽象的同时，越简单越好。一种数据模型往往是为一种需求服务的，可能换个使用场景，就没有那么好的效果。

多维事件模型分成：Event 实体、User 实体。

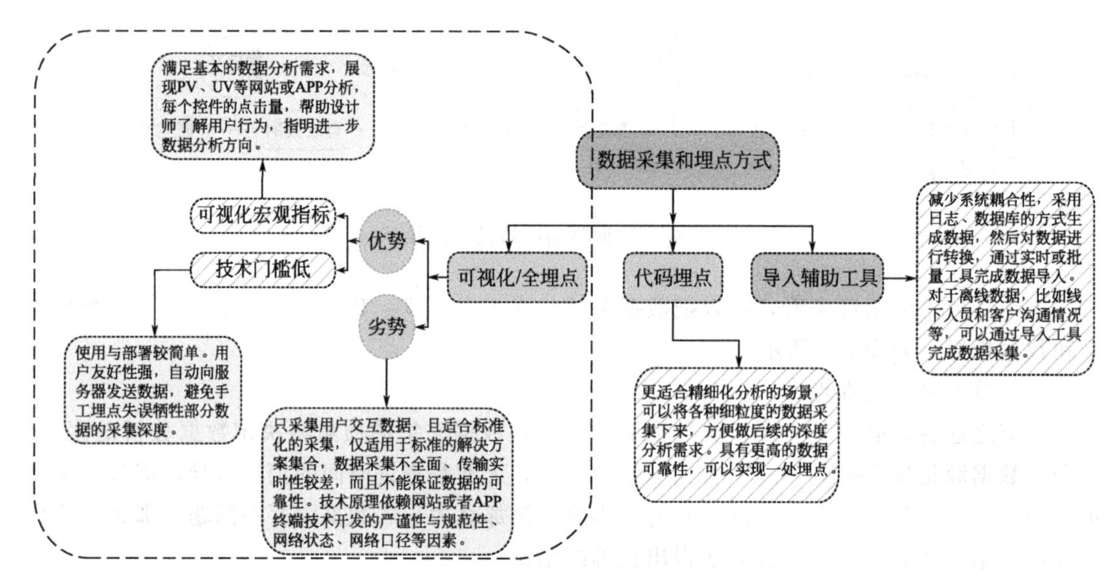

图 8-5 数据采集与埋点方式

Event 描述了一个用户在某个时间点、某个地方以某种方式完成某个具体事情。从这里可以看出，一个完整的 Event，包含如下几个关键因素，如图 8-6 所示。

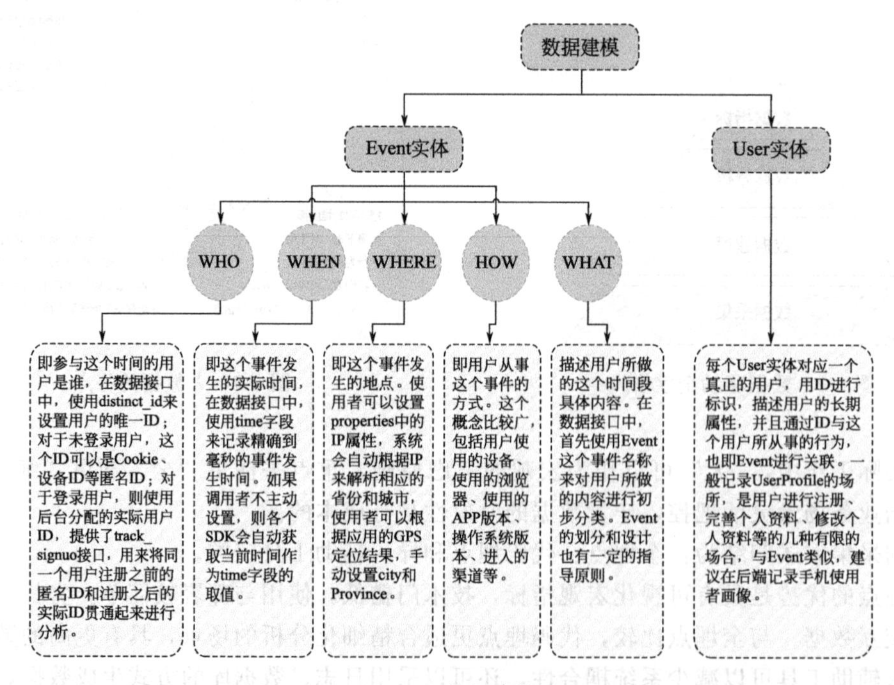

图 8-6 数据建模

（3）数据分析方法

数据分析通过多维事件模型，形成了一些常见的方法。它的理论推导，可以比较完整地展现用户行为的内在规律。在此基础上，设计人员通过多维交叉分析能够建立快速响应并适应变化的敏捷智能决策。

每一种数据分析方法都针对不同维度的数据研究，各分析模型存在相互依赖的关系，精益数据分析是数据分析方法交叉应用的结果（图 8-7）。

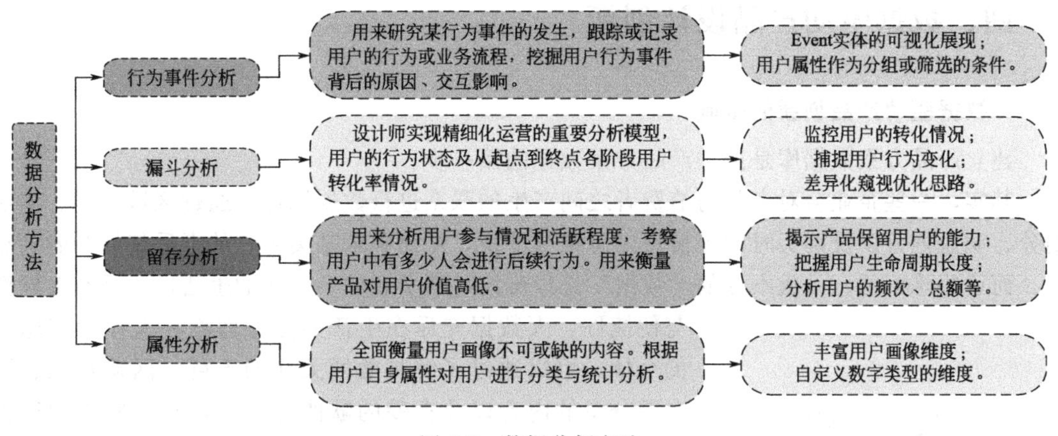

图 8-7　数据分析方法

（4）指标体系构建

通过上述数据分析方法，可以进行灵活且深入的分析。但在实际的工作中，更多时候，需要一个仪表盘，以快速知道总体的运营情况。如果发现异常，再进一步通过各种分析方法来定位问题。也就是说，数据分析方法更多时候是被问题或需求驱动的，并不是每次都要看数据。如果每次都通过这些分析方法来查看，效率就太低了。

像谷歌公司 Analytics、友盟、百度统计等产品，都可以展示一些指标，通过这些指标，就可以看到产品的一些宏观情况，比如 PV、UV 等。但是对于不同的产品，所要关注的指标不应该这么千篇一律，还是要根据产品特性来灵活定义。这里要说的是，所说的指标，并非设计师管理环境的绩效指标，而是和业务运营相关的各种指标。指标体系分散在各个业务流程中，并由不同部门计算和分析。如何开展、管理、规划指标体系已成为设计师掌控数据的关键。第一关键指标法和海盗指标法是最常使用的（图 8-8）。

第一关键指标法和海盗指标法普适于大多数设计师指标体系的建立。第一关键指标法定位

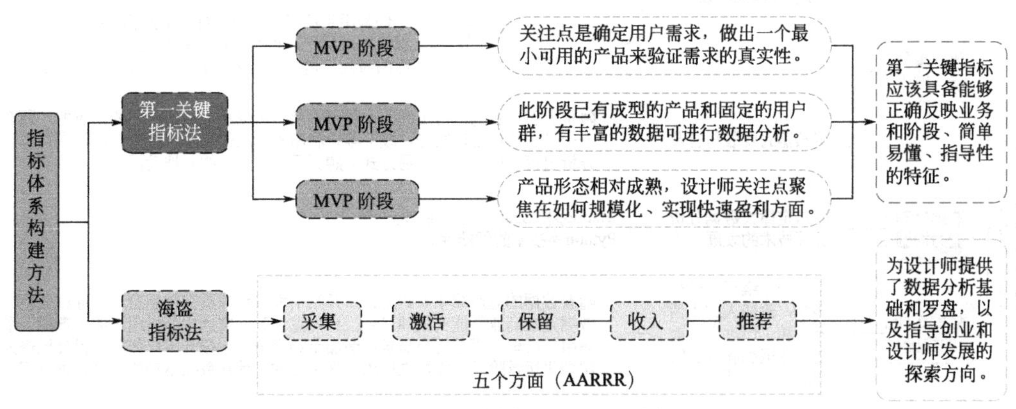

图 8-8　数据指标体系构建方法

了设计师当前发展阶段的最重要问题，它关注全设计师层面的运转健康，有利于全公司形成合力聚焦同一目标。海盗指标法为设计师提供了数据分析基础和罗盘，以及指导创业和设计师发展的探索方向。然而不同行业、不同商业模式的指标体系差异较大，应该从实际出发。

四、数据驱动产品设计创新

1. 数据驱动产品创新的基础

建立产品方案数据库是搜集产品方案数据的第一步。

其实，一些企业会对产品与消费者之间产生的联系进行数据统计，通过区域划分、年龄划分、职业划分以及购买时间等信息来总结与分析，从而确定某类客户的喜爱偏好和购买意向。而这些陈旧的、一成不变的“数据”是很难满足消费者的。现在的生活形式具有多样性与便捷性，大数据充斥在生活的方方面面，人作为有思想的个体，可以通过了解其微博关注的人群、网购记录、朋友圈分享的内容以及喜爱的歌曲等方面，对这些人的行为进行分析。这些数据是有情感的，是有温度的。如果能及时地掌握客户的这些情感信息，同时对这些人的需求信息进行综合的预测分析，才能在现在竞争异常激烈的时代留住客户，获得长远的发展。

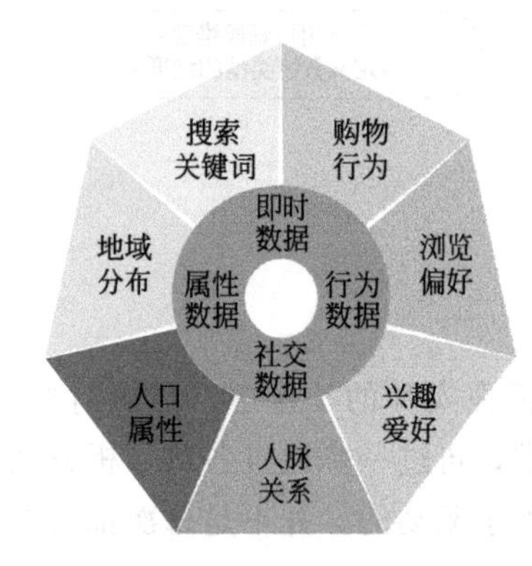

图 8-9 用户的属性分析

随着大数据的发展，可以很容易地掌握消费者信息。通过收集各类互联网用户数据，比如属性数据，包括地理分布的数据、搜索的实时数据（如关键词、购物行为、搜索定位地理位置等）。具体方式如图 8-9 所示。

经过近几年的发展，越来越多的数据驱动应用落地设计师，以下分别从数据采集、数据处理、数据认知三个方面进行介绍，如图 8-10。

根据现有的研究分析，不难得出以下结论：第一，产品数据库的研究已经非常成熟；第

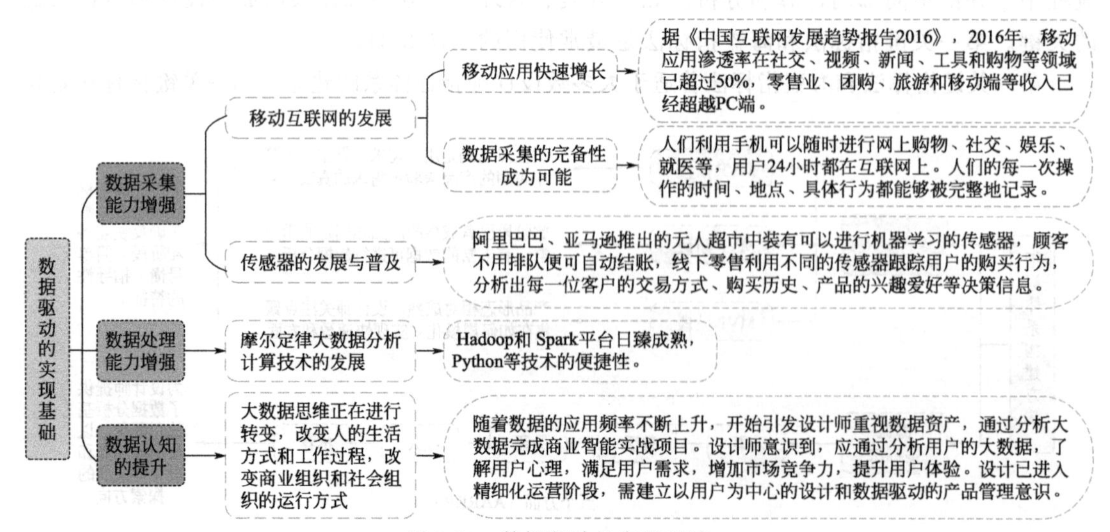

图 8-10 数据驱动的实现基础

二，可以在现有的技术条件下实现大数据的存储、处理和利用。综上所述，已经可以有能力收集和使用大型数据库产品的设计创新服务。基于大数据，下一节将积极探索产品创新模式的概念。

2. 数据驱动产品创新模型构建

在大数据的基础上，对产品创新模型提出构想。本节将从模型的用途、模型的实现方式，以及如何提取特征的类型进行论述。

在传统的产品设计中，其通过对所需产品的数据进行统计调研，然后对数据进行分析，根据需求对产品进行设计完善，做出所需要的产品进行开发生产，最后生产上市。这组成了传统产品的流程。四个流程通常由四个部门按照先后顺序配合完成，这样复杂烦琐的流程就会造成人力物力资源的巨大浪费。在信息化高速发展的时代讲究的是效率，产品设计开发的周期过长，会极大地影响经济效益。本研究将从调研、设计、开发三个步骤逐一解决痛点。图 8-11 为传统设计流程，图 8-12 为数据驱动的设计流程。

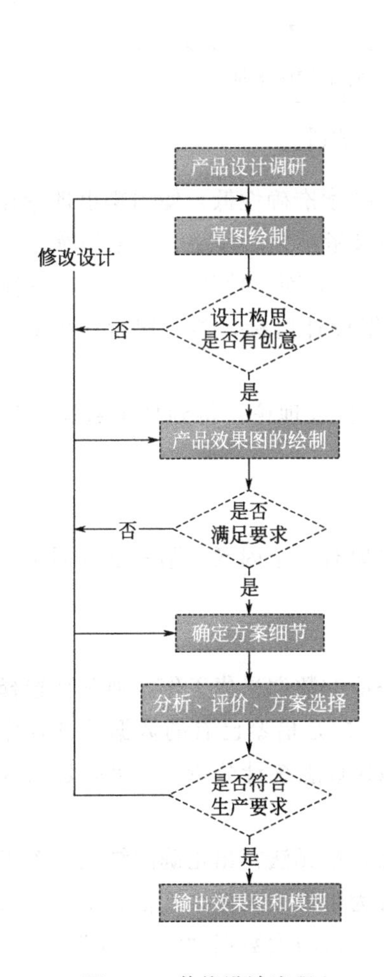

图 8-11　传统设计流程

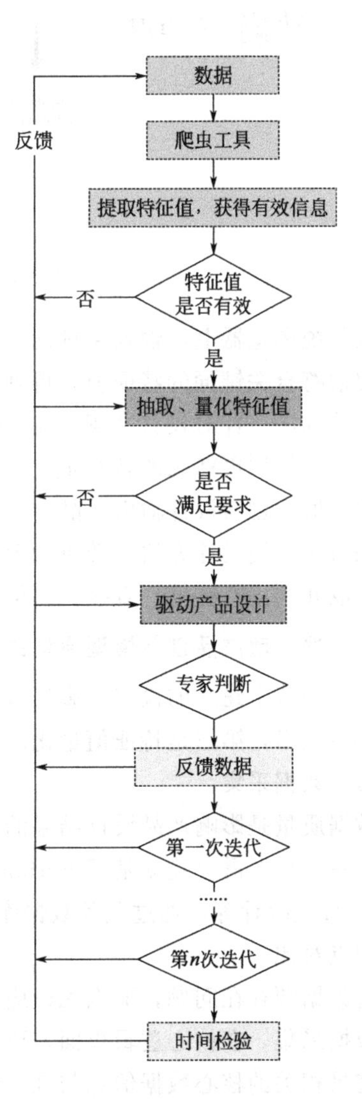

图 8-12　数据驱动设计流程

在这个阶段，智能创新模型的主要定位是作为设计师设计时的一种辅助工具。具体的创新模式主要是关于分析设计阶段的问题。设计师在开展产品设计时，应用的是一系列复杂的流程。产品设计流程可用下列循环结构描述：首先是分析阶段，设计师使用爬虫工具，从海量数据中爬取有价值的数据，通过提取特征值获取有效信息；第二阶段是设计阶段，设计师对提取的有效信息进行判断和量化，使数据可视化，并将这些有价值的信息应用到产品设计中；最后一个阶段是优化设计，通过反复迭代，寻找最佳的处理速度和特征值数量，优化模型，使其输出结果更加准确。这个过程是迭代进行的。这意味着在优化完成后，可能又要重新进入设计阶段，完善上次优化阶段无法满足设计问题的方案，流程图如图 8-13 所示。

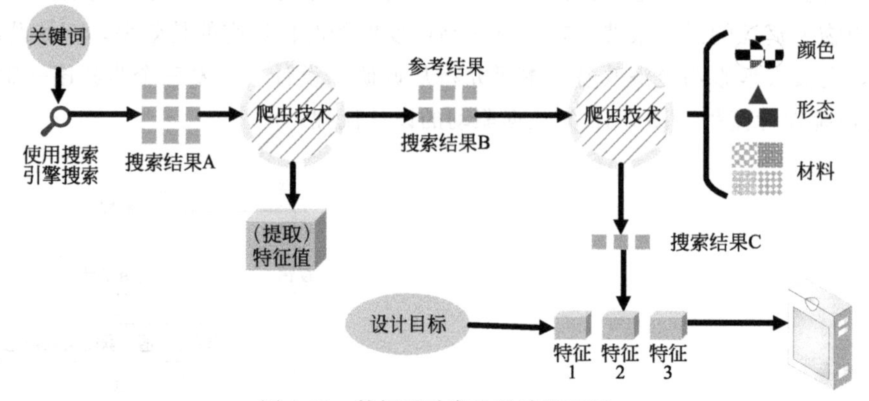

图 8-13　数据驱动产品设计流程图

在传统浏览器上，输入关键词，得到搜索结果 A，搜索准确性低，使用爬虫理论在结果 A 中提取符合关键词的特征值，得到搜索结果 B，作为参考结果，用 A、B 来训练模型，建立特征数据库。针对设计主题，从颜色、形态、材料三个方面，使用模型，通过特征数据库，再一次提取更精确的特征值 1，2，3，…，n，根据设计目标，参考搜索结果 C，选择几个特征值，创新设计输出产品。

相对比传统设计方法，数据驱动的最终目标是使用爬虫理论，得到样本数据，训练模型，提取并利用特征值，直接获取信息。

3. 数据驱动产品创新模型原型的设计

上一小节中建立的模型，影响最终输出结果的，主要有三个因素：第一是数据来源，第二是爬虫技术，第三是特征值量化。

(1) 数据采集

数据质量是影响产品设计结果的重要因素之一，一般的数据采集工作，通常会选择 2 种途径：一是按照需要建立基于 Python 的网络爬虫程序；二是借鉴已有的数据统计程序，如 IBBD、百度统计等，通过业务数据库做统计分析和 Web 日志统计分析。表 8-2 是已有程序的优缺点对比。

若数据源存在问题，那么无论应用多么智能的算法，都无法得出正确的结论。关于用户行为数据采集，在核心逻辑里面，要将前后端记录的行为事件、关键维度信息记录下来，例如与交易相关的核心数据信息与维度信息都应该被记录。这与大数据“大”“全”“细”“时”概念如出一辙。遵循此原则，数据采集应包括的数据源如图 8-14 所示。

表 8-2　一般的数据采集途径对比

数据采集途径	优点	缺点
第三方统计工具（IBBD、百度统计等）	通过嵌入 APP SDK 或 JS SDK 来直接查看统计数据。这种方式简单、免费，基本满足宏观基础数据分析需求	①由于数据采集不完整，无法实现深度分析
		②统计不准，与业务数据库对不上，甚至丢失数据
		③云模式的数据分析平台让不少企业有安全顾虑，不愿意将核心数据放在第三方平台上
业务数据库	一些互联网公司基于业务数据库中存储的订单、用户注册信息等数据，进行常规的统计分析需求，实时且准确	①业务数据和统计分析数据耦合，导致运营人员做无用功
		②性能较差，无法进行批量数据操作
		③缺少必要的数据字段
Web 日志统计	用户在进行各种访问时，在服务器端打印一条记录，这条记录包含本次访问相关的信息。该方法能实现数据的解耦，使业务数据和统计分析数据相互分离	Web 日志往往是工程师为了方便 Debug 顺便做的，这样的日志对于业务层面的分析，常常“缺斤少两”。另外，从打印日志到处理日志再到输出结果，整个过程很容易出错

产品数据的获取一般有两种途径，一是线上各大购物网站，如淘宝、京东、拼多多等电商平台，孩子王等官方网站，微店、小红书等社区平台类；二是线下实体店，如连锁零售店、百货商超等。线下实体店的数据获取需要大量的人力物力的投入，本研究着重研究方法，经费有限，线下数据暂不讨论。由易观数据可知，2018 年电商市场，淘宝以 41.8%的市场份额占据霸主地位，拼多多 33.2%逆袭位居第二，京东稳居第三位。下面将以淘宝/天猫平台为例，说明算法。

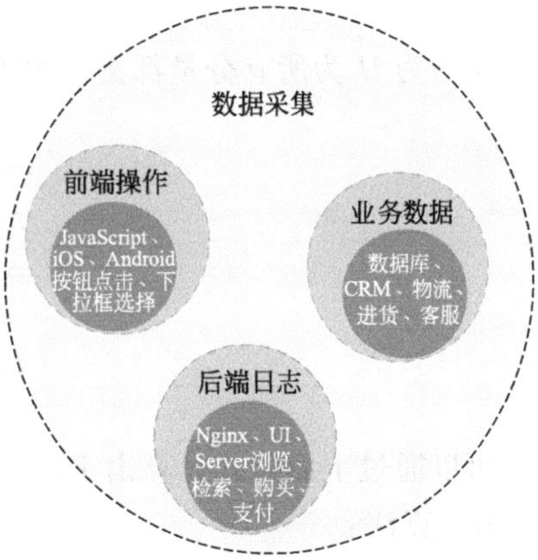

数据采集
前端操作
JavaScript、iOS、Android按钮点击、下拉框选择
业务数据
数据库、CRM、物流、进货、客服
后端日志
Nginx、UI、Server浏览、检索、购买、支付

图 8-14　数据采集对象

（2）爬虫技术算法

网络爬虫，是专门用于抓取互联网信息数据的工具，语言简单、可编辑性强、功能强大。常用的爬虫类型主要有聚焦式、通用式和增量式，复杂网络爬虫通常是几种技术的结合。这里介绍研究用到的几个基本的函数方程式。

使用 case3（存在只对自己出链的网页）中的网页出入链关系图。矩阵 $\boldsymbol{S}$：

$$\boldsymbol{S}=\begin{pmatrix} 0 & 1/2 & 0 & 0 \\ 1/3 & 0 & 0 & 1/2 \\ 1/3 & 0 & 1 & 1/2 \\ 1/3 & 1/2 & 0 & 0 \end{pmatrix} \tag{8-1}$$

$S_{[i][j]}$ 表示网页 j 对网页 i 的出链，可知 $S_{[i]}$ 表示所有网页对网页 i 的出链值，$S_{[j]}$ 是网页 j 对所有网页的出链值。矩阵 $\boldsymbol{A}$：

$$\boldsymbol{A}=\alpha\boldsymbol{S}+\frac{1-\alpha}{N}\boldsymbol{ll}^{\mathrm{T}} \tag{8-2}$$

其中，$\boldsymbol{ll}$ 是所有分量为 1 的列向量，即 $\boldsymbol{ll}=(1,\cdots,1,\cdots,1)^{\mathrm{T}}$，$N$ 是网页总数，α 一般取 0.85。

幂迭代法：

$$\boldsymbol{P}_{n+1}=\boldsymbol{AP}_n \tag{8-3}$$

先对 $\boldsymbol{P}_0$ 赋随机初值，然后通过上面公式进行迭代计算，直到满足下列条件之一停止迭代计算：每个网页的 PR 值前后误差小于自定义误差阈值，或者迭代次数超过了自定义的迭代次数阈值。

特征值法：

Markov Chain 收敛时，存在：

$\boldsymbol{P}\Rightarrow\boldsymbol{AP}\Rightarrow\boldsymbol{P}$ 为矩阵 $\boldsymbol{A}$ 特征值为 1 时的特征向量。

代数法：

Markov Chain 收敛时，存在：

$$\begin{aligned}&\boldsymbol{P}=\boldsymbol{AP}\\&\Rightarrow\boldsymbol{P}=\left[\alpha\boldsymbol{S}+\frac{(1-\alpha)}{N}\boldsymbol{ll}^{\mathrm{T}}\right]\boldsymbol{P}\end{aligned} \tag{8-4}$$

又因为 $\boldsymbol{ll}$ 为所有分量都是 1 的列向量，$\boldsymbol{P}$ 的所有分量之和为 1：

$$\begin{aligned}&\Rightarrow\boldsymbol{P}=\alpha\boldsymbol{SP}+\frac{(1-\alpha)}{N}\boldsymbol{ll}\\&\Rightarrow(\boldsymbol{ll}^{\mathrm{T}}-\alpha\boldsymbol{S})\boldsymbol{P}=\frac{(1-\alpha)}{N}\boldsymbol{ll}\\&\Rightarrow\boldsymbol{P}=(\boldsymbol{ll}^{\mathrm{T}}-\alpha\boldsymbol{S})^{-1}\frac{(1-\alpha)}{N}\boldsymbol{ll}\end{aligned} \tag{8-5}$$

可以通过上面公式计算出 PR 值矩阵。

ID3 算法：

假设 $\boldsymbol{X}$ 为信源，x_1 为 $\boldsymbol{X}$ 所发出的单个信息，$P(x_i)$ 为 $\boldsymbol{X}$ 发出 x_i 的概率，则信息熵可定义为：

$$H(\boldsymbol{X})=-P(x_1)\log P(x_1)-P(x_2)\log P(x_2)-\cdots-P(x_\gamma)\log P(x_\gamma)=\sum_{i=1}^{k}P(x_i)\log P(x_i) \tag{8-6}$$

其中，k 为信源 $\boldsymbol{X}$ 发出的所有可能的信息类型，对数可以是以各种数为底的对数。

（3）爬虫技术程序实现

以淘宝/天猫为例，搜索关键词，抓取页面的信息。

① 数据采集：应用 Python 代码爬取淘宝网数据。

有些网站可以任意爬取数据，如百度，但是数据质量不高；有些网站本身使用反爬虫技术，如淘宝网，爬取的数据质量相对较高，只是增大了爬取难度，需要增加循环爬取，直至所有页爬取成功停止。此处流程及代码参考了 CSDN 网站上 macair123 作者的教程，根据研究要求，修改后的代码如下：

```
import pymongo
from selenium. common. exceptions import TimeoutException
from pyquery import PyQuery as pq
from config import *
import pandas as pd
from wordcloud import WordCloud
from imageio import imread
import jieba
import matplotlib
from matplotlib import pyplot as plt
import numpy as np
import requests
client = pymongo. MongoClient(MONGO_URL)
db = client[MONGO_DB]
headers = {'User-Agent':'Mozilla/5. 0(Windows NT 10. 0;WOW64)\
         AppleWebKit/537. 36(KHTML,like Gecko)  \
         Chrome/55. 0. 2883. 87 Safari/537. 36'}
def index_page(page):
     """
     :param page:页码
     """
     print('正在爬取第',page,'页')
try:
     url = 'https://s. taobao. com/search? initiative _ id = tbindexz _ 20170306&ie = utf8&spm =
a21bo. 2017. 201856-taobao-item. 2&sourceId = tb. index&search _ type = item&ssid = s5-e&commend =
all&imgfile = &q = %E5%84%BF%E7%AB%A5%E4%BF%9D%E6%B8%A9%E7%A2%97&suggest = history_
1&_input_charset = utf-8&wq = &suggest_query
     web = requests. get(url,headers = headers)
     web. encoding = 'utf-8'
     get_products(web)

except TimeoutException:
     index_page(page)
html = res. text
     doc = pq(html)
     items = doc('#mainsrp-itemlist . items . item'). items()
     for item in items:
          title_s = jieba. lcut(item. find('. title'). text())
          title_clean = title_s
          title_clean_dist = []
          line_dist = []
          for word in title_clean:
```

```
                if word not in line_dist and word.strip():
                    line_dist.append(word)
            print(line_dist)
            product = {
                'image':'http:' + item.find('.pic .img').attr('data-src'),
                'price':float(item.find('.price').text().strip('?')),
                'deal':int(item.find('.deal-cnt').text().strip('人付款')),
                'title':item.find('.title').text(),
                'shop':item.find('.shop').text(),
                'location':item.find('.location').text(),
                'province':item.find('.location').text().split()[0],
                'city':item.find('.location').text().split()[0] if len(item.find('.location').text())
< 4 else
                item.find('.location').text().split()[1],
                'words':line_dist
            }
            print(product)
            save_to_mongo(product)
def save_to_mongo(result):
    """
    保存数据至 MongoDB
    :param result:结果
    """
    try:
        if db[MONGO_COLLECTION].insert(result):
            print('存储到 MongoDB 成功')
      except Exception:
          print('存储到 MongoDB 失败')
def main():
     # for i in range(1,MAX_PAGE + 1):
     # index_page(i)
     allwords_clean_dist = []
     print('图片保存中')
     for product in db[MONGO_COLLECTION].find():
         # 保存图片
         print('#',end = '')
         # urlretrieve(product['image'],'image/' + str(product['_id']) + '.png')
         for word in product['words']:
             allwords_clean_dist.append(word)
       print('')
       print('图片保存成功')
       df_allwords_clean_dist = pd.DataFrame({'allwords':allwords_clean_dist})
       word_count = df_allwords_clean_dist.allwords.value_counts().reset_index()
       word_count.columns = ['word','count']   # 添加列名
```

```
plt.figure(figsize=(20,10))
pic=imread("baowenwan.png")  # 读取图片,自定义'婴儿保温碗'形状
w_c=WordCloud(font_path="simhei.ttf",background_color="white",
              mask=pic,max_font_size=60,margin=1)
wc=w_c.fit_words({x[0]:x[1] for x in word_count.head(100).values})
plt.imshow(wc,interpolation='bilinear')
plt.axis("off")
plt.show()
'''
```

② 清洗数据：清洗第一步抓取的数据，去除重复，清除杂乱、不完整的信息。
代码如下：

```
datatmsp=pd.read_excel('datatmsp.xls')      #读取爬取的数据
#datatmsp.shape
import missingno as msno
msno.bar(datatmsp.sample(len(datatmsp)),figsize=(10,4))
half_count=len(datatmsp)/2
datatmsp=datatmsp.dropna(thresh=half_count,axis=1)
datatmsp=datatmsp.drop_duplicates()
```

③ 数据分析，代码如下：

```
data=datatmsp[['item_loc','raw_title','view_price','view_sales']]
data.head()    #默认查看前5行数据:
data['province']=data.item_loc.apply(lambda x:x.split()[0])
data['city']=data.item_loc.apply(lambda x:x.split()[0]  \
                                 if len(x)< 4 else x.split()[1])
data['sales']=data.view_sales.apply(lambda x:x.split('人')[0])
data.dtypes
data['sales']=data.sales.astype('int')
list_col=['province','city']
for i in  list_col:
    data[i]=data[i].astype('category')
data=data.drop(['item_loc','view_sales'],axis=1)
```

（4）特征值的量化

① 文本分析：使用 jieba 分词分析标题，用 wordcloud 实现可视化，统计不同关键词对应的销量之和。

```
title=data.raw_title.values.tolist()      #转为 list
import jieba
title_s=[]
```

```
for line in title:
    title_cut = jieba.lcut(line)
    title_s.append(title_cut)
```

② 可视化分析：剔除不需要的词语，并去除 title _ clean 中重复的词语。

```
title_clean = []
for line in title_s:
    line_clean = []
    for word in line:
        if word not in stopwords:
            line_clean.append(word)
    title_clean.append(line_clean)
word_count = df_allwords_clean_dist.allwords.value_counts().reset_index()
word_count.columns = ['word','count']          #添加列名
```

使用 wordcloud，代码如下：

```
pic = imread("shafa.png")
w_c = WordCloud(font_path = "./data/simhei.ttf",background_color = "white",
                mask = pic,max_font_size = 60,margin = 1)
wc = w_c.fit_words({x[0]:x[1] for x in word_count.head(100).values})
plt.imshow(wc,interpolation = 'bilinear')
plt.axis("off")
plt.show()
```

进一步分析数据，将得到的关键词与销量关联，统计每一个关键词对应的所有销量之和。代码如下：

```
w_s_sum = []
  for w in word_count.word:
      i = 0
      s_list = []
      for t in db[MONGO_COLLECTION].find({},{'words':1,'deal':1}):
          if w in t['words']:
              s_list.append(t['deal'])
          i + = 1
      w_s_sum.append(sum(s_list))
  df_w_s_sum = pd.DataFrame({'w_s_sum':w_s_sum})
  df_word_sum = pd.concat([word_count,df_w_s_sum],axis = 1,ignore_index = True)
  df_word_sum.columns = ['word','count','w_s_sum']
```

数据可视化处理：

```
df_word_sum. sort_values('w_s_sum', inplace = True, ascending = True)
df_w_s = df_word_sum. tail(30)
font = {'family':'SimHei'}
matplotlib. rc('font', * * font)
index = np. arange(df_w_s. word. size)
plt. figure(figsize = (6,12))
plt. barh(index, df_w_s. w_s_sum, color = 'purple', align = 'center', alpha = 0. 8)
plt. yticks(index, df_w_s. word, fontsize = 11)
for y, x in zip(index, df_w_s. w_s_sum):
plt. text(x, y, '%. 0f' % x, ha = 'left', va = 'center', fontsize = 11)
plt. show()
```

深入挖掘数据的价值，如价格分布、销量分布、不同价格区间的商品的平均销量分布，代码如下：

```
data_mm = db[MONGO_COLLECTION]. find({"price":{"$lt":500}})
data_p = pd. DataFrame(list(data_mm))
plt. figure(figsize = (7,5))
plt. hist(data_p['price'], bins = 15, color = 'purple')  # 分为 15 组
plt. xlabel('价格', fontsize = 12)
plt. ylabel('商品数量', fontsize = 12)
plt. title('不同价格对应的商品数量分布', fontsize = 15)
plt. show()
mdata_s = db[MONGO_COLLECTION]. find({"deal":{"$gt":100}})
data_p_s = pd. DataFrame(list(mdata_s))
print('销量 100 以上的商品占比: %. 3f' % (len(data_p_s)/len(data_p)))
plt. figure(figsize = (7,5))
plt. hist(data_p_s['deal'], bins = 20, color = 'purple')  # 分为 20 组
plt. xlabel('销量', fontsize = 12)
plt. ylabel('商品数量', fontsize = 12)
plt. title('不同销量对应的商品数量分布', fontsize = 15)
plt. show()
```

4. 数据驱动的创新设计优化

产品的设计创新并不是设计之后投放市场就结束了，而是需要不断地持续循环改进。产品设计理论中强调的不仅仅是最好，而是要更好。好的产品设计尽管在当前的市场中风靡，但是随着经济的发展，生活水平的提高，人们对于产品实用、外观等的要求就会提高，相应地对于创新的要求就会水涨船高。因此想要获取产品竞争力就必须进行产品设计的可持续创新。

与此同时，设计师可以通过搜索大数据信息查看市场反馈情况，通过不同消费者对不同属性的产品的需求、感知和反应，来提升产品的竞争活力，同时也可减少市场竞争和规避市

场风险。

五、大数据驱动产品创新设计

1. 数据采集

（1）数据来源

婴儿保温碗，作为母婴产品类，销售渠道主要有线上和线下两种。由中商产业研究院调查数据可知，母婴商品线上渠道，2018 年市场渗透率为 24%；另外，随着社会富裕程度的提高，妈妈们购买婴儿产品时，更注重产品品质和品牌保障，线下渠道凭借“正品”优势，未来仍为母婴零售渠道主流。如图 8-15 所示为母婴类产品线上线下销售渠道分析。

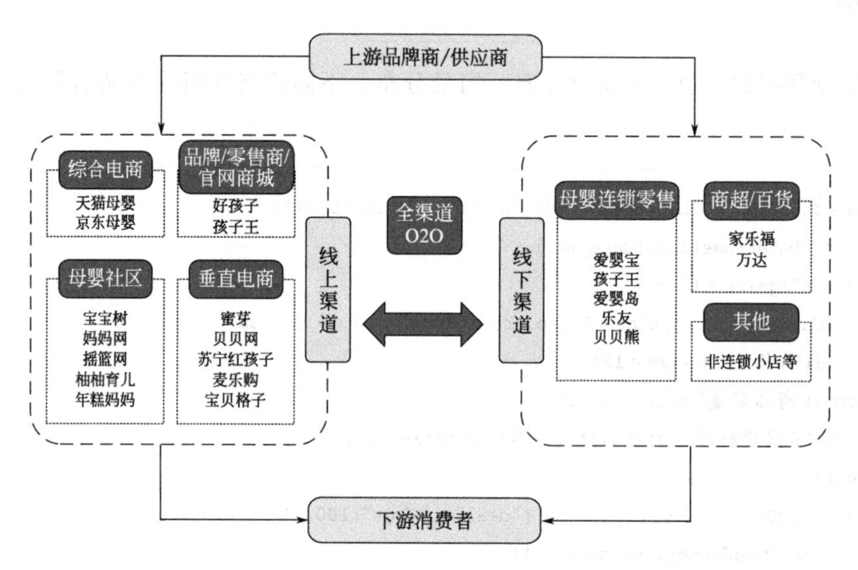

图 8-15 母婴类产品销售渠道分析

线上数据的获取将以淘宝/天猫平台为例，线下数据通过实体店的收银系统获得。

（2）数据获取

本研究着重研究方法，对于数据获取方式不做太多研究。线上淘宝/天猫平台数据通过上一章节建立的基于 Python 网络爬虫的算法模型获取，最终得到 10000＋条信息数据，包括标题、销量、价格等信息，下载 7800＋张相关图片。线下数据的获取，主要参考实体店的收银系统的数据。

2. 提取特征值

（1）数据清洗

第一步抓取的数据，如图 8-16 所示，重复率高、杂乱、不完整，需要进一步清洗，在此使用上一章节建立的模型来处理。

清洗数据后，剩余数据量如图 8-17 所示。

（2）模型训练

基于机器学习方法，使用清洗后的从线上线下获取的数据，来训练模型。在此主要集中于文字的识别。首先从爬取的所有文字中，提取词语，统计词频，并建立词语和销售量、价

图 8-16　数据爬取结果

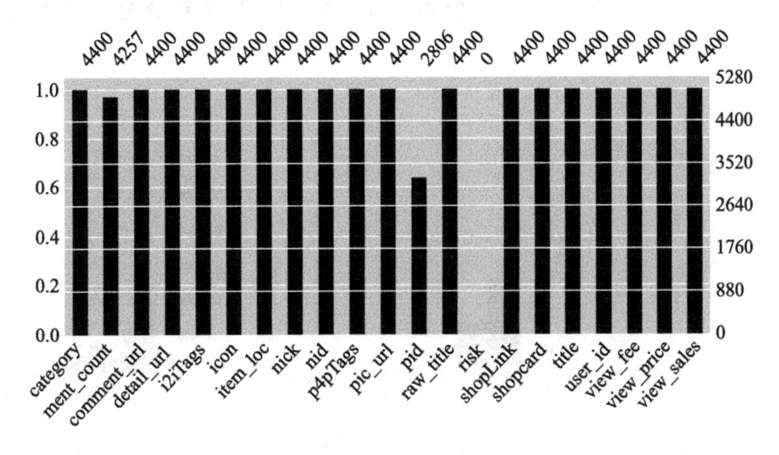

图 8-17　剩余数据量

格的关系。筛选出高频词语，并将这些词语链接的所有图片归类，这样初步建立起语义和产品之间的关联，使用第一次训练后的结果，重复此过程，进行第二次迭代。循环进行 n 次，逐渐提高模型的智能程度，最终通过关键词，可以精准地获得与特征相关的图片。如图 8-18 所示是机器学习过程。

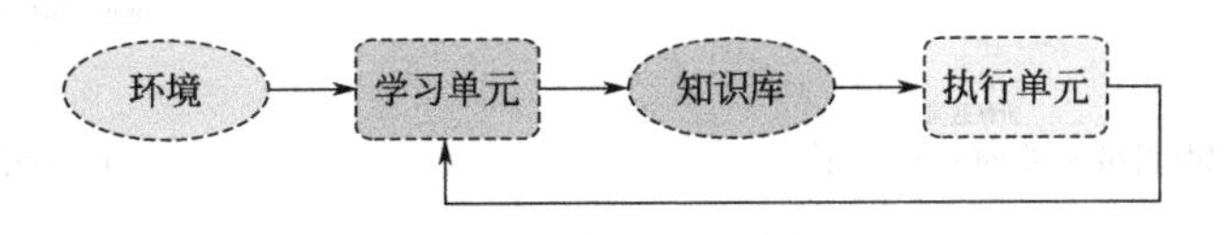

图 8-18　机器学习过程

(3) 数据分析

通过对标题栏词云词频的分析，将词语出现的频率与销量相关联，使用 wordcloud 图表示出来，如图 8-19 所示。

由分析结论可知，组合类的、带吸盘类的商品占比较高；从风格上来看，马卡龙色系很

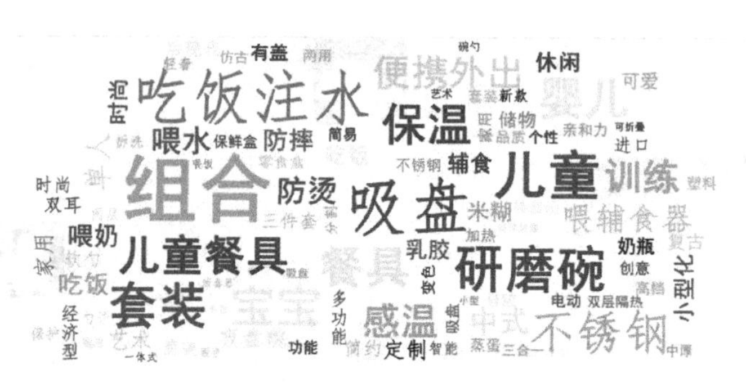

图 8-19 wordcloud 图

受欢迎；从材料上看，不锈钢的保温材料受欢迎；从功能上看，能注水、研磨的便携商品需求量较大。

进一步分析数据，将得到的关键词与销量关联，统计每一个关键词对应的所有销量之和，及价格分布、销量分布、不同价格区间的商品平均销量分布等信息，如图 8-20 所示。

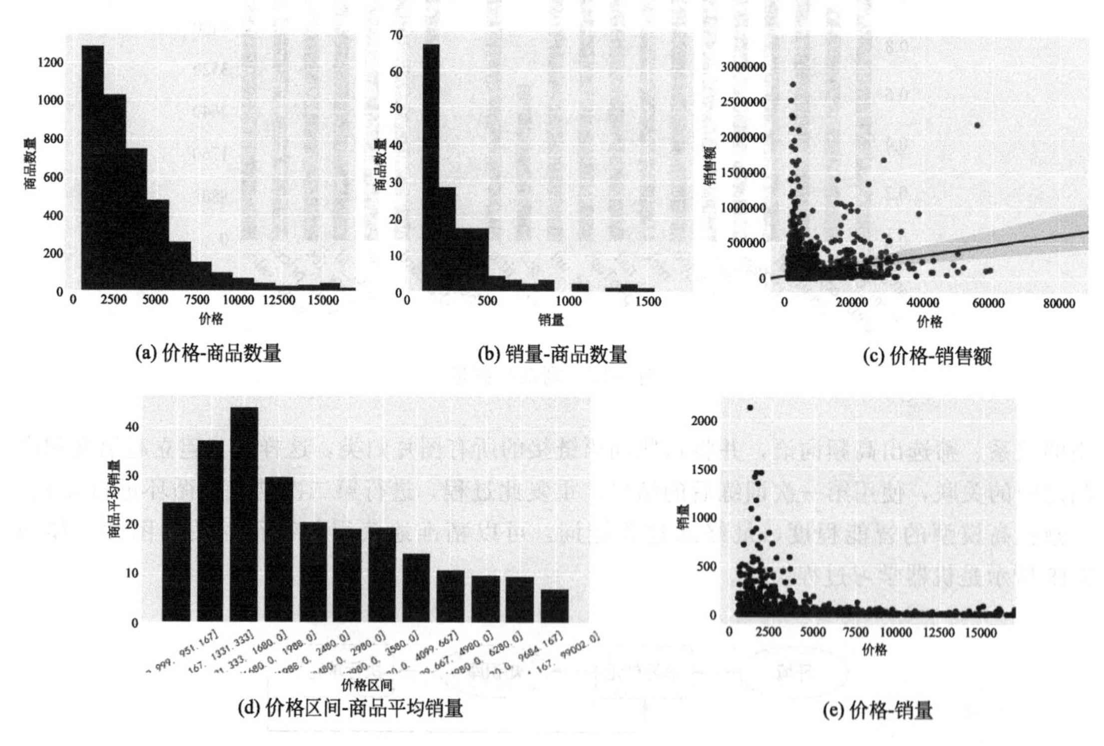

(a) 价格-商品数量 (b) 销量-商品数量 (c) 价格-销售额

(d) 价格区间-商品平均销量 (e) 价格-销量

图 8-20 数据挖掘

分析图片可知，产品销量随价格增长呈减少趋势，20～80 元之间的产品销量最好。

通过上一节训练的模型，将目标价格、销量、商品与图片特征相关联，在此不一一展示。可以总结出，在颜色方面，蓝色和粉色的保温碗最受欢迎；材质方面，最常使用的材料是不锈钢、硅胶、聚丙烯。

3. 设计模型

在海量的图片中，根据婴儿保温碗特征提取，筛选出销量最高的几款产品，再经过专家的分析，选出有代表性的 3 个样本，如图 8-21 所示。

图 8-21　婴儿碗的样品

婴儿保温碗的特征提取如表 8-3。

表 8-3　婴儿保温碗特征提取

特征样品			
主体造型			
抓手俯视图			
抓手正视图			
把手数量	2	1	2
把手造型			
把手类型	突出式	仿生式	外挂式

突出式、仿生式、外挂式都是比较受欢迎的样式，抓手都为仿生设计，仿植物或动物，在进行自主设计时，可以参考。

婴儿碗：该产品属于已有的产品类型，其原型即普通的家用碗，在功能特征和造型特征上的原型就是传统的陶瓷碗，故该产品的原型即陶瓷碗。

根据数据分析，最受欢迎的设计细节如下：整体为卡通风格，主体造型为传统陶瓷碗形状，2 个对称的把手，把手形状为突出式、外挂式或仿生式，颜色为蓝色、绿色、粉色和橘色，如图 8-22、图 8-23 所示。

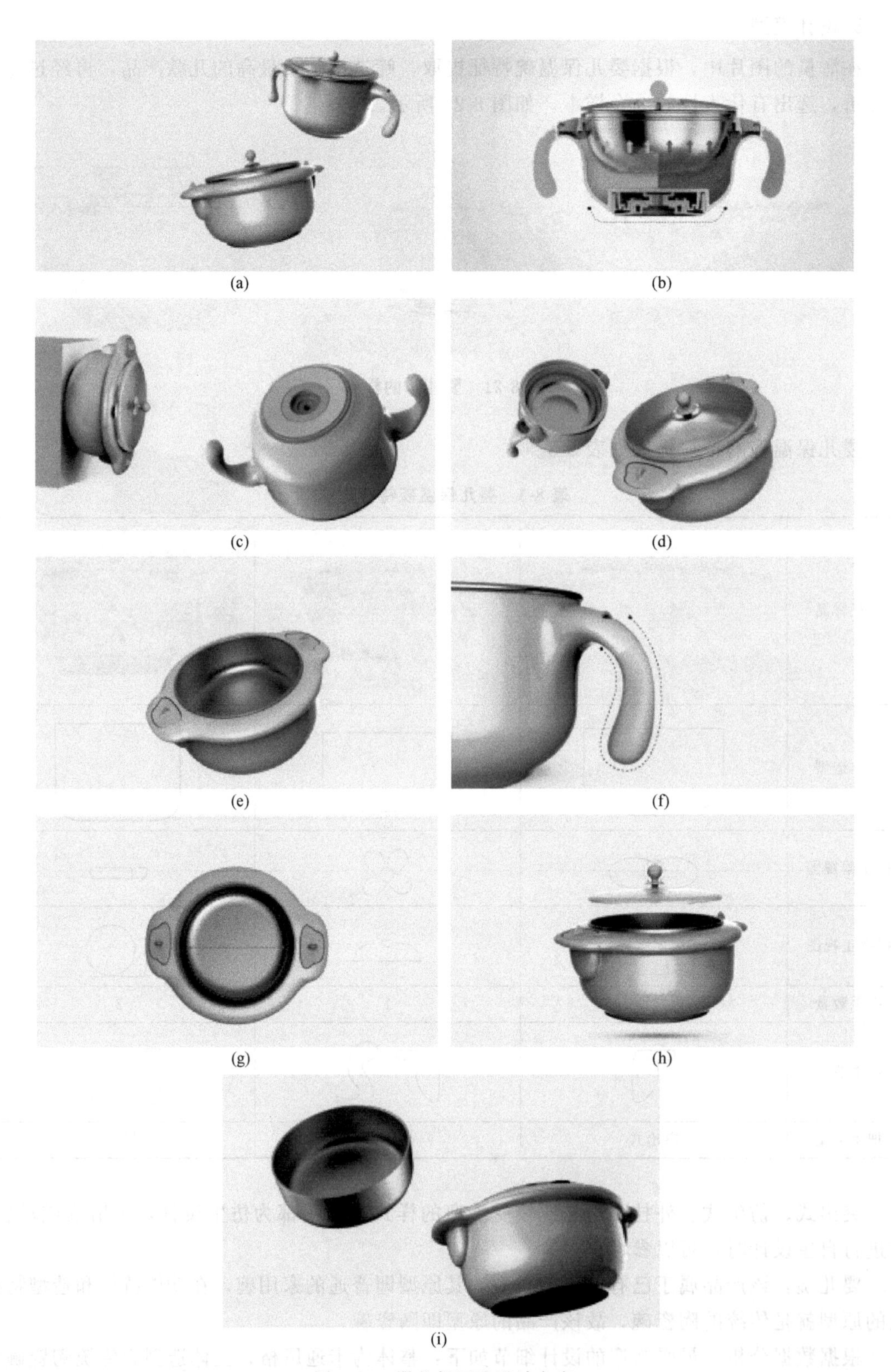

图 8-22 婴儿保温碗设计方案

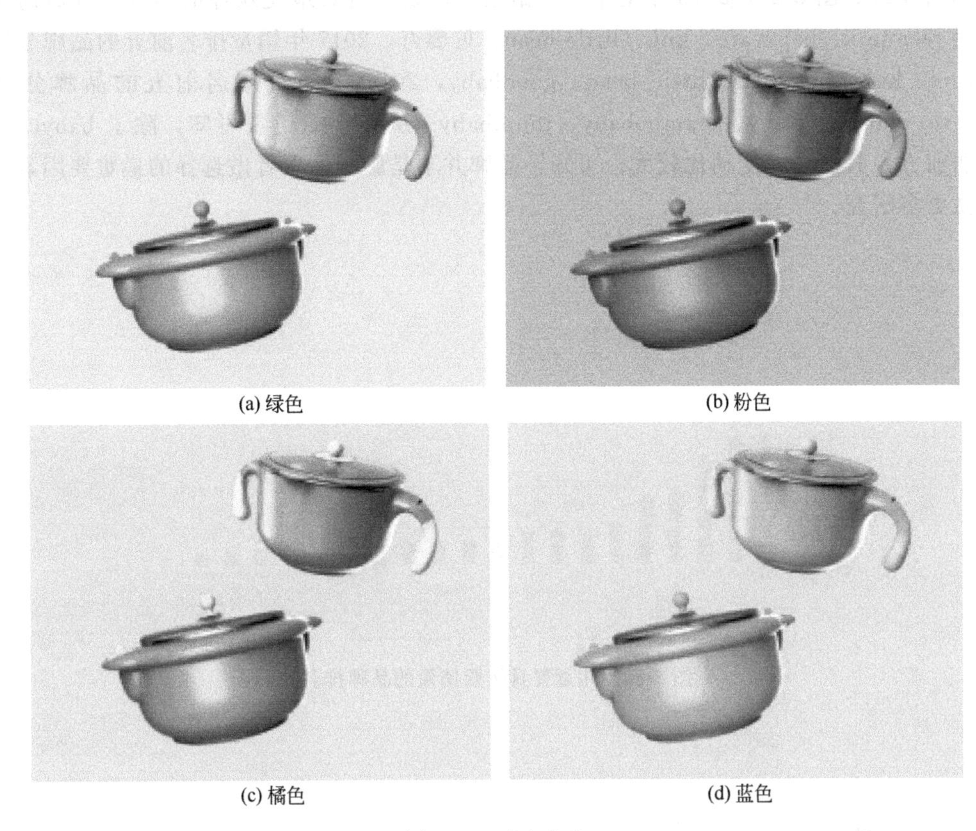

(a) 绿色　(b) 粉色

(c) 橘色　(d) 蓝色

图 8-23 配色方案

4. 结果检验

利用现有的一些成熟程序，来检测模型的智能化程度，在此借助 IBBD 数据平台抓取数据。IBBD 数据雷达是专门为天猫、淘宝商家打造的商情数据分析平台，可提供淘宝数据分析、天猫数据分析、淘宝店铺数据分析、淘宝广告统计、淘宝竞争对手分析、天猫行业调研等囊括历年淘宝各个行业、类目、品牌的销售数据，洞察行业的趋势，挖掘暗含在数据中的商业宝藏。

数据雷达中的分类是和淘宝分类完全一致的。婴儿碗在“尿片/洗护/喂哺/推车床”行业下，“水杯/餐具/研磨/附件”类目下，如图 8-24 所示，婴儿碗等婴儿用品销量逐年增加。

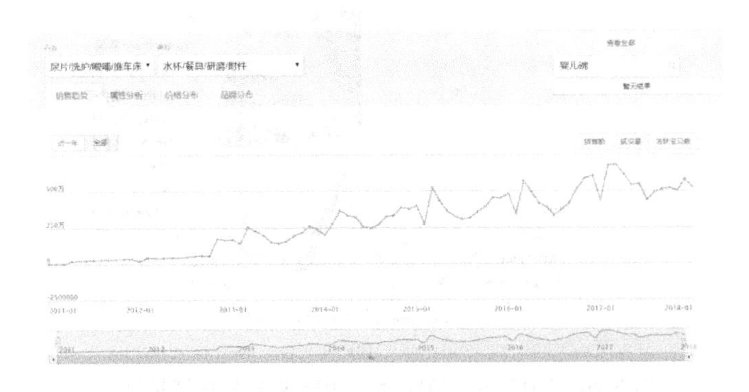

图 8-24 自 2011 年至今淘宝 APP 端婴儿碗的销量

如图 8-25、图 8-26，2018 年全年，根据销量，婴儿餐具最受欢迎的品牌，排名前五的分别是 teenunix、babycare、kub、little bean、贝婴奇，2017 年销量排名前五的品牌分别是 babycare、kub、hoy bell、little bean、goodbaby，2016 年销量排名前五的品牌分别是 babycare、edison、nuby、mambobaby、thinkbaby。从三年的销量可知，除了 babycare 一直位居前五，其他品牌变动比较大，可知，品牌并不是影响消费者做选择的最重要因素，在此不做更多研究。

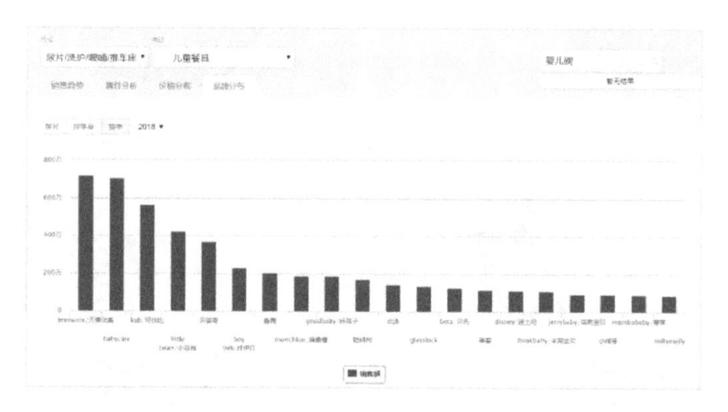

图 8-25　儿童餐具按照销量的品牌排名

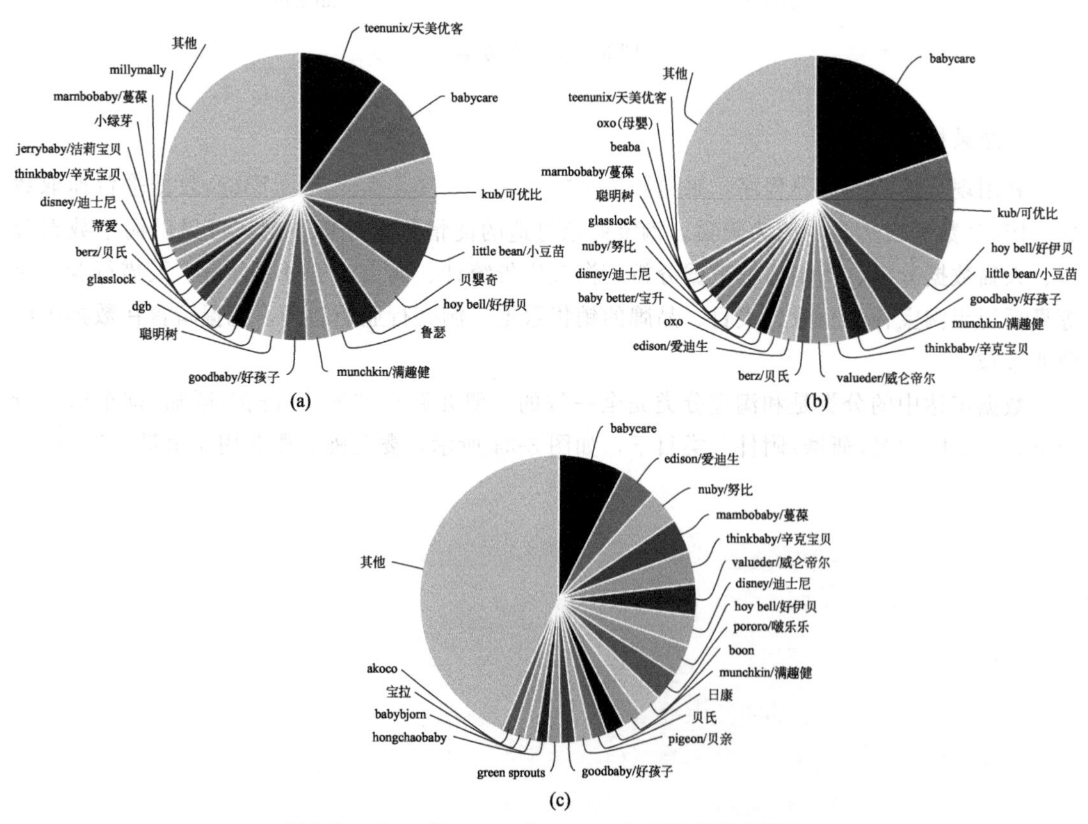

图 8-26　2018 年、2017 年、2016 年的品牌销量排名

在价格方面，主要集中在 20～100 元之间，婴儿用品材料功能相对固定（图 8-27）。

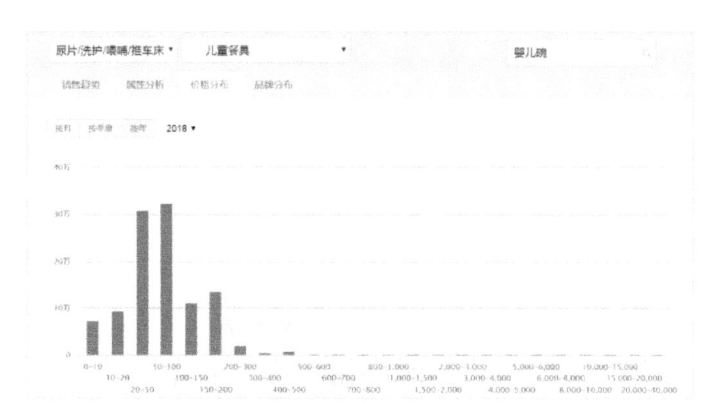

图 8-27 儿童餐具的价格分布图

如图 8-28，是近三年来颜色销量排行，2018 年、2017 年销量前三的颜色都是天蓝色、军绿色和粉红色；2016 年销量前三的颜色是天蓝色、军绿色和橘色，且橘色、巧克力色、粉红色、浅绿色的销量相差不多。在中国产业信息网上可知，如图 8-29，中国新生儿男女比例失调，近几年男宝宝出生率高于女宝宝，这也造成更受男宝宝欢迎的蓝色销量高于女宝宝喜欢的粉色。总之，冷色系中，蓝色和绿色是更受欢迎的，暖色系中，粉色和橘色最受欢迎。

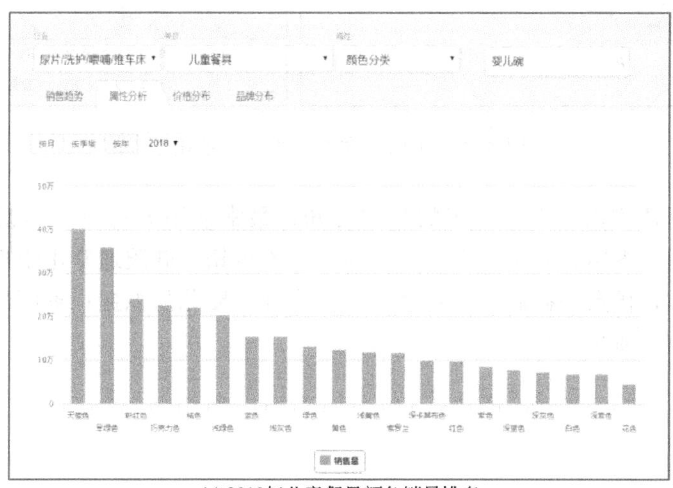

(a) 2018年儿童餐具颜色销量排名

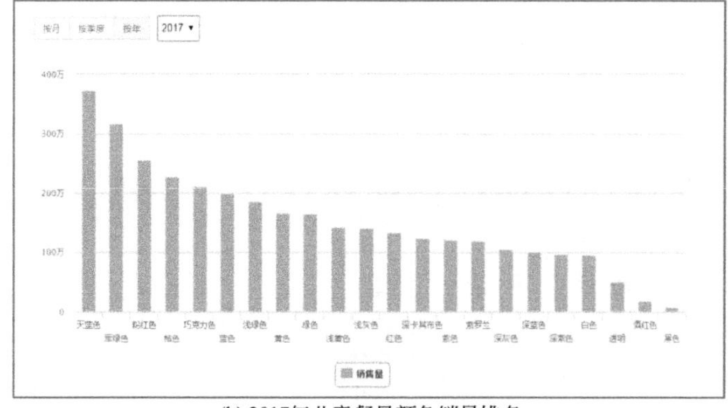

(b) 2017年儿童餐具颜色销量排名

图 8-28

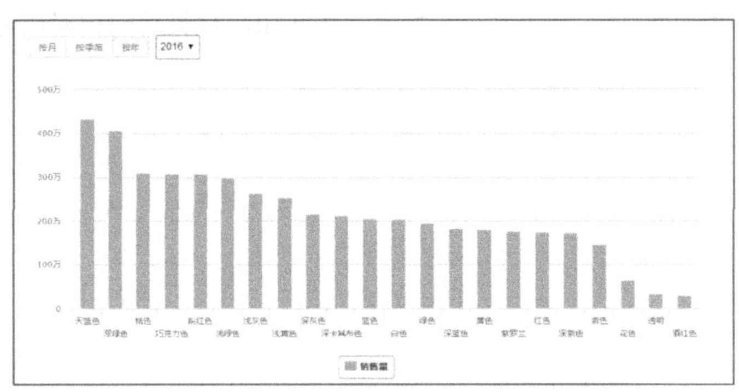

(c) 2016年儿童餐具颜色销量排名

图 8-28　近三年儿童餐具颜色销量排名

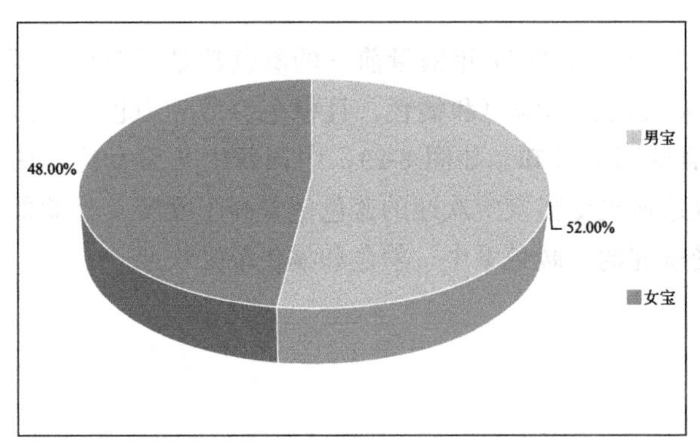

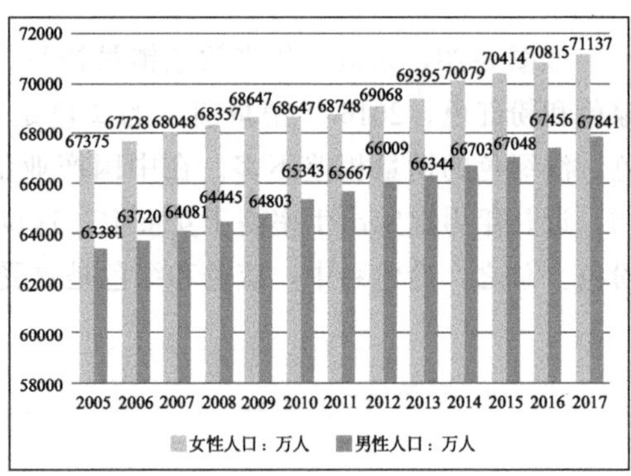

图 8-29　中国男女人口数量走势对比

如图 8-30，材质方面，由近三年的数据可知，最常使用的材料是不锈钢、硅胶、聚丙烯。不锈钢通常用于内胆，安全、保温、易清洗、不生锈；硅胶通常用于把手、碗盖帽儿等婴儿手抓握的地方，优点是硅胶手感舒适，摩擦力强，婴儿易抓握；聚丙烯常用于外壳，颜色丰富，价格便宜，质量较轻。

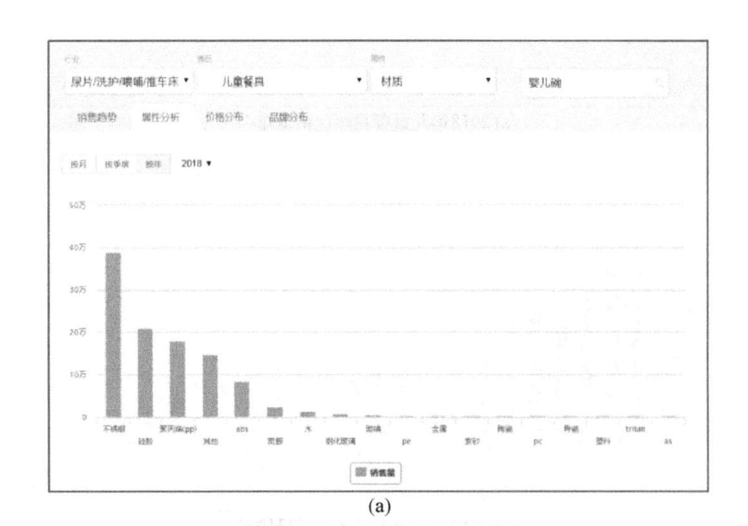

(a)

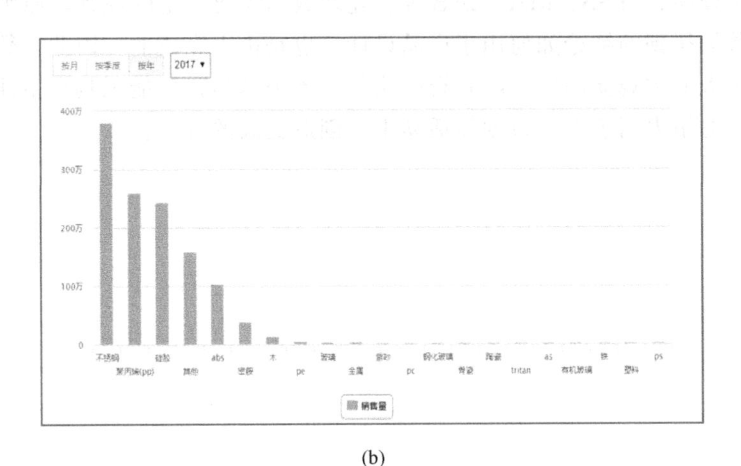

(b)

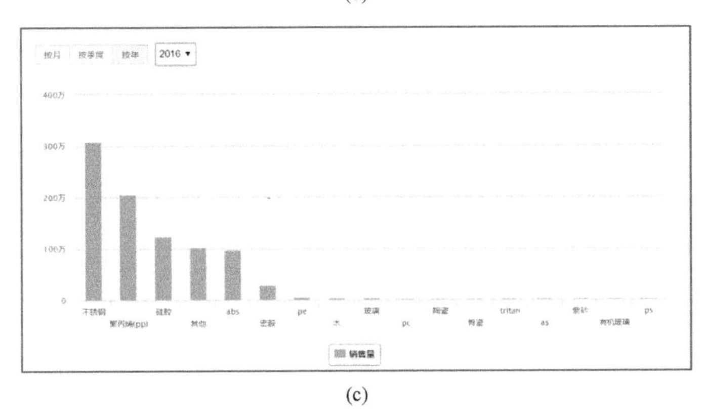

(c)

图 8-30　近三年婴儿碗的材质销量排名

在风格上，则是较为统一的卡通风，包括各种仿生、拟人化的表达。如图 8-31 所示。

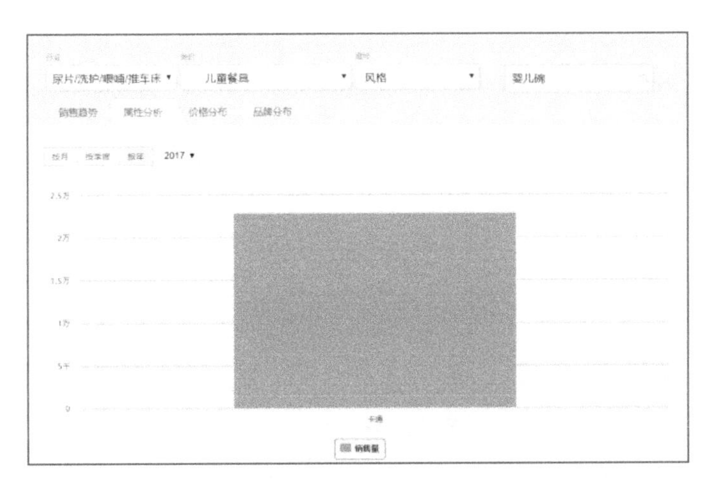

图 8-31　儿童餐具的风格统计

对比统计结果可知，已建立模型的运行结果和已有成熟产品的结果相差不多，模型成功。数据驱动与传统设计的区别是数据获取方式和数据体量，相同点是，都会借助计算机处理数据，如算法程序、SPSS、MATLAB 等。处理数据需要一定的原则，原则的设定是由人完成的，处理数据得到的结论如何用于产品设计，也是由人完成的，因此，数据驱动产品创新的模型体现了人的主观能动性。随着智能化程度越来越高，智能工具自主性逐渐提高，设计师可以将更多的精力用于更高级创新活动中，创造更高的价值。

本章案例选自：刘娜《数据驱动产品创新方法研究与应用》。

CHAPTER

第九章 云计算

一、云计算在产品设计创新领域的研究现状

产品设计与相关的生产制造环节密切相连，在快速发展的网络环境中，在新市场需要和前沿技术的推动下，产生了先进产品制造模式，如敏捷生产、网络制造、面对服务的生产模式、云生产等，这些方式在开发过程中也不断推动设计模式的改革。周丽雯认为：随着未来医疗发展的信息化，医疗产品的设计更加个性化与移动化，而这不仅是家用的智能医疗产品的进步，同时也推动了信息医疗发展。通过网络实现病人、医护人员、医疗设备和医院之间互动交流，围绕病人以医疗保健医学为主题建立现代化的教育机构。系统旨在围绕病人，通过智能、网络等手段为病人提供医疗服务，实现服务质量、服务效率、服务费用三个不同部分的同一和谐发展。不过在智能医疗朝着更好的方向高速发展的同时也带来了市场产品种类繁多却难以建立体系的问题，在满足消费者方面难以做到细化需求。与此同时，医疗信息化也受制于产品的个性服务，局限于家用医疗产品的智能化。在设计中需兼顾不同年龄的消费者，以及在健康情况不同的条件下了解消费者的需求，建立系统智能就医系统，以达到合理的医疗资源应用。

尧敏研究发现：随着时代发展与科技进步，IT 技术逐渐普及到社会中。使用 IT 服务管理以及业务创新被视为中小企业提高核心竞争力的重要手段之一，但是目前 IT 在中小企业中进行服务管理通常有很大的负担并且 IT 服务的投资利用率不高，在满足企业多样化的服务上存在着较大的问题。研究中小企业中云计算应用于 IT 服务管理的情况，尤其是云计算应用于 IT 服务设计过程优化与提高服务质量这一方面的研究，不仅实现了中小企业应用 IT 服务入门和投资风险的降低，同时实现了以 IT 服务技术为驱动的企业更高效率地进行产品的创新和发展，成为一个全新的 IT 服务公司。

随着时代的发展，大数据和云计算的发展也到了一个全新的高度，层出不穷的全新虚拟服务产品频频出现在市场中，这一情况也使企业面对崭新的问题，就是如何将新产品的概念准确有效地传递到用户之中。在当前主流的设计过程中，是由独立的设计人员来完成语义概念以及图形转换这一环节的。在相关研究中，吴景生认为：人类社会正面临信息技术日新月异的变革，不仅大力推动了科学技术的发展，同时还使人类的社会生活发展翻天覆地，在信息技术快速发展的时代，云计算技术又一次成为现实。

寇睿研究发现：全新的虚拟服务产品随着大数据和云计算在当代社会的发展同时出现，不过由于全新产品对技术的高要求，其在满足用户与消费者需求的同时却面临着新产品理念与用户日常经验背离的问题，如何解决这一问题是企业的当务之急。

目前的设计过程中，产品概念图形设计是传达产品理念和用户认知产品的重要一环。由于创新的虚拟服务产品在技术上有较高的要求，所以其概念晦涩难懂，难以有效地实现产品

概念，并且难以满足用户的心理认识，与普遍使用习惯不统一。因此，设计的应用和研究过程中的一个值得重视的问题就是正确掌握和探究出云计算产品的语义概念和图式设计方法。首先，使用调查问卷的调研方式，掌握了解用户对云产品的认知程度。在初步调研掌握之后，使用参与设计这一实验探究方法，探究用户对新产品概念的认知差异，探索出一种新的设计方法，使得设计人员与消费者通过角色互动共同参与设计，以及设计可视化概念图形用以帮助理解云计算产品概念。张欣、何倩琪、王天宇认为：与中国经济同时欣荣发展的汽车行业，随着车辆数目的增长，停车难也成了一个急需解决的问题。在寻找合适的停车方案计划中，发现了能高效解决这一问题的方法——城市车位网。即使用云计算、无线电通信等将城市全部停车位组合整理成为一个车位互联网络来及时感应汽车进出车位。虽然城市车位网络才刚刚进入发展阶段，但是它必将伴随着汽车行业持续发展，成为未来各行业中不可忽略的重要产品。在智能停车系统的研究中要实现服务设计和产品创新的联合转变，从单一的产品设计发展成为系统的服务设计这一过程中，实际运用了“车位监控系统与车位监控传感器”。

李雪认为：最近几年国家对于传统行业与互联网的结合进行大力宣扬，“大数据”“云计算”“物联网”等话题都成为了潮流的创新产业话题，几乎所有的互联网公司都会进行尝试以寻求更好的发展道路。本次研究的目的是建立一个数据化的产品开发系统，即网络-传统的产品行业。使用调研法和结合文献两种方法，对市场状况进行分析，以求发现此行业智能产品方面是否具有市场以及发展的潜力。并且确立了数据化系统产品开发的定位，即电子商务平台。

张淮研究发现：伴随着移动医疗进步形成的新一代健康医疗生态圈，已经进入黄金时期。在物联网和相关技术的并进发展基础上，云计算、大数据分析等领域进行跨界融合，先进技术带来了医疗系统创新的服务理念，已经深入地渗透到医疗服务机构相关的领域，完全开启了科学信息智能化的医疗生命时代，从预防、诊断到康复。移动医疗迅速发展，受人口结构、社会卫生需求变化、技术改革和政府支持的影响，突破了现有医疗制度服务系统的瓶颈，建立起时代创新的医疗护理系统，科学地提高医疗机构的护理服务效率，实现医患及时、无障碍的沟通、科学合理的分配。研究通过分析糖尿病患者移动医疗护理产品系统的机会设计，对移动医疗护理体系相比较传统的医疗护理体系优势进行分析，寻找糖尿病住院患者移动医疗护理体系的统一设计发展机会，期望能填补糖尿病住院患者移动医疗护理体系的统一设计空白。结合糖尿病住院患者对移动医疗护理体系需要的深入分析，包括糖尿病患者的护理阶段、治疗体验因素和护理经验目标，进一步整合了移动医疗在糖尿病患者的护理中发挥的积极作用，从而在糖尿病患者住院护理概念下实现护理与产品功能转换。同时，分析了手机医疗对糖尿病住院护理的影响，包括对糖尿病患者的心理感觉、病人行为模式分析以及患者使用情况的特征，制定了适应糖尿病患者的移动医疗护理产品系统设计原则，在分析手机医疗护理系统设计中所面临的困难基础上，进行糖尿病住院治疗。建立了移动医疗护理体系和病人需求阶层的移动医疗护理体系，为糖尿病住院患者护理体系设计提供理论基础。

周洪雷、王俊、董琳在其文章中指出：现有的云计算与设计的研究，是从工作室运作的实际出发，首先构建出创新的设计战略，具体内容和流程包括结构框架、基本参数、运作过程和评价方法。胡志刚、周丽先、乔现玲的文章以知识管理为视角，构建了区域企业产品创新服务平台的理论系统，并且从创新个体和单位、企业和区域的角度系统阐述了知识管理在构建区域企业产品创新的服务平台中起到的重要作用，提出了在构建服务平台框架中解决关键问题的方法。

陈亦舜、孙瑶、羲宗指出：家具智能化虽然尚处于概念阶段，但是其发展潜力和发展势头十分强大，必将成为未来家具发展的趋势。首先对智能家具进行初步的了解，包括其概念、构成和设计原则。其次，对云计算及其应用进行简单的讲述并且研究云计算能给家具智能化带来什么样的改变。并且结合现代老年人的健康状况和其健康监测的必要性，面向老年人这一群体进行智能家具的研究和设计。

全球经济快速发展及增长模式的深入变革，对中国产品的设计制造模式提出全新要求。我们必须积极探索产品设计的新时代背景和方式，改善产品的设计、制造和经营状况，从而提高企业管理的效率，提高综合竞争力。朱娜的研究发现：计算机技术的发展与时俱进，已经到了一个比较高层次的水平，它带来的是互联网、数据库、Linux 操作系统这些计算机专业课程的教学方式的改进。云计算使用虚拟化技术将所有硬件设备资源整合起来，为教学服务提供集成、统一、并发的虚拟运行平台，具体可将该平台分为三层，即基础设备即服务面(IaaS)、平台即服务面和软件即服务面。基础设备即服务面虚拟化度最低，它直接为教学系统分配了硬件资源。

刘浩伟、平海鹏认为：信息技术高速发展，云计算应用范围也越来越广，在各行各业都有着重要的地位，并且随着时代的不停发展，云计算也在不断地改革创新。其中，作为云计算的中心云数据中心也促进了云计算业务的不断向前发展，更好地满足了社会的实际需要。主要进行的研究是新时代绿色节能设计中以云数据作为中心是如何进行应用实践的。

齐夏兵在文章中对产品制造智能设计与绿色生产之间的关系进行了分析，建议采用当今迅速发展的传感技术、大数据、云计算等各类科技创新工具，结合电子产品的生命周期每一阶段进行梳理，实现了智能设计与绿色生产的有机结合，主张从产品开发到生产，提供有机的服务。起源于精细计划、科学计划、精密生产、准确服务，从工业制造行业粗犷的管理方式向智能制造行业的精细化经营模式发展，提高绿色制造行业和智能制造行业的水平、从而实现经济、低碳、节约、高效的绿色“智造”目标。

以上研究说明，云计算以及云技术在现代企业生产、管理、产品设计创新过程中的作用越来越重要。

二、云计算简介

1. 定义

云计算（Cloud Computing)，也被翻译成云网络数据计算，是基于移动互联网的一种信息计算处理方法，通过此计算方式，可以根据用户需求向各种计算机系统提供各种软硬件计算资源和服务信息，并可以使用由网络服务商直接提供的各种计算软件和信源服务作为进行计算和使用资源的信息基础。

20 世纪 80 年代，云计算是互联网行业中从大型电脑到客户端服务之后的一次巨变，其是基于网络的新的 IT 服务增长点，在软件即服务（SaaS）模式中，使用者可以进入数据服务器和访问软件。而服务软件的提供者主要工作就是维持服务正常的运作，进行基础设施的维护和对平台的维持。SaaS 也被称为“随选软件”，它通常是按照使用时间或者订阅会员制收取费用。

SaaS 的推广者认为，使用 SaaS 能够给企业提供外包硬件、软件维护等服务，同时可以缩减服务提供者在 IT 运营中使用的费用。另一个优点就是，集中供应的应用程序更新也是集中进行即时发布的，这就免去了用户手动更新这一过程。同时 SaaS 模式也存在着一些不足，由于其工作原理，服务的提供者能够在这一服务平台上对其存放的用户资料进行无授权的访问。

用户群可以通过多种途径进行云服务的访问，包括通过桌面、移动应用程序和浏览器等。服务器的推广者坚持认为云计算可以帮助企业进行快速的应用程序部署和 IT 资源的合理配置，并且能够降低企业进行管理的复杂程度和进行维护的要求和成本，可以更快地满足企业快速转变的需求。

云计算是依赖于资源共享的，服务提供商集成了大量资源，为多个用户提供了便利的请求，用户很容易就可以申请更多的资源，并随时调整用量，将不必要的资源放回整个体系结构，因此用户无须因短暂的高峰期而购买大量资源，只需提高租借额度，要求降低后便退租。服务提供商可以将现有资源重新租赁给其他用户，甚至根据整体需求调整租金。

随着时代的发展和科技的进步，伴随着大数据和云计算创新发展而来的虚拟服务产品不断地迭代更新。与旧产品概念有极大不同的新产品的概念要如何高效准确地传递到使用者人群中去，是目前企业面临的重要问题。

2. 云计算发展历史

1983 年，太阳电脑提出“网络是电脑”概念。

1996 年，Compaq 公司提及“云计算”这个词汇。

2006 年，亚马逊公司推出弹性计算云服务。

2007 年，谷歌公司与 IBM 公司开始在美国大学校园推广云计算计划。

2008 年，谷歌公司宣布在我国台湾引导“云计算学术计划”。

2008 年，雅虎、惠普和英特尔推出云计算研究测试床。

2008 年，戴尔正在申请“云计算”（Cloud Computing）商标。

2010 年，Novell 与云安全联盟（CSA）共同宣布名为“可信任云计算”的项目。

2010 年，美国国家航空航天局和 Rackspace、AMD、Intel、戴尔等支持厂商共同宣布“OpenStack”开放源码项目。

2010 年，微软支持 OpenStack 与 Windows Server 2008 R2 的集成。

2011 年，思科系统正式加入 OpenStack 的网络服务。

3. 云计算标准

美国国家标准和技术研究院给出了云计算相关部分的定义：

公有云（Public Cloud）：公有云服务可透过网络及第三方服务供应者，开放给客户使用。“公有”一词并不一定代表“免费”，但也可能代表免费或相当廉价。公有云并不表示用户资料可供任何人查看，公有云供应者通常会对用户实施访问控制机制。公有云作为解决方案，既有弹性，又具备成本效益。

私有云（Private Cloud）：私有云具备许多公有云环境的优点，例如有弹性、适合提供服务，两者差别在于私有云服务中，资料与程序皆在组织内管理，且与公有云服务不同，不会受到网络带宽、安全疑虑、法规限制影响。此外，私有云服务让供应者及用户更能掌控云基础架构、改善安全与弹性，因为用户与网络都受到特殊限制。

社区云（Community Cloud）：社区云由众多利益相仿的组织掌控及使用，例如特定安全要求、共同宗旨等。社区成员共同使用云资料及应用程序。

混合云（Hybrid Cloud）：混合云结合了公有云及私有云，这个模式中，用户通常将非企业关键信息外包，并在公有云上处理，但同时掌控企业关键服务及资料。

4. 安全问题

云计算受到业界的极大推崇。在用户大量参与的情况下，不可避免地会出现隐私问题。用户在云计算平台上共享信息使用服务，云计算平台需要收集其相关信息。由此，云计算的核心特征之一就是数据的储存和安全完全由云计算提供商负责。对于许多用户来说，这降低了组织内部和个人成本，无须搭建平台即可享受云服务。不过，一旦数据脱离内网而共享在互联网上，就无法通过物理隔离和其他手段防止隐私外泄。因此，许多用户担心自己的隐私权会受到侵犯，其私密的信息会被泄露和使用。

云计算的隐私安全问题主要包括：

① 在未经授权的情况下，他人以不正当的方式进行数据侵入，获得用户数据。

② 政府部门或其他权力机构为达到目的对云计算平台上的信息进行检查，获取相应的资料以达到监管和控制的目的。

③ 云计算提供商为获取商业利益对用户信息进行收集和处理。

三、云平台及其技术

云计算作为一种数据运算和交换模型，该模型支持用户随时随地便捷地按需访问一个共享的、可配置的资源池。在产品设计领域，云计算产品则是一种以云计算技术为支撑，通过网络按用户需求来提供的动态的、虚拟化的、可伸缩的计算能力服务、存储服务以及平台服务的 IT 服务产品。这种模式是伴随着高速网络和快速运算以及并行化设计而产生的一种新的类技术驱动型的虚拟服务产品，该技术专业性强，概念复杂晦涩，用户往往难以理解。

我国在“云”基础设施建设上后来居上，以“阿里云”等云计算服务平台为代表的互联网公司，在云平台建设方面已经开发出了自主核心技术，这些技术具有全球范围内的先进性，其技术的先进性、网络的安全性还有成本的性价比与亚马逊公司、谷歌、IBM 公司等慢慢缩小差距，部分技术已经开始领先。由于我国消费市场庞大，数据量大，结合云计算、大数据基础建设的大规模，以云技术平台为代表的大数据应用正发挥着巨大的经济和社会效益。面对中国制造业的发展，云计算服务的大规模采用，也将为我国生产制造领域带来巨大变革。云计算提供的强大计算能力，构建了人人创业的美好愿景。云计算平台凭借资源集中和服务专业的优势，可以为政府降低 80％以上的 IT 成本，减少数据中心的重复建设和浪费，目前随处可见政府机构和相关高新技术企业的合作。

四、云计算应用在产品设计创新

云制造是以云计算思想为基础，在“制造即服务”的思想基础上提出的。云计算是一个新的服务性计算模式，它通过云计算平台将广域内丰富、高度虚拟的计算资源聚集起来，形成一个向外提供计算服务的资源池。通过因特网技术，个人和企业用户可以随时使用计算机进行计算。这是一种面向服务、高效低耗和基于知识的网络化智能制造新模式。它将信息化生产、云计算、物联网和高性能计算技术融合在一起，通过虚拟、服务和封装各种制造资源及生产能力，实现了统一的智慧化管理和运营，利用网络技术，为企业和组织产品的生命周期制造提供随时可得的、有需要的、安全和高质量的服务。云技术的架构主要包含 IaaS、PaaS 和 SaaS 三个方面。

① 云计算基础设施服务层（IaaS）：云设备制造企业提供的基础设施服务模式主要是基于松散的、分布的云计算管理环境和数据储存管理环境。服务应用模式的多样性导致这些企业硬件应用环境业务结构不一致，需要根据硬件业务模式和服务应用规模的变化调整情况进行及时的优化调整。IaaS 层具有根据客户需求进行柔性优化控制的管理系统，可根据客户服务使用资源的合理个性化分配要求、成本流动优化控制要求和客户服务使用规模的变化需求，动态优化地合理分配客户服务中的资源。

② 平台服务层（PaaS）：平台服务层负责系统的集成和管理。主要是对系统所集成的应用服务提供全生命周期的支持，包括所有系统与服务之间的交互。

③ 应用服务层（SaaS）：应用服务层是在平台服务层和基础设施服务层的基础上构建的实际应用层，是各种服务形态的聚集。云制造提供的服务主要包括对广义制造资源的封装和集成得到的服务，也包括针对企业组织需求动态构建的软件服务、订单驱动的生产管理服务等。

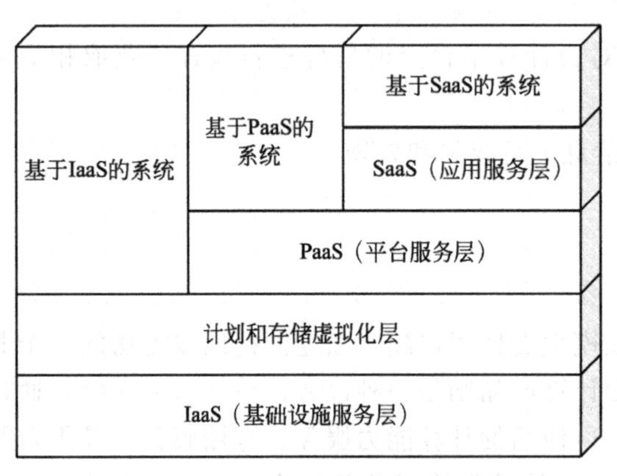

图 9-1　云计算架构基本框架

云计算架构基本框架见图 9-1。

在新的互联网环境下，产品设计效率的快速提升是比制造技术更加迫切需要改进和发展的。在全球化的竞争环境、多变的市场需求下，任何单一的企业已经难以掌握在产品设计开发过程中所需要的全部知识资源，即使一些实力强大的企业经过多年的技术积累，拥有了本领域丰富的知识资源，但是在市场竞争压力环境下，凭借一已之力，也难以持续保持领先地位。按照传统的设计方法，设计知识和设计人员都局限在企业内部，设计工作量受市场波动的影响，设计人员的流失会造成企业宝贵设计资源的流失。新员工的成长和培养需要企业大量的持续投入，企业内部丰富的设计经验难以得到有效传承；另外企业内部 80%的时间是在进行单调重复性的设计工作，只有 20%的设计工作是进行全面的创新设计。

为了使产品设计人员能够有足够的时间和精力进行创意性设计，亟待寻求一种新的设计方法和模式来平衡企业内部低端设计任务繁多和高端设计能力不足的问题。总之，在激烈竞争的新兴市场环境下，消费者对产品的需求更加多元化和个性化，上市时间要求越来越短，抢占市场的压力前所未有，在这种局面下传统的产品设计方法已经不能适应现代企业的设计需求。我们需要对传统的设计模式和方法进行全面的改进和创新，借助企业外部的资源开展产品设计，使企业外部丰富的设计能力和设计资源参与到企业专业的产品设计中来，完成企业产品设计任务。

云平台构架见图 9-2。

通常认为：云设计是对网络制造和云制造的借鉴，是在设计范围内的具有一定深度和广度的新概念。“云设计”为一种全新的设计模式，泛指在设计制造服务个性化和定制化发展的趋势下，实现了现有设计理论方法的延伸和延展。通过网络技术，云设计模式组织集成企

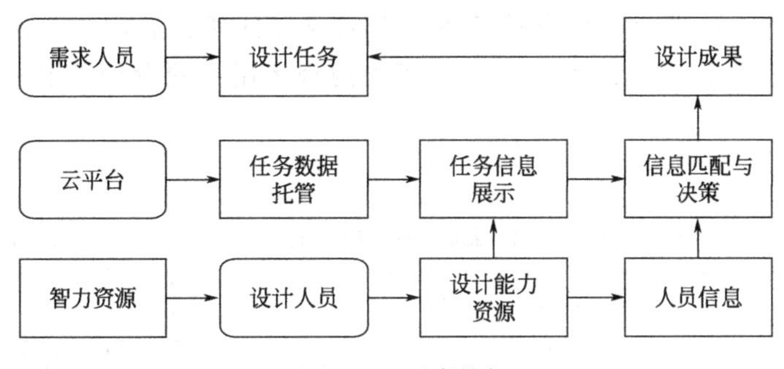

图 9-2　云平台构架

业外部设计知识资源和设计能力资源，共同完成产品定制设计的任务，以提高企业设计能力、降低投资风险和成本。它是从“云计算”“云制造”等理念借鉴并发展的，即依靠互联网技术来提升设计者能力，针对设计产品的实现、设计产品的基础知识、设计者三个重要因素之间相互作用以及过程的设计本质发展规律和问题，结合客户定制设计产品的基本设计技术要求和生产流程设计信息，综合分析运用“云计算”、协同产品设计、智能产品设计和知识产权工程等信息技术，形成了先进的产品设计模式。

五、云设计平台

云设计的主要目的是聚集广泛范围内设计知识和设计能力的资源，发挥集体智慧优势，同时对设计知识进行更新的演化，使设计知识得以快速的重新利用，提高了复杂产品的总体设计能力和设计效率。

设计领域中的重要参与者是设计人员，他们的思考活动和知识使用能力无法取代，设计方法是探索优化设计过程的方法。云设计模式是通过多个设计阶段的联系、步骤间的规则、原理，以现代工程学的理论、实践和社会科学的基础理论为依据，建立一套设计方法系统，致力于发挥设计人员积极的活力，充分利用设计人员的智力和知识资源，以求合理地实现设计过程（图 9-3）。

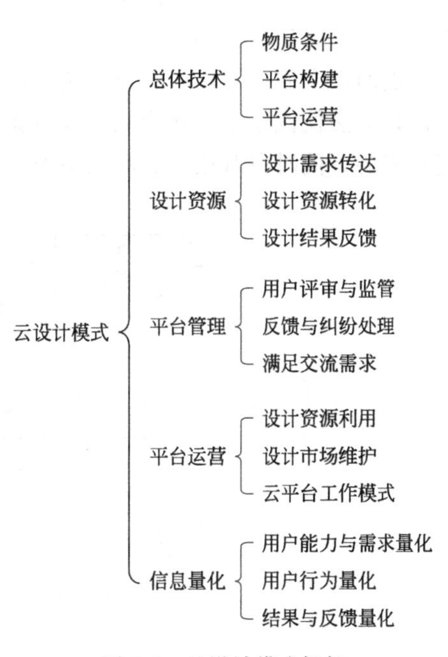

图 9-3　云设计模式框架

智力资源是指拥有专业知识的个人或群体，知识资源则是凭借人的智力创造出的知识产品。智力资源和知识资源的联系在于智力资源只有通过人的创造性活动才能产生成果，形成知识资源。云设计模式是对分布式智力资源的一种有效利用方法和手段，实现智力资源和知识资源的服务化。资源优化调度方面的研究为分布式智力资源的高效配置利用奠定了基础。

1. 猪八戒网

猪八戒网是国内著名的个性化众包设计网站，主要在工业设计领域内提供包括商标设计、网站包装等在内的设计服务。有设计需求的用户通过构建平台发布任务，具备设计能力的设计人员通过平台投标设计任务，在完成设计任务后，获得相应的报酬。该网站到目前为止交易额已突破40亿元，满足了国内众多用户的设计需求，网站上的设计流程如9-4所示。

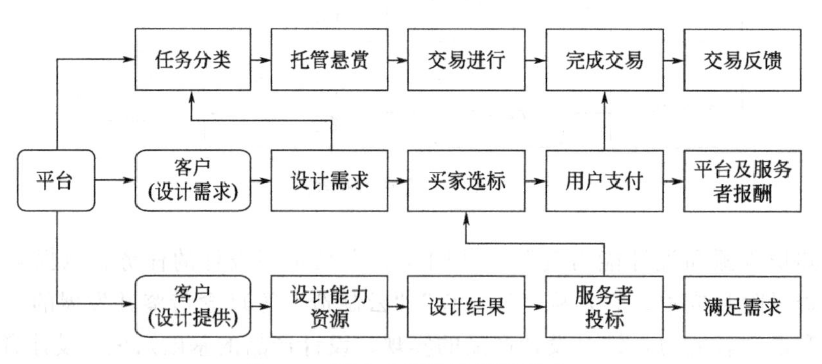

图 9-4　猪八戒网设计运行模式

2. Local Motors 网站

Local Motors是美国的个性化汽车设计网站，目前已经取得巨大的成功。通过构建互联网社区，集思广益，将设计中的许多细节问题和个性化需求交给具备设计能力和对汽车产品感兴趣的网友完成。在产品设计优化的过程中，随时创造条件让用户加入其中，这种新的产品设计方法使汽车个性化产品设计方案得以实现，促使产品的开发周期得以大幅缩短，满足用户需要，同时在对用户有利的情况下，积累产品设计知识（图9-5）。

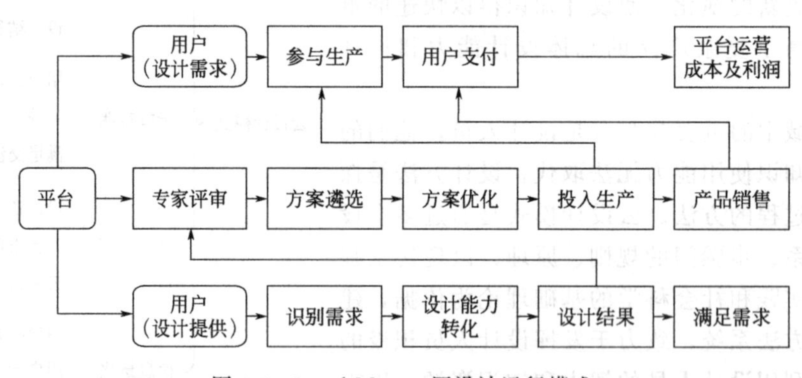

图 9-5　Local Motors 网设计运行模式

现代设计以既有知识为基础，又以知识为中心，设计就是物化知识。设计知识是一个复杂的领域，传统设计理论与方法的研究较少涉及设计知识的获得与更新等问题，相关的方法都是以设计知识已经存在为前提的。目前已有的互联网设计模式主要针对的产品是工业设计品，集中于家电等产品的外观改良设计、商家商标设计、网页设计、方案收集等，设计过程相对简单，设计结果主要取决于个人创意，对设计人员的经验和知识积累的要求不高，不能适应复杂个性化产品的设计需求。因此需要针对复杂定制化产品的设计特点，对其中的共性理论和方法进行研究，为互联网环境下的复杂产品协同设计提供理论和实践方法指导。

六、云计算产品应用案例

1. 产品设计供应链协同概念

在设计驱动提升产品全产业链附加值形成产业优势的发展目标下，研究提出产品设计供应链协同（Fashion Design Chain Synergy，FDCS）概念并定义为：由流行趋势研发机构、产品企业、原材料供应商等产品设计相关环节节点成员构成产品设计供应链协同网络，在产品设计协同机制控制和保障下，产品设计资源信息在标准化、模块化、透明化、一体化的产品设计协同业务流程中顺畅和安全流转，实现产品设计资源实时共享和动态配置、群体决策支持、快速响应及流行趋势信息的有效应用。

景广超认为工业设计领域的创新模式近年来开始从封闭式设计创新模式向开放式云创新模式进行转变。基于互联网大讨论和共享机制的工业设计云创新，由于出色地集中了大众创新智慧，整合分散创新资源，并具有自发性的特点，将深刻地影响未来工业设计乃至整个设计行业的发展。作为工业设计云创新网络载体的虚拟设计社区，社区成员所构成的社会网络的结构模式，对社区以及设计云创新都有极大影响。研究将基于超图理论，构建工业设计云创新社区的社会网络模型，并分析其网络结构特征，从社区的社会网络基本属性、中心性、结构等同性、网络演进等角度对成员互动网络进行分析，提炼出云创新网络模型的社会网络规模、成员互动强度、协作效率、个体依赖、网络稳定性、事件相关等方面的特征。采用个案研究的方法，通过互联网文本数据采集手段，对工业设计网络社区中与社会网络结构有关的数据信息进行采集。将所采集的数据结构化存储在关系型数据库 MySQL 的数据表中，通过 SQL（Structured Query Language，结构化查询语言）语句进行调用与查询。设计一种数据处理算法，将数据库中所存储的结构化数据转换为 SNA（Social Network Analysis）软件直接可用的邻接矩阵数据。进而可以对虚拟设计社区社会网络参数进行测量，并对网络结构特征进行统计学分析，将分析结果同云创新社区的网络模型进行对比研究，从而得出研究结论，揭示当前虚拟设计社区的创新互动结构模式，分析虚拟设计社区创新模式转变为云创新模式所具备的有利条件与不足之处，并展开一定程度的原因分析，提出发展建议。

产品协同设计业务流程信息模型见图 9-6。

2. 产品设计供应链协同策略矩阵与协同信息模型

按照概念产生、逐级译码、构建理论的三步走流程，根据对产品设计相关环节实地调研、专家访谈、文献分析结果，对比相关理论，将产品设计相关环节现状问题逐级译码为控制机制问题、组织网络问题、信息共享问题、技术工具问题和评价体系问题 5 个范畴。

将产品设计供应链协同影响因素译码为环境因素、管理因素、组织因素和技术因素 4 个范畴。

将产品设计供应链协同评价指标译码为成本、交期、质量和风险的管控能力，组织协作能力，技术支持能力，设计柔性能力及设计创新能力 5 范畴。

运用“因果条件→现象→脉络→策略→结果”这一理论典范模型建立产品设计供应链协同相关概念和范畴的逻辑结构，形成完整的产品设计供应链协同通路。即产品设计供应链协同是基于节点企业拥有的产品设计资源总和，由协同合作理念驱使，在协同控制和保障机制作用下，形成产品设计供应链协同组织网络，展开产品设计行为，达到既定产品设计目标。

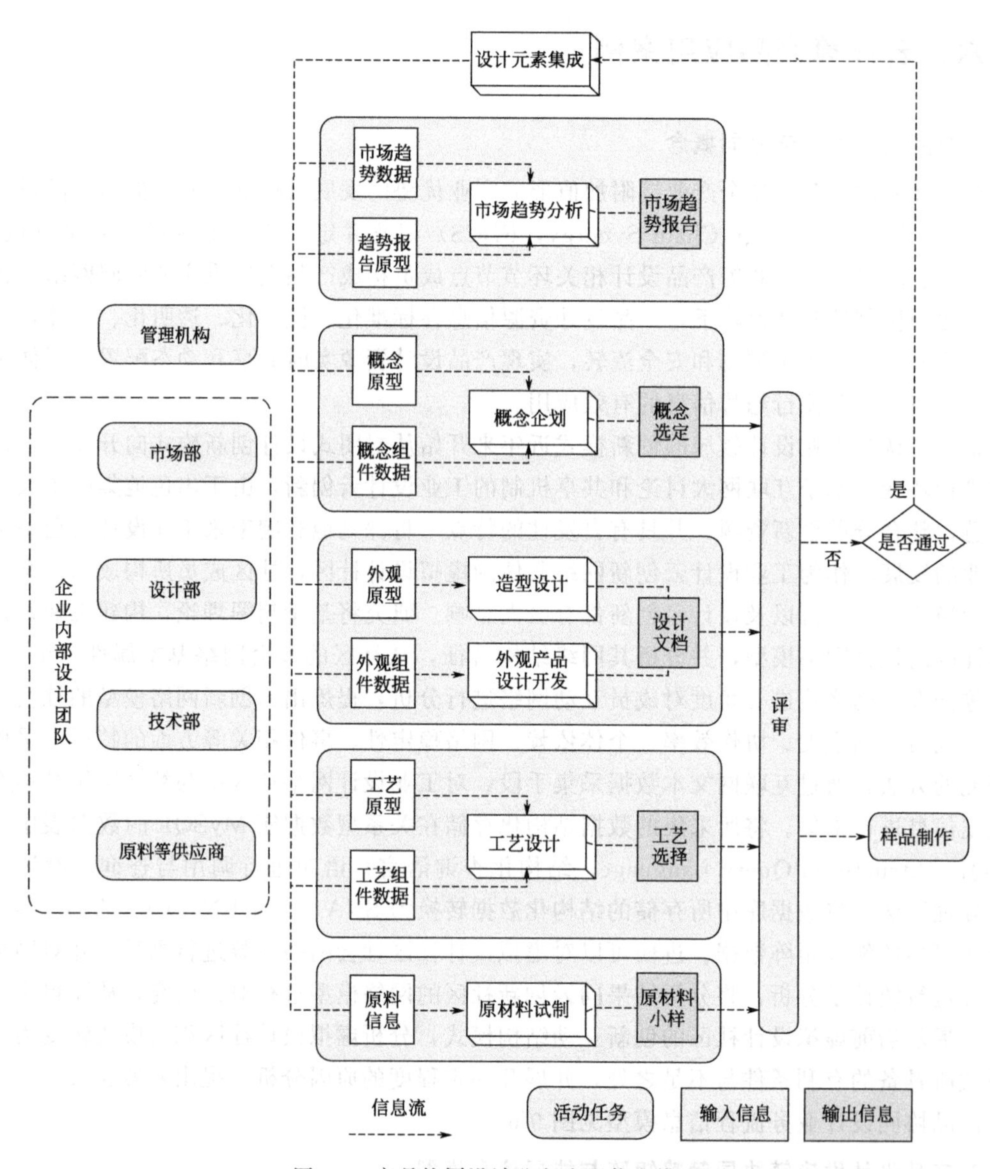

图 9-6　产品协同设计业务流程信息模型

据此从战略、组织、业务流程和信息技术四个层面构建产品设计供应链协同策略矩阵，其中战略层面的协同，从机制上顺畅和保证产品设计供应链协同运转，通过控制协同组织网络上不同层级节点成员权限及其所属产品设计业务流程开始时间实现设计任务分配，通过预防性、反馈性和调整性控制机制保障产品设计资源信息在标准化、模块化、透明化、一体化的产品设计协同业务流程中流转；组织层面的协同，通过建立不同层次的合作关系，进一步明确节点成员企业的分工、合作与责任，引入评价体系、信任机制及激励措施保障成员之间协同合作关系；业务流程层面的协同，在协同机制支持和保障下，以高效完成产品设计任务为目标，打破链上节点成员间的企业界限，对产品设计业务流程进行优化重组；信息技术层面的协同，借助云计算等网络集成技术整合节点成员企业级信息系统，为快速信息获取和快速信息感知提供技术支持。

根据产品设计供应链协同策略，从时间维、关系维、控制维三个维度出发构建产品设计供应链协同概念模型，概念模型沿产品设计业务流程进展阶段，根据节点成员企业契约关系、长期合作伙伴关系和战略协同关系三种不同层级的产品设计协同关系，遵循技术层、策略层和战略层不同层次的协同控制和保障机制，完成产品设计开发任务目标。

根据概念模型原理，搭建包含产品设计资源数据标准化、产品设计资源集成与接入、产品设计资源配置与管理、产品设计协同业务流程再造、产品设计供应链协同评价五个模块的产品设计供应链协同信息模型，为建立基于云计算的产品设计供应链协同平台提供逻辑框架。

其中产品设计资源数据标准化，定义风格、款式、图案、色彩、工艺、原材料等产品设计资源数据字典，为产品设计资源集成与接入形成产品设计大数据资源中心提供数据标准。

产品设计资源集成与接入，通过对信息特征进行聚类、分类和层次划分，明确产品设计资源信息之间的联系及不同层次信息与相应层次功能模块之间的联系，是实现产品设计供应链协同节点企业之间资源信息动态交互和资源使用的松散耦合的前提。

产品设计资源管理与配置，在产品设计协同控制和保障机制管理下，完成用户产品设计资源检索与主动推送需求及由资源配置原型出发完成产品款式设计，同时支持检索和设计原型更新演进，即系统具备自学习、自组织的智能决策能力。

产品设计协同业务流程再造，重新设计各子业务流程间的信息流向、协作关系、信息输入和输出参数等，尤其是原材料前置规划，以实现产品设计在准确性、实效性、服务性等主要设计指标方面的彻底改善，提升产品设计创新和趋势应用能力。

产品设计供应链协同评价，由平台作为第三方认证、评价和管理机构，对每个产品设计子环节成果进行即时检验和评价，决定包括原材料供应商的引入与淘汰等在内的产品设计供应链协同网络节点成员的组织管理，推动协同关系在产品设计开发过程的不断循环中动态演变。

3. 基于云计算的产品设计供应链协同平台构建与实证

根据产品设计供应链协同模型框架构建基于云计算的产品设计供应链协同平台（图 9-7），如上海张江国家自主创新示范区专项发展资金重大项目“基于云计算的创意设计公共服务基地建设”子项目“时尚商品交易系统”建设，平台主要涵盖产品协同设计开发全生命周期所需设计资源的标准化、接入集成、配置管理和协同评价等通用功能。

4. 平台建设总体思路

平台构建及管理的基本思想如图 9-8 所示，根据产品设计方法论、业务流程再造、协同理论等理论方法，依托统一身份认证、基于 SLA 的动态伸缩等关键技术支持，采用云计算服务共享模式，以产业趋势为前导，通过整合设计资源和设计流程，带动众多产品设计单位应用资源配置式数字设计方法完成产品研发、创意设计、商务交易，从而打通上下游产业信息孤岛，实现对趋势信息、原材料信息等产品设计资源之间的全流程关联和动态配置。

5. 平台硬件环境

产品设计资源和节点企业位于不同的部门和地理位置，产品设计供应链协同平台采用云计算分布式系统。平台由网络、存储、软件、安全等多个资源环境部分组成，从满足时尚创意企业云端在线业务的开展需求出发，依照模块化设计、集中化管理、资源池化整合、高可用性、弹性扩展、高安全性、可管理性等原则进行设计。

平台具有云计算资源存储功能，可以满足按需自助服务、多种客户端访问、快速弹性的

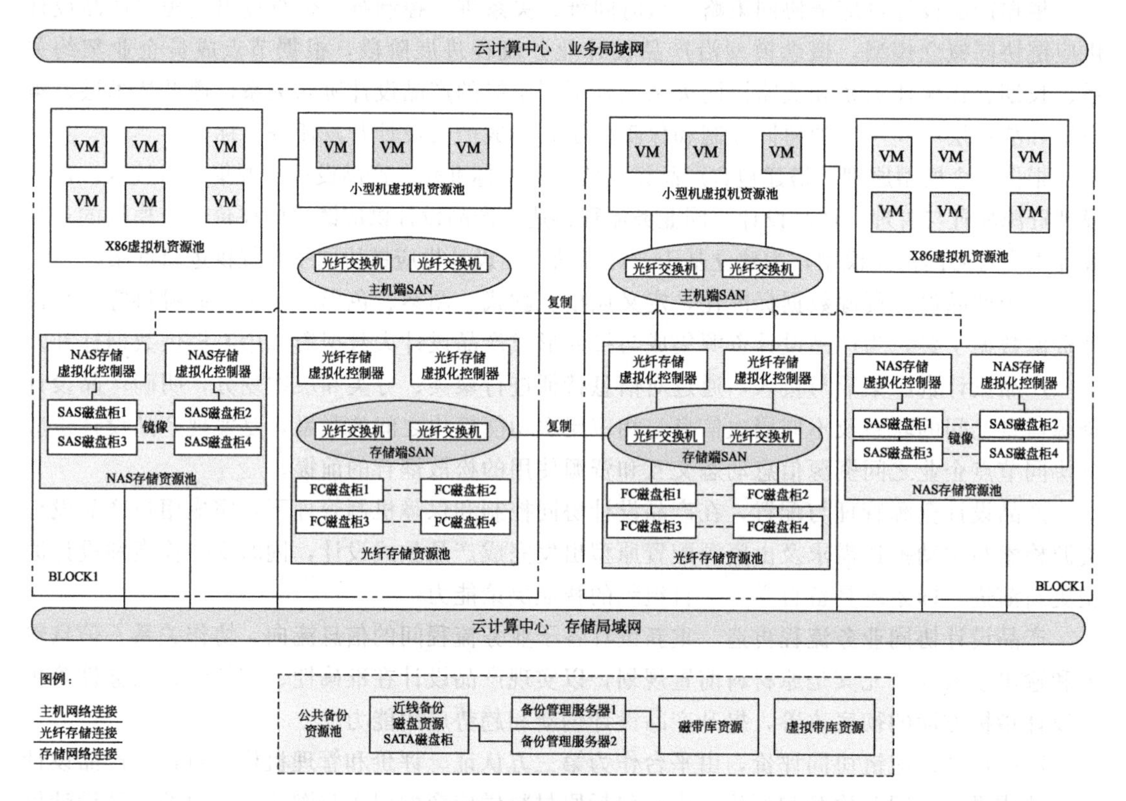

图 9-7　基于云计算的产品设计供应链协同平台架构示意图

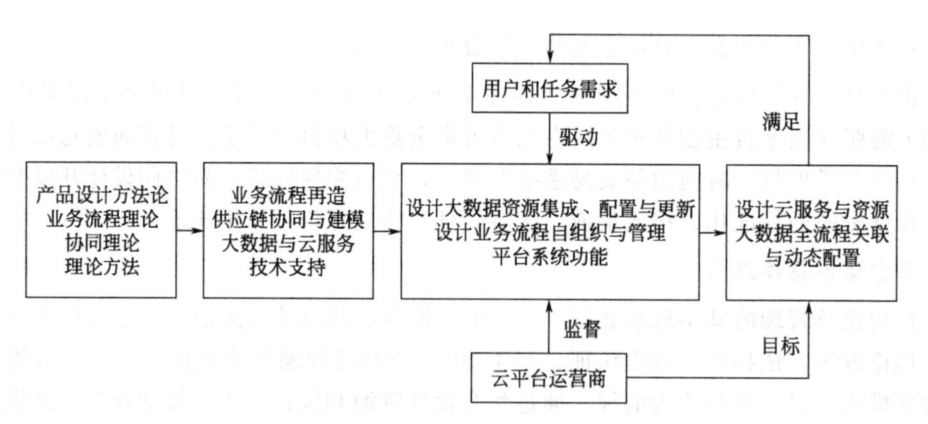

图 9-8　基于云计算的产品设计供应链协同平台总体思路

动态资源共享、服务可监测可度量等用户需求。

6. 平台功能架构

基于云计算的产品设计供应链协同平台采用软件即服务模式，趋势研究成果、企划方案、设计方案、工艺技术、原材料信息等各类设计资源和产品设计全业务流程均可被用户订阅并按需使用标准化服务。由于产品企业与平台之间是松耦合关系，平台用户可将企业产品设计资源和服务接入平台，同时从平台可快速发现合作伙伴并集成相关服务。

平台在信息系统层面通过界面协同、程序协同、数据协同实现产品设计供应链协同，其中界面协同指通过统一各功能模块操作界面改善用户与系统信息环境之间的交互体验和效率；程序协同指平台提供服务功能模块自由组合，实现产品设计功能复用及为其他系统灵活调用；数据协同指确保整体系统平台环境中产品设计资源信息统一按照数据字典定义，顺畅成员企业系统间数据流通。

基于云计算的产品设计供应链协同平台功能结构如图 9-9 所示，分为公共基础信息层、平台运营服务层、应用层和展示层四层，分别为系统开发方、平台运营方、设计资源供需双方提供研发平台、运营后台、用户操作后台及前台界面展示。其中公共基础信息层实现产品设计资源虚拟化接入和集成，平台运营服务层提供包括检索、推荐、评价、安全认证等在内的多粒度服务接口，应用层为平台用户提供模块化产品设计功能和相关接口以实现产品设计资源及产品设计流程交互应用，展示层为产品设计供应链节点成员提供对应的创意设计公共服务门户界面，具体内容如下：

① 公共基础信息层：平台资源层负责对异构产品设计资源进行标准化处理，定义与各种产品设计业务流程匹配的产品设计资源数据参数属性，为产品设计资源抽象封装提供控制接口，并形成主题库、款式库、图案库、工艺库等。

② 平台运营服务层：利用先进云计算技术，根据各种客户的不同需要，实现共享服务的资源管理、客户管理、日志管理、服务目录、授权管理、安全管理、信息搜索、计费管理等必备的基础功能，为创意产业链上的各类企业提供经济、高效的信息化资源服务。在系统安全性方面符合国家信息安全等级保护的要求，采用 MD5、公私密钥等安全手段加强私密数据的安全性。

③ 应用层：协同平台应用层根据用户需求调用各种工具集，直接对产品设计上下游企业提供商品展示、交易服务等功能服务及管理。

④ 展示层：协同平台应用层是整个平台的展示层，以门户网站形式根据用户需求调用各种工具集直接为趋势机构、产品企业、原材料供应商、贸易商和设计机构等不同成员提供对应的创意设计公共服务门户界面。

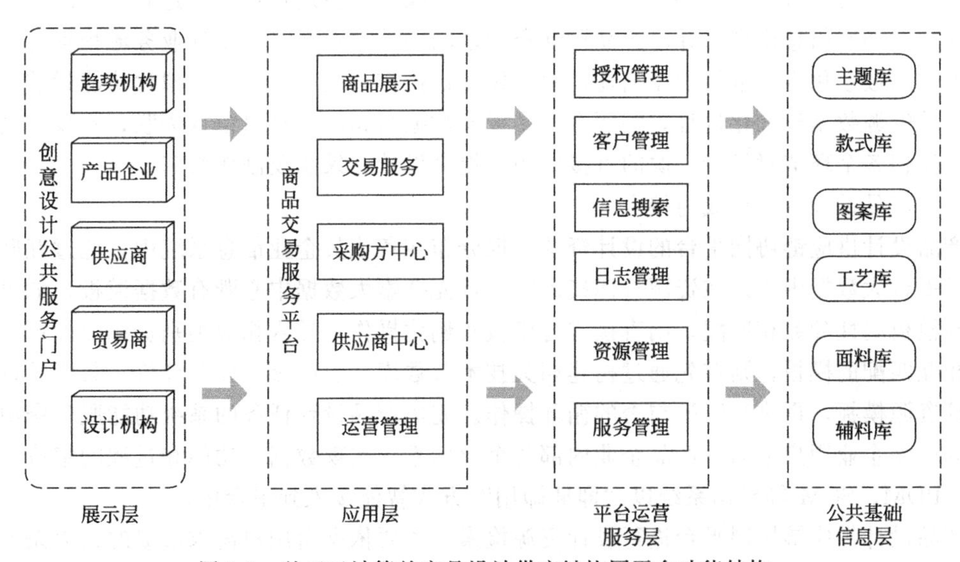

图 9-9　基于云计算的产品设计供应链协同平台功能结构

7. 平台关键技术

（1）统一身份认证

平台采用统一认证系统，集成了多种云应用软件，通过统一的登录服务即可访问所有接入系统，简化了系统的管理和运行成本，降低了系统的维护费用。平台解决了用户很容易共享同一账户等系统安全问题，最大限度地减少了账号盗窃、企业机密泄露等风险。平台通过实时监测和记录账户登录情况以及对系统资源的访问，方便了企业在产品设计过程中对系统的使用，方便了整个任务统筹和对安全隐患的排查。

（2）基于 SLA 的动态伸缩

一般情况下，应用系统的产品设计人员在做设计的时候，系统所面对的是底层抽象的、动态伸缩的计算资源，并不是传统概念上的物理资源，这就造成应用系统并不是根据具体的产品资源而确定下一步工作的进程。然而，其他应用系统中的任务特点也是各异的，比如典型网页应用、长时间运行的批处理作业、一些业务流程流转、数据挖掘等，不同类型的任务对于底层资源的要求也各不相同。所以，预先获知具体任务的类型并获得一定的感知能力，这将使云的动态伸缩更加智能。

综合互联网产品设计、用户体验、传播学等方面研究结果，根据从业人员需求、行为、思维和价值取向特点，执行界面设计总体风格统一且简洁清晰，为用户带来高效率浏览体验。在页面布局上遵循视觉动线规律，将设计资源层次结构目录置于左上角，第一时间帮助访问者快速定位到目标功能和资讯，第二视觉落点为重点推介资讯的焦点大图，第三视觉落点为右上角搜索、登录和帮助中心等模块，其次是通过下拉页面展示各个栏目模块的最新报告内容及页脚访问者常见问题、入门指南、技术支持等内容。

（3）产品设计资源数据标准化

进入平台系统数据质量的高低决定数据分析挖掘与应用的效率。由于产品设计资源多源异构，将其进行标准化和虚拟化封装是实现资源可发现性和可匹配性的基础，平台用户只需获得所需资源访问许可，无须配置硬件设备即可按需对共享的产品设计资源进行检索和调配。产品设计资源标准化过程即按照产品设计资源数据字典定义规则，应用面向对象方法对设计资源数据的固有属性、共性属性、状态属性及操作属性进行定义，建立异构的产品设计资源大数据共性信息模型。并对产品设计资源之间的关系及在产品设计业务流程各环节上的操作方式用数字化方式进行抽象描述，对外仅提供操作方法，即进行虚拟化功能封装。上述产品设计资源数据标准化过程，将所有产品资源数据与相应原材料信息关联，实现产品设计全业务流程各个环节对设计资源的直接调用，提高设计、采购及制作效率。

（4）产品设计资源集成与接入

产品设计供应链协同平台的设计资源数据分布在各成员企业信息系统中，通过互联网上传到云平台大数据中心。在资源具体接入时，首先搜索大数据中心既有数据模板，如果数据属性与模板属性参数相匹配，则直接进行模板实例化操作，导入相应类别资源库即可；如果没有相互匹配的模板，则首先通过构建相关技术参数库、粒度参数库和评价参数库等过程构建设计资源模板，再进行匹配与否的循环操作。完成产品设计任务的系统功能服务资源，是对不同产品企业用户或同一产品企业内部各个异构系统实现数据、功能和过程的集成，如将 ERP、PDM、SCM 等异构系统以“即插即用”方式智能接入到平台中。

产品设计供应链协同平台进行设计资源检索，主要依据由用户需求形成的约束条件进行资源节点搜索，形成结果集合，根据评价指标对结果集合中的数据进行排序，选择最优设计资源数据或者最优设计任务承担业务流程模块。

原材料资源检索主要由原材料供应商发布原材料信息服务，然后产品企业通过属性信息搜索需要的原材料资源，进行调样、下单、评价。主动推送则根据用户历史搜索记录分析用户偏好，向用户进行个性化推荐。平台线上交易与调样、备料、发货等线下交易系统相结合，完成闭环交易流程。

设计协同业务流程编排与执行主要由业务流程组织和服务提供两部分组成。在业务流程组织阶段，首先根据具体的产品设计任务目标解析出多个设计开发子环节任务，明确产品设计各子环节任务目标以及子环节之间的信息流向、信息输入输出参数等；然后进入产品设计业务流程组合服务阶段，根据产品设计研发任务总体目标，将子环节任务映射到平台提供的各类服务上，按照子环节业务流程组合逻辑实现平台产品设计服务的访问调用。在执行过程中可以对产品设计业务流程执行情况进行查看、调整和中止等实时监控操作，从而通过服务的调用与编排完成产品设计开发总任务。

产品设计供应链协同平台对产品设计资源检索和主动推送结果的排序主要根据平台用户历史交易评价结果，决策变量包括在参与产品设计各业务流程阶段时在质量、交期、价格、流行度等方面的综合表现。平台根据评价结果决定包括原材料供应商等在内的平台用户排名、用户引入与淘汰及用户共享资源程度，从而让平台更好地进行资源配置，为用户提供更优质的使用体验，提高用户参与平台开发意愿和用户黏性。

协同平台其他功能模块还包括样品管理与跟踪、线上交易、召开网上订货会等。通常由品牌产品企业或厂商中的市场、销售部门相关人员发布并创建网上订货会，对已审批完成的款式在网上进行发布和预销售。订货会创建完成之后，系统会发布订货会的通知，然后在系统的订货会显示栏目中就会显示该订货会的信息。

（5）平台运营与维护

基于云计算的产品设计供应链协同平台长期的运营依赖于在公开的环境下获得实时可信的产品设计资源，而在大多数的研究和应用中，信息是由资源和服务提供商单方提供的，这种传统的单一方式让更新和实时性很难保证。设计任务往往扮演着不同的角色，在供应和需求方面不断变化，受信息不对称因素如上述信息孤岛的影响，当用户由于涉及全新的设计任务领域，需要在信用等级相关的评估中发现潜在合作对象时，很难准确地进行相关的评估，从而造成项目推进的障碍和合作危险。

产品设计供应链协同平台是产品设计资源的整合、自动运行、创新进步能力和服务质量的高度提升，是该平台应用于产品领域，为用户及市场所接受，并具有长期的生命力，成为产品行业转型升级的关键力量。

采用基于云计算的产品设计供应链协同平台是一项全面系统工程，成员企业上线时需要先明确总体思想和实践方法，平台根据产品设计的供应链协同战略，从上至下达成了共识，通过多部门通力合作，将企业本身产品设计工作完成。验证了产品设计的供应链协同模式。

本章详细案例研究可以参阅：段然《基于云计算的服装设计供应链协同策略与应用研究》。

CHAPTER

第十章 蚁群算法

一、蚁群算法在产品设计创新领域的研究现状

蚁群算法对产品设计创新过程中的流程优化研究较多。高德芳、赵勇、郭杨的研究中，以用户需求与产品性能的相关度最大为优化目标建立了模块化产品配置设计模型，在研究中融合了鱼群算法及蚁群算法的优化模型求解方法。将此方法应用到铁路客车内装模块化配置设计，提出了该优化模型及其求解方法的可行性和有效性。章小红、李世其、王峻峰研究了零件拆卸过程中的序列规划的蚁群算法并建立了模型，模型描述了零部件之间的连接关系和优先关系。采用几何推理方式产生所有可行的拆卸序列，最终建立目标函数并构建适合拆卸序列规划的蚁群算法。张燕、余隋怀、陈登凯在研究中结合遗传算法和蚁群算法在优化组合方面的优势，将其融入到工业设计的产品配色当中。其研究内容为：利用遗传算法对已有的色彩方案库进行搜索，并由此产生有关问题的初始解集，而后利用蚁群算法的并行性正反馈机制的寻优过程。案例则以油罐车整车的配色设计为例进行了色彩优化设计，对优化后的方案应用模糊评价法进行评价，验证了该产品配色方法的有效性。

结合产品创新设计，蚁群算法的优化有很多思路和方法获得应用。胡志涛以功能方法树为研究对象改进了树型拓扑映射关系，采用蚁群算法和层次分析法相结合分析方案生成过程及获取方案优选结果。丁博、于晓洋、孙立镌为提高CAD造型的设计效率，将遗传-蚁群算法应用到CAD产品快速建模的方法中，此方法应用遗传算法求得次优解，并依据求得的次优解应用蚁群算法分析初始信息素分布状况，通过在次优解中二次寻优，从而搜索到产品造型设计的最优解。在李燚、魏小鹏、赵婷婷的研究中，团队建立了基于相关矩阵的多目标产品优化配置模型，采用改进的层次分析法计算各目标权重，并结合蚁群算法的产品配置求解方法，在C语言环境下进行了仿真实验，并利用多次实验优化了算法参数。证明该方法能有效解决产品配置求解问题，实际价值较大。

在系统集成研究方面，国内研究取得了一些进展。王瑞红研究了产品造型是体现感性因素最直接的方式，通过产品造型设计不仅可以实现产品的使用功能，还能传达产品在精神、文化等层面上蕴含的意义和象征性。基于此，研究从分析用户意象认知出发，构建产品感性意象与设计要素之间的映射关系，在此基础上，给出了产品造型设计的新方法。依据用户认知特性提取产品样本和目标感性意象，建立产品设计要素量化数据，分析设计思维与蚁群算法之间的对应关系，并应用蚁群算法在定性层面上优化组合产品设计要素，进而获得指导产品设计的知识库。优化过程中利用感性意象与设计要素之间的对应关系和层次分析法确定适应度函数。获取设计进程、设计思维模式和设计策略与交互式单亲遗传算法之间的对应关系，建立基于交互式遗传算法的产品意象造型进化设计系统。

这些研究均是在产品设计创新基础上结合了蚁群算法的新进展，在算法上做了进一步改

进和优化。

二、蚁群算法简介

（1）蚁群算法定义

蚁群算法（Ant Colony Optimization，ACO），又称蚂蚁算法，这是一种根据蚂蚁行动特点而开发出的模拟蚂蚁寻找优化路径的计算机算法。1992年，Marco Dorigo博士在其毕业论文“Ant System：Optimization by a Colony of Cooperating Agents”中提出。基本的思路和原理起源于蚂蚁在寻找食物过程中发现路径的行为。基于优化算法的蚁群算法是一种模拟进化的算法，其计算过程具有许多优良的性质。该算法经过近二十年的发展，其应用已覆盖众多领域。

（2）蚁群算法研究历史

1959年，Pierre-Paul Grassé提出了共识主动性（Stigmergy）理论来解释白蚁建巢的行为。

1983年，Deneubourg与其合作者研究分析了蚂蚁的集体行为。

1988年，Moyson Manderick发表了有关蚁群算法的文章。

1989年，Goss Aron Deneubourg和Pasteels发表了蚁群优化算法的思路。

1989年，Ebling与其合作者给出了蚁群觅食行为的模型。

1991年，M. Dorigo的博士论文提出了蚂蚁系统。

1996年，V. Maniezzo和A. Colorni的关于蚁群算法的著作出版。

1996年，蚂蚁系统的系列文章出版。

1996年，Hoos与Stützle开发最大最小蚂蚁系统。

1997年，Dorigo和Gambardella开发了蚁群系统。

1997年，Schoonderwoerd与其同事们在电信网络上应用了蚁群算法。

1998年，Dorigo倡导与发起有关蚁群算法的学术会议。

1998年，Stützle提出初步的并行运算的算法。

1999年，Bonabeau Dorigo和Theraulaz出版蚁群算法的著作。

2000年，《未来计算机系统》杂志出版了有关蚂蚁算法的专刊。

2000年，Gutjahr给出了蚁群算法收敛首个证据。

2001年，COA算法首次被使用。

2001年，IREDA与其同事们提出了首个多对象算法。

2002年，比安奇与其合作者提出了随机问题的算法。

2004年，Zlochin和Dorigo研究认为有些算法等价于随机梯度下降法。

2005年，首次在蛋白质折叠问题上应用。

（3）蚁群优化算法的应用

蚁群优化算法已应用于许多组合优化问题：

车间作业调度问题（JSP）；

开放式车间调度问题（OSP）；

排列流水车间问题（PFSP）；

单机总延迟时间问题（SMTTP）；

单机总加权延迟问题（SMTWTP）；
资源受限项目调度问题（RCPSP）；
车间组调度问题（GSP）。
车辆路径问题：
限量车辆路径问题（CVRP）；
多站车辆路径问题（MDVRP）；
周期车辆路径问题（PVRP）；
分批配送车辆路径问题（SDVRP）；
随机车辆路径问题（SVRP）；
装货配送的车辆路径问题（VRPPD）；
带有时间窗的车辆路径问题（VRPTW）；
依赖时间的时间窗车辆路径问题（TDVRPTW）。
分配问题：
二次分配问题（QAP）；
广义分配问题（GAP）；
频率分配问题（FAP）；
冗余分配问题（RAP）。
设置问题：
覆盖设置问题（SCP）；
分区设置问题（SPP）；
加权弧 L-基数树问题（AWLCTP）；
多背包问题（MKP）；
最大独立集问题（MIS）。

三、蚁群算法的数学原理

蚁群算法本质上是一种仿生学算法，来自于自然界中蚂蚁觅食的行为。通常描述为自然界中蚂蚁觅食过程中，蚁群总能够寻找到一条从蚁巢到食物源的最优路径。图 10-1 显示了这样一个觅食的过程。

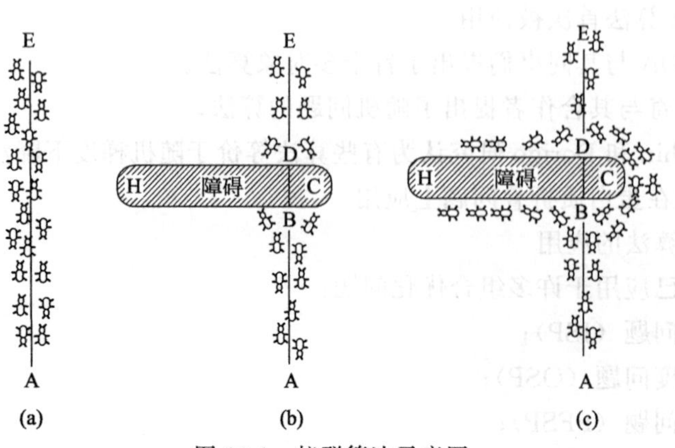

图 10-1　蚁群算法示意图

在图 10-1(a) 中，有一群蚂蚁，假设 A 是蚁巢，E 是食物源。这群蚂蚁将沿着蚁巢和食物源之间的直线路径行驶。假如在 A 和 E 之间突然出现了一个障碍物［图 10-1(b)］，那么，在 B 点（或 D 点）的蚂蚁将要做出决策，到底是向左行驶还是向右行驶？由于一开始路上没有前面蚂蚁留下的信息素（pheromone），蚂蚁朝着两个方向行进的概率是相等的。但是当有蚂蚁走过时，它将会在它行进的路上释放出信息素，并且这种信息素会以一定的速率散发掉。信息素是蚂蚁之间交流的工具之一。它后面的蚂蚁通过路上信息素的浓度，做出决策，往左还是往右。很明显，沿着短边的路径上信息素将会越来越浓［图 10-1(c)］，从而吸引了越来越多的蚂蚁沿着这条路径行驶。

假如蚁群中所有蚂蚁的数量为 m，所有城市之间的信息素用矩阵 pheromone 表示，最短路径为 bestLength，最佳路径为 bestTour。每只蚂蚁都有自己的内存，内存中用一个禁忌表（Tabu）来存储该蚂蚁已经访问过的城市，表示其在以后的搜索中将不能访问这些城市；还有另外一个允许访问的城市表（Allowed）来存储它还可以访问的城市；还用一个矩阵（Delta）来存储它在一个循环（或者迭代）中在所经过的路径释放的信息素；还有另外一些数据，例如一些控制参数（α,β,ρ,Q）、该蚂蚁行走完全程的总成本或距离（tourLength）等。假定算法总共运行 MAX _ GEN 次，运行时间为 t。

四、蚁群算法计算过程

（1）初始化

设 $t=0$，bestLength 为一个非常大的数（正无穷），bestTour 为空。所有蚂蚁的 Delta 矩阵所有元素初始化为 0，Tabu 表清空，Allowed 表中加入所有的城市节点。随机选择起始位置（也可以人工指定）。在 Tabu 中加入起始节点，Allowed 中去掉该起始节点。

（2）蚂蚁选择下一个节点

为每只蚂蚁选择下一个节点，该节点只能从 Allowed 中以某种概率［式（10-1）］搜索到，每搜到一个，就将该节点加入到 Tabu 中，并且从 Allowed 中删除该节点。该过程重复 $n-1$ 次，直到所有的城市都遍历过一次。遍历完所有节点后，将起始节点加入到 Tabu 表中。此时 Tabu 表元素数量为 $n+1$(n 为城市数量)，Allowed 中元素数量为 0。接下来按照式（10-2）计算每个蚂蚁的 Delta 矩阵值。最后计算最佳路径，比较每个蚂蚁的路径成本，然后和 bestLength 比较，若它的路径成本比 bestLength 小，则将该值赋予 bestLength，并且将其 Tabu 赋予 bestTour。

① 转移概率 $P_{ij}^{k}(t)$ 计算公式：

$$P_{ij}^{k}(t)=\begin{cases}\dfrac{[\tau_{ij}(t)]^{\alpha}\cdot[\eta_{ij}(t)]^{\beta}}{\sum\limits_{s\in J_k(i)}[\tau_{is}(t)]^{\alpha}\cdot[\eta_{is}(t)]^{\beta}}, j\in J_k(i)\\ 0, 否则\end{cases} \tag{10-1}$$

式中，α 为信息素的相对重要程度，β 为启发式因子的相对重要程度，J_k 为蚂蚁 k 下一步允许选择的城市集合。

② 启发式因子计算公式：

$$\eta_{ij}=1/d_{ij} \tag{10-2}$$

③ 信息素计算公式：

$$\tau_{ij}(t+n)=(1-\rho)\cdot\tau_{ij}(t)+\Delta\tau_{ij} \tag{10-3}$$

$$\Delta\tau_{ij}=\sum_{k=1}^{m}\Delta\tau_{ij}^{k} \tag{10-4}$$

$$\Delta\tau_{ij}^{k}=\begin{cases}Q\\L_k\\0\end{cases} \tag{10-5}$$

式中，Q 为正常数，L_k 为蚂蚁 k 在本次周游中所走路径的长度。

其中 $P_{ij}^{k}(t)$ 表示选择城市 j 的概率，k 表示第 k 个蚂蚁，$\tau_{ij}(t)$ 表示城市 i、j 在 t 时刻的信息素浓度，$\eta_{ij}(t)$ 表示从城市 i 到城市 j 的可见度，d_{ij} 表示城市 i、j 之间的成本（或距离）。由此可见 d_{ij} 越小，η_{ij} 越大，从城市 i 到 j 的可见性就越大。$\Delta\tau_{ij}^{k}$ 表示蚂蚁 k 在城市 i 与 j 之间留下的信息素。L_k 表示蚂蚁 k 经过一个循环（或迭代）所经过路径的总成本（或距离），即 tourLength、α、β、Q 均为控制参数。

④ 更新信息素矩阵：

令 $t=t+n_t$，按照式（10-3）更新信息素矩阵 pheromone。

$$\tau_{ij}(t+n)=\rho\cdot\tau_{ij}(t)+\Delta\tau_{ij} \tag{10-6}$$

式中，$\tau_{ij}(t+n)$ 为 $t+n$ 时刻城市 i 与 j 之间的信息素浓度，ρ 为控制参数，Delta_{ij} 为城市 i 与 j 之间信息素经过一个迭代后的增量。并且有：

$$\Delta\tau_{ij}=\sum_{k=1}^{m}\Delta\tau_{ij}^{k} \tag{10-7}$$

其中 $\Delta\tau_{ij}^{k}$ 由公式计算得到。

⑤ 检查终止条件：

如果达到最大代数 MAX _ GEN，算法终止，转到第⑤步；否则，重新将所有蚂蚁的 Delta 矩阵所有元素初始化为 0，Tabu 表清空，Allowed 表中加入所有的城市节点。随机选择起始位置（也可以人工指定）。在 Tabu 中加入起始节点，Allowed 中去掉该起始节点，重复执行②、③、④步。

⑥ 输出最优值。

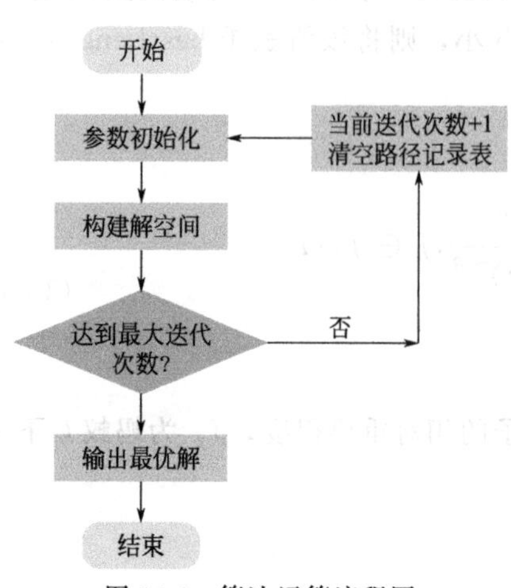

图 10-2　算法运算流程图

（3）算法流程图（图 10-2）

① 初始化参数。在计算之处，需对相关的参数进行初始化，如蚁群规模（蚂蚁数量）m、信息素重要程度因子 α、启发函数重要程度因子 β、信息素挥发因子 ρ、信息素释放总量 Q、最大迭代次数 $iter$-max、迭代次数初值 $iter=1$。

② 构建解空间。将各个蚂蚁随机地置于不同出发点，对每个蚂蚁 $k(k=1,2,\cdots,m)$，计算其下一个待访问的城市，直到所有蚂蚁访问完所有的城市。

③ 更新信息素。计算各个蚂蚁经过的路径长度

$L_k(k=1,2,\cdots,m)$，记录当前迭代次数中的最优解（最短路径）。同时，对各个城市连接路径上的信息素浓度进行更新。

（4）判断是否终止。若 $iter<iter\_max$，则令 $iter=iter+1$，清空蚂蚁经过路径的记录表，并返回步骤②，否则，重新计算。输出最优解。

五、 MATLAB 代码

代码：

```
%% I.清空环境变量
clear all
clc
%% II.导入数据
% load citys_data.mat
citys = [16.4700   96.1000
      16.4700   94.4400
      20.0900   92.5400
      22.3900   93.3700
      25.2300   97.2400
      22.0000   96.0500
      20.4700   97.0200
      17.2000   96.2900
      16.3000   97.3800
      14.0500   98.1200
      16.5300   97.3800
      21.5200   95.5900
      19.4100   97.1300
      20.0900   92.5500];
%% III.计算城市间相互距离
n = size(citys,1); % 城市数量
D = zeros(n,n);
for i = 1:n
     for j = 1:n
         if i ~= j
              D(i,j) = sqrt(sum((citys(i,:)-citys(j,:)).^2));
         else
              D(i,j) = 1e-4;   %如果是0会导致矩阵对角线都是0,导致启发函数无穷大,因此取很
小的值
         end
     end
end

%% IV.初始化参数
m = 50;                              % 蚂蚁数量
```

```
alpha = 1;                          % 信息素重要程度因子
beta = 5;                           % 启发函数重要程度因子
rho = 0.1;                          % 信息素挥发因子
Q = 1;                              % 常系数
Eta = 1./D;                         % 启发函数
Tau = ones(n,n);                    % 信息素矩阵
Table = zeros(m,n);                 % 路径记录表,每一行代表一个蚂蚁走过的路径
iter = 1;                           % 迭代次数初值
iter_max = 200;                     % 最大迭代次数
Route_best = zeros(iter_max,n);     % 各代最佳路径
Length_best = zeros(iter_max,1);    % 各代最佳路径的长度
Length_ave = zeros(iter_max,1);     % 各代路径的平均长度

%% V.迭代寻找最佳路径
while iter <= iter_max
      % 随机产生各个蚂蚁的起点城市
      start = zeros(m,1);
      for i = 1:m
           temp = randperm(n);
           start(i) = temp(1);
     end
     Table(:,1) = start;
     citys_index = 1:n;
     % 逐个蚂蚁路径选择
     for i = 1:m
          % 逐个城市路径选择
          for j = 2:n
               tabu = Table(i,1:(j-1));           % 已访问的城市集合(禁忌表)
             allow_index = -ismember(citys_index,tabu);
             allow = citys_index(allow_index);     % 待访问的城市集合
             P = allow;
             % 计算城市间转移概率
             for k = 1:length(allow)
                  P(k) = Tau(tabu(end),allow(k))^alpha * Eta(tabu(end),allow(k))^beta;
             end
             P = P/sum(P);
             %用轮盘赌法选择下一个访问城市
             Pc = cumsum(P);
            target_index = find(Pc >= rand);
            target = allow(target_index(1));
            Table(i,j) = target;
        end
    end
    % 计算各个蚂蚁的路径距离
```

```
        Length = zeros(m,1);
        for i = 1:m
            Route = Table(i,:);
            for j = 1:(n -1)
                Length(i) = Length(i) + D(Route(j),Route(j + 1));
           end
           Length(i) = Length(i) + D(Route(n),Route(1));
        end
        % 计算最短路径距离及平均距离
        if iter = = 1
            [min_Length,min_index] = min(Length);
            Length_best(iter) = min_Length;
            Length_ave(iter) = mean(Length);
            Route_best(iter,:) = Table(min_index,:);
        else
            [min_Length,min_index] = min(Length);
            Length_best(iter) = min(Length_best(iter -1),min_Length);
            Length_ave(iter) = mean(Length);
            if Length_best(iter) = = min_Length
                Route_best(iter,:) = Table(min_index,:);
          else
                Route_best(iter,:) = Route_best((iter-1),:);
          end
        end
        % 更新信息素
        Delta_Tau = zeros(n,n);
        % 逐个蚂蚁计算
        for i = 1:m
             % 逐个城市计算
            for j = 1:(n -1)
                Delta_Tau(Table(i,j),Table(i,j + 1)) = Delta_Tau(Table(i,j),Table(i,j + 1)) +
Q/Length(i);
            end
                Delta_Tau(Table(i,n),Table(i,1)) = Delta_Tau(Table(i,n),Table(i,1)) + Q/
Length(i);
        end
        Tau = (1-rho) * Tau + Delta_Tau;
       % 迭代次数加 1,清空路径记录表
       iter = iter + 1;
       Table = zeros(m,n);
    end
    % % VI.结果显示
    [Shortest_Length,index] = min(Length_best);
    Shortest_Route = Route_best(index,:);
```

```
disp(['最短距离:' num2str(Shortest_Length)]);
disp(['最短路径:' num2str([Shortest_Route Shortest_Route(1)])]);
%% VII.绘图
figure(1)
plot([citys(Shortest_Route,1);citys(Shortest_Route(1),1)],…
      [citys(Shortest_Route,2);citys(Shortest_Route(1),2)],'o-');
grid on
for i = 1:size(citys,1)
      text(citys(i,1),citys(i,2),['  ' num2str(i)]);
end
text(citys(Shortest_Route(1),1),citys(Shortest_Route(1),2),'      起点');
text(citys(Shortest_Route(end),1),citys(Shortest_Route(end),2),'      终点');
xlabel('城市位置横坐标')
ylabel('城市位置纵坐标')
title(['蚁群算法优化路径(最短距离:' num2str(Shortest_Length)')'])
figure(2)
plot(1:iter_max,Length_best,'b',1:iter_max,Length_ave,'r:')
legend('最短距离','平均距离')
xlabel('迭代次数')
ylabel('距离')
title('各代最短距离与平均距离对比')
```

六、应用案例

在现代家具企业中，传统的大批量生产模式已不适用，取而代之的是家具企业的大规模定制生产模式。大规模定制的核心就是以大规模的生产模式满足客户个性化需求。目前，新产品企业的生产是以订单为核心。定制化背景下家具订单的差异性较大，导致设备调整时间和企业生产成本增加，交货期延长。因此，新产品企业在排产前需考虑订单的相似性，做好订单的管理工作，合理安排生产是企业降低生产成本的前提。

蚁群算法是一种寻找最优路径的人工智能算法，有较强的鲁棒性和自适应性，目前，蚁群算法被大量运用于数据挖掘、机器人、电力、通信、交通等多个领域。研究针对新产品订单多品种小批量的情况，通过模拟蚁群的觅食行为将算法应用于新产品订单聚类问题分析中，以所有聚类类别中材料种类总和最小为聚类目标对新产品订单进行聚类分析。

模型构建

(1) 问题描述

由于新产品组装在开料环节需要对原料板进行切割，不同的订单所需原料板的种类及数量各不相同。若对单个订单进行单独排产开料，会导致某些原料板的利用率较低，从而增加企业的生产成本。因此，现代的新产品企业将几个相似订单组合在一起进行揉单生产。订单的聚类问题描述为：在某一时间段内有 N 个订单 $\{O_1,O_2,\cdots,O_N\}$，每一个订单有若干数量的板件，每个订单的板件材料种类不定。假设第 i 个订单 $X_i(i=1,2,3,\cdots,N)$ 中有 $t(t=$

$1,2,3,\cdots,n$）种板件材料，每一种材料的总面积分别为 $\{S_1,S_2,\cdots,S_t\}$，则订单 i 的总面积为 $S_i=S_1+S_2+\cdots+S_t$。对这 N 个订单进行聚类，使得聚类完成后所有类别中的材料种类总和最小。

（2）订单表示

由于新产品订单中某些信息是非结构化信息，需将订单中材料文本数据转换成计算机能够识别的语言以便进行订单的管理工作。研究选取新产品订单中订单名称、材料描述、订单面积作为关键信息对订单进行预处理。新产品订单 i 可以表示为：

$$X_i=\{t_1,O_{i1},t_j,O_{in},S_i\} \tag{10-8}$$

$$O_{ij}=\begin{cases}1,\text{材料 } j \text{ 在订单 } i \text{ 中出现}\\0,\text{材料 } j \text{ 在订单 } i \text{ 中未出现}\end{cases} \tag{10-9}$$

式中，t_j 表示材料 j，O_{ij} 表示在订单 i 中材料 j 的出现情况。S_i 为订单 i 的板材总面积。由于复杂产品开料工序是根据板件的材料种类进行开料，影响订单聚类的主要因素为材料种类。因此 O_{ij} 值表示为：若此材料在该订单文本中出现，则该值为 1，若订单文本中该材料未出现，则该值为 0。将新产品订单集合转化为一个 $N\times(n+1)$ 的高维矩阵 $\boldsymbol{X}$，矩阵 $\boldsymbol{X}$ 表示：总共有 N 个订单，每一行代表一个订单，该订单集合总共有 n 种材料种类，每一列代表一个材料种类。

$$\boldsymbol{X}=\begin{cases}O_{11}O_{12}O_{13}\cdots O_{1n}S_1\\O_{21}O_{22}O_{23}\cdots O_{2n}S_2\\\vdots\quad\vdots\quad\vdots\quad\vdots\\O_{N1}O_{N2}O_{N3}\cdots O_{Nn}S_N\end{cases} \tag{10-10}$$

（3）订单相似度

为了对家具订单进行聚类，需要对各订单的相似程度进行描述。由于新产品的生产特点，对于新产品订单间的相似度的计算只考虑材料的出现情况，订单向量描述值为 0 或 1。Jaccard 距离常用来处理仅包含非对称的二元（0，1）属性的对象，不考虑各属性的实际值。因此，研究通过 Jaccard 距离对订单相似度进行计算。公式如下：

$$\begin{cases}J_{ij}=\dfrac{|\boldsymbol{X}_i\cap\boldsymbol{X}_j|}{|\boldsymbol{X}_i\cup\boldsymbol{X}_j|}\\D_{ij}=1-J_{ij}\end{cases} \tag{10-11}$$

式中，J_{ij} 为 Jaccard 系数，表示订单向量 $\boldsymbol{X}_i$ 与订单向量 $\boldsymbol{X}_j$ 的交集元素的个数与订单向量 $\boldsymbol{X}_i$ 与订单向量 $\boldsymbol{X}_j$ 并集的元素个数的比例；D_{ij} 为 Jaccard 距离；D_{ij} 的取值范围为 $[0,1]$，当值为 1 时表示两个订单所需材料种类完全不相同，当值为 0 时表示两个订单所需材料种类一致。

（4）目标函数

研究以聚类完成后所有类别中的材料种类总和最少为目标函数。求解公式如下：

$$Z=\min\sum_{j=1}^{K}Z_j \tag{10-12}$$

式中，Z_j 为第 j 类订单包含的材料种类数，j 为类别编号，K 为聚类类别数目。

（5）订单预处理

以企业实际接受的订单数据为数据基础，随机选取 50 个同一天交货期的新产品订单，分别用编号 1～50 表示家具订单。通过 MATLAB 软件进行仿真实验。对订单的聚类要求是使所有聚类类别的材料种类总和最小，且各类别的总面积大于工厂规定的一个批次生产的最小面积数。

对 50 个家具订单进行预处理，这 50 个家具订单总共包括 30 种板材种类。生成 50×31 的订单集合矩阵，其中，订单矩阵的最后一列为订单的面积，用于聚类的订单面积归并，在订单相似度计算时忽略该列。如表 10-1 所示。

表 10-1　新产品订单向量矩阵示例

订单编号	极灰 18	极灰 8	极灰 25	安第斯胡桃 12	……	柚木 18	柚木 25	柚木 8	卢森灰腊 18	卢森灰腊 25	订单面积/m^2
1	1	1	0	0	……	0	0	0	0	0	15.6782
2	1	1	0	0	……	0	0	0	0	0	13.8938
3	1	1	1	0	……		0	0	0	0	8.9720
4	0	0	0	1	……		0	0	0	0	16.3884
……	……	……	……	……	……	……	……	……	……	……	……
49	0	0	0	0	0		1	1	0	0	6.5314
50	0	0	0	0	0		0	0	1	1	26.1552

（6）相似距离确定

将每个订单作为一类，构成大小为 50×50 的距离矩阵，通过距离矩阵计算信息素矩阵，继而计算类别之间的转移概率，根据转移概率对订单进行聚类，根据式（10-12）求得类间转移概率矩阵。将类别之间的转移概率与转移阈值进行比较，进行类别归并循环迭代，直至满足聚类要求为止。

（7）聚类算法结果

经过多次试验比较，最终确定研究算法的参数值如表 10-2 所示。

表 10-2　参数设置

参数	参数值
聚类半径 r	1
转移阈值 p_0	0.2
权重参数	$\alpha=\beta=1$

针对以上 50 个订单，运用传统的聚类数目已知的蚁群算法以及经典的聚类算法 K-means 算法进行聚类求解，与研究中的聚类数目未知的蚁群算法的结果进行对比，其结果如表 10-3 所示。

表 10-3　不同算法的聚类结果

算法类别	t/s	Z/种
聚类数目未知的 ACCA	32.83	30
聚类数目已知的 ACCA	96.01	42
K-means	0.39	84

（8）算例结果分析

由于材料种类数决定了新产品生产时机器调整总时间，对订单聚类的要求是使所有类别中订单材料种类总和最少，使得参与聚类的所有订单在生产时机器调整总时间最少，从而提高企业的生产效率。假设板材材料更换导致机器的调整时间固定，用 t_m 表示。

所有聚类类别材料种类总和为 30，聚类类目为 7，算法计算时间为 32.83s。则生产这 50 个订单时机器调整的总时间为 $30t_m$。而已知聚类数目的蚁群聚类算法在聚类之前需要找到一个较合适的聚类类目值，才能得到较好的聚类效果，增加了算法计算时间。根据研究算法的结果得到最优的聚类类别数为 7，因此，预先设定聚类数目为 7，通过聚类数目已知的蚁群聚类算法迭代得到所有聚类类别材料种类总和为 42，大于原有订单的材料种类总数 30，说明存在着不同板材种类的订单聚为一类的情况，使得所有类别中材料种类增多，机器调整的总时间为 $42t_m$。经典的 K-means 算法计算快，通过 K-means 算法聚类完成后所有类别中的材料种类总数为 84，远大于这 50 个订单的材料种类总数 30，说明其不适用于新产品订单聚类分析。综上所述，对于新产品订单的聚类分析，根据新产品生产特点提出的蚁群聚类算法的聚类效果较好，结果更符合生产实际。

本章案例选自：陶涛、王洁、刘忠会、陈星艳、冯万福《基于蚁群聚类算法的板式定制家具订单聚类分析》。

致 谢

在成书过程中有幸得到徐江教授、罗仕鉴教授的鼓励，在此表示诚挚谢意。感谢南伊利诺伊州立大学黄涛教授用优美的文字给出的推荐。

向作者的学生王胜男、刘娜、张珈诚、杨萌、张舒青、古今，上过课的王真、李帅、高倩、丁苗苗、李怡、杨旸等同学表示感谢，特别致谢杨萌同学所做的排版、校订等工作。

向家人的支持表示感谢！

向中国工业设计学者联盟（3.4）微信群的群友致谢！向中国设计学智库微信群群友致谢！

向被引用的案例提供者表示衷心感谢！

参考文献

[1] 徐江. 设计科学知识图谱. 北京：中国科学技术出版社，2019.

[2] 吕琳. 产品开发中的新设计方法研究. 现代装饰（理论），2011（8）：60.

[3] 赵沁怡. 探索敏捷方法在产品设计与开发中的应用. 济南：山东大学，2016.

[4] 徐志磊. 谈智能系统与创新设计的概念问题. 装饰，2016（11）：12-13.

[5] 郭鑫鑫，王海燕. 大数据背景下基于数据众包的健康数据共享平台商业模式构建. 管理评论，2019（7）：56-64.

[6] 徐江，孙刚，叶露，等. 基于科学文献计量的概念设计知识图谱研究. 包装工程，2018，39（22）：1-7.

[7] 徐江，王修越，王奕，等. 基于确定性信息理论的设计认知复杂度计算方法. 中国机械工程，2017（5）：596-602.

[8] 徐旭东，付艳萍. SCADA 中历史数据的 SDT 算法研究与改进. 计算机工程与科学，2018，40（06）：999-1004.

[9] 易力，王丽亚. 基于观点挖掘的产品可用性建模与评价. 计算机工程，2012，38（16）：270-274.

[10] 宋睿，陈鑫，洪宇. 基于卷积循环神经网络的关系抽取. 中文信息学报，2019，33（10）：64-72.

[11] 易力，王丽亚. 基于观点挖掘的产品可用性建模与评价. 计算机工程，2012，38（16）：270-274.

[12] 朱国卿. 群机器人系统自组织队形控制策略研究. 济南：山东大学，2017.

[13] 潘云鹤，孙守迁. 计算机辅助工业设计发展状况与趋势. 计算机辅助设计与图形学学报，1999，11（3）：248-252.

[14] 徐孟，孙守迁，潘云鹤. 虚拟人运动控制技术的研究. 系统仿真学报，2003，15（3）：338-342.

[15] 罗仕鉴，朱上上，孙守迁. 基于集成化知识的产品概念设计技术研究. 计算机辅助设计与图形学学报，2004，16（3）：261-266.

[16] 彭冬梅，刘肖健，孙守迁. 信息视角：非物质文化遗产保护的数字化理论. 计算机辅助设计与图形学学报，2008（01）：119-125.

[17] 韩挺，孙守迁，潘云鹤. 基于消费者认知的产品形态偏好预测系统. 上海交通大学学报，2009（4）：606-611.

[18] 孙守迁，包恩伟. 计算机辅助概念设计研究现状和发展趋势. 中国机械工程，1999（06）：697-700.

[19] 赵川，余隋怀，初建杰，等. 基于模糊逻辑的快速上肢评估方法（RULA）改进. 哈尔滨工业大学学报，2018，50（7）：87-93.

[20] 徐江，王修越，王奕，等. 基于语义链接的设计认知多维建模方法. 机械工程学报，2017，53（15）：32-39.

[21] 吴通，陈登凯，余隋怀. 产品创新设计的可拓推理设计方法. 机械设计，2018（4）：113-118.

[22] 陈健，莫蓉，余隋怀. 云环境下众包产品造型设计方案多目标群体决策. 浙江大学学报：工学版，2019（8）：1517-1524.

[23] 张青，陈登凯，余隋怀. 产品设计中基于 FBS 模型的用户需求分析方法. 机械设计，2018（7）：119-123.

[24] 余隋怀，胡宇坤，初建杰. 十字型工业设计产学研合作创新模式研究. 包装工程，2017，38（24）：6-9.

[25] 苏建宁，张新新，景楠. 认知差异下的产品造型意象熵评价研究. 机械设计，2016（3）：105-108.

[26] 苏建宁，刘志君，王鹏. 基于感性意象的产品族造型设计方法研究进展. 机械设计，2017（11）：112-116.

[27] 解尧，苏建宁，马国伟. 电站锅炉混煤燃烧配比试验研究. 节能技术，2016，34（01）：27-30.

[28] 苏建宁，康亚君，张书涛. 面向认知主体的产品意象造型创新设计方法. 现代制造工程，2018（6）：108-113.

[29] 段正洁，谭浩，赵江洪. 方案驱动的产品造型设计迭代模式. 包装工程，2017（24）：119-123.

[30] 黄颖捷，赵江洪，赵丹华. 汽车内饰设计认知模式研究及应用. 包装工程，2019（8）：290-295.

[31] 段正洁，谭浩，赵丹华. 基于风格语义的产品造型设计评价策略. 包装工程，2018，39（12）：107-112.

[32] 李雪楠，赵江洪. 基于智能制造的声音建模交互设计. 包装工程，2017（24）：103-107.

[33] 朱雁飞，赵江洪，黄颖捷. 基于认知盈余理论的产品创新设计方法研究. 包装工程，2018（12）：191-196.

[34] 徐江，王修越，黄鹏，等. 基于灰色关联理论的汽车造型风格预测方法研究. 机械设计，2016，33（02）：114-117.

[35] 尹彦青，赵丹华，赵江洪. 汽车内饰设计中的品牌调性研究. 包装工程，2018（14）：102-108.

[36] 黄颖捷，赵江洪，赵丹华. 创新模式下的汽车内饰造型认知及其模型构建. 包装工程，2018（12）：119-123.

[37] 罗仕鉴. 科技设计驱动变革. 包装工程，2017，38（24）：30-36.

[38] 钱海燕. 产品设计中的用户隐性知识研究现状与进展. 艺术与设计（理论），2016（8）：107-109.

[39] 姜晓波. 工业设计中基于本体的产品族设计 DNA. 工业设计，2016（7）：226-233.

[40] 李正军，艾婷婷，王浩鑫. 基于基因理论的产品设计创新模型. 机械设计，2016（2）：109-113.

[41] 黄水平，刘晓敏，罗祥. 基于 TRIZ 和基因进化理论的产品功能原理创新. 中国工程机械学报，2016，14（4）：288-294.

[42] 刘娜. 数据驱动产品创新方法研究与应用. 济南：山东建筑大学，2019.

[43] CHIEN C F，KERH R，LIN K Y. Data-driven Innovation to Capture User-experience Product Design：An Empirical Study for Notebook Visual Aesthetics Design. Computers Industrial Engineering，2016，99：162-173.

[44] MA J，KIM H M. Product Family Architecture Design with Predictive，Data-driven Product Family Design Method. Research

in Engineering Design，2015，27（1）：1-17.

[45] KIM H M，BARKER D E，TUCKER C S . Data-Mining Driven Reconfigurable Product Family Design Framework for Aerodynamic Particle Separators//AIAA/MAO Conference. 2008.

[46] KAWAGUCHI K，ENDO Y，KANAI S . Database-Driven Grasp Synthesis and Ergonomic Assessment for Handheld Product Design//Digital Human Modeling. Springer Berlin Heidelberg，2009.

[47] PAN Z，GAO S，WANG X . A Knowledge-Driven Product Design Method Based on Solving Constraint Equation Group. Journal of Computational and Theoretical Nanoscience，2011，4（8）：3046-3051.

[48] LIU C，RAMIREZ-SERRANO A，YIN G . Customer-driven Product Design and Evaluation Method for Collaborative Design Environments. Journal of Intelligent Manufacturing，2011，22（5）：751-764.

[49] CONG-GANG Y U，JIANG-HONG Z，UNIVERSITY H . Two Product Design Patterns Based Data-driven. Packaging Engineering，2016.

[50] ZHAO B，LUO J，NIE R，Process-Driven Integrated Product Design Platform. Lecture Notes in Electrical Engineering，2013，156（9）：275-280.

[51] 贺雪梅. 基于种群聚类的产品形态创新方法研究. 西安：西安理工大学，2016.

[52] 张宇献，李松，董晓. 基于特征聚类数据划分的多神经网络模型. 信息与控制，2013（06）：39-45.

[53] 张瑶，李蜀瑜，汤玥. 大数据下的多源异构知识融合算法研究. 计算机技术与发展，2017，027（009）：12-16.

[54] 李岩. 基于文本大数据的产品感性设计评价研究. 美术大观，2019（011）：140-141.

[55] 陶涛，王洁，刘忠会，等. 基于蚁群聚类算法的板式定制家具订单聚类分析. 林产工业，2020，057（005）：49-52.

[56] 李月恩，王胜男，刘娜. 全自动煎药器设计. 工业设计，2018（001）：60-61.

[57] 王胜男. BP 神经网络方法在新产品开发中的应用研究. 济南：山东建筑大学，2018.

[58] 刘娜. 数据驱动产品创新方法研究与应用. 济南：山东建筑大学，2019.

[59] 张珈诚. 应用 K-Means 聚类的数据驱动产品创新方法研究. 济南：山东建筑大学，2020.

[60] 文周. 基于大数据分析的产品包装设计. 绿色包装，2018（5）：72-76.

[61] 陈思慧. 基于 MIP 和改进模糊 K-Means 算法的大数据聚类设计. 计算机测量与控制，2014，22（004）：1270-1272，1275.

[62] 刘念，刘宇. 基于聚类分析算法的海量关系数据可视化技术研究. 电子设计工程，2018，26（10）：98-101.

[63] 王艳涛. 面向零部件商品大数据应用的产品设计方法. 北京：电子工业出版社，2016.

[64] 刘刚. 基于文本挖掘的产品专利设计知识提取技术研究. 廊坊：北华航天工业学院，2020.

[65] 席涛，郑贤强. 大数据时代互联网产品的迭代创新设计方法研究. 包装工程，2016（8）：1-4.

[66] 何春华. 大数据环境中多维数据去重的聚类算法分析. 计算机产品与流通，2017（11）：151.

[67] 华丹阳. 应用于大数据集的聚类新算法设计. 阜阳师范学院学报：自科版，2011（1）：67-71.

[68] 范联伟. 浅谈聚类分析在大数据分析中的应用. 中国电子商务，2014（017）：67.

[69] 刘子盟. 应用于大数据集的聚类新算法设计. 数字通信世界，2017（08）：161.

[70] 汪宜东. 面向大数据的聚类方法及其应用研究. 厦门：厦门大学，2015.

[71] 高雪. K-means 聚类算法在面板数据分析中的改进及实证研究. 太原：太原理工大学，2015.

[72] 周倩涛. 面向视觉大数据的聚类方法的研究与应用. 南京：南京信息工程大学，2017.

[73] 肖园园. 基于聚类的网站访问数据分析技术及实现. 大连：大连理工大学，2018.

[74] 景旭文，易红，赵良才. 基于数据挖掘的产品概念设计建模研究. 计算机集成制造系统，2003（11）：950-954.

[75] 景旭文，易红，赵良才. 数据挖掘技术在产品概念设计建模中的应用研究. 制造业自动化，2003，25（006）：8-12.

[76] 景旭文. 基于数据挖掘的动态全息产品概念设计理论与方法研究. 南京：东南大学，2005.

[77] 章晓仁，陈向东，丁玲. 面向用户的自助服务产品创新研究：数据挖掘技术的引入. 软科学，2012，26（012）：10-13.

[78] 景广超. 基于社会网络数据挖掘的工业设计云创新模式分析. 广州：华南理工大学，2014.

[79] 蓝伟文. 数据挖掘及其在产品设计与制造中的应用研究. 山东工业技术，2018，272（18）：238-239.

[80] 蓝伟文. 数据挖掘及其在产品设计与制造中的应用研究. 山东工业技术，2018，000（018）：232-233.

[81] 余媛芳. 面向产品创新设计的知识获取研究. 西安：西北工业大学，2004.

[82] 刘巍巍，邵文达，刘晓冰. 面向机械产品创新与快速设计的知识建模方法研究. 组合机床与自动化加工技术，2014（05）：36-39.

[83] 李向宁. 数据挖掘技术在产品设计中的应用. 西安：西安电子科技大学，2002.

[84] 张喜根. 数据驱动的复杂机电产品创新设计研究. 贵阳：贵州大学，2017.

[85] 窦金花，覃京燕. 基于情境感知多维数据可视化的产品服务系统创新设计研究. 包装工程，2017（2）：87-91.

[86] 李霄林. 面向摩托车智能设计的数据挖掘系统研究与应用. 重庆：重庆大学，2006.

[87] 何登峰，景旭文，方喜峰. 基于数据挖掘技术的计算机辅助概念设计研究. 江苏科技大学学报：自然科学版，2003，

17（001）：42-45.
[88] 宋朝赫.面向产品创新服务的Web数据挖掘方法研究.武汉：武汉理工大学，2015.
[89] 姜超，高晨晖.大数据背景下产品设计思考.宁波工程学院学报，2016，28（004）：37-42.
[90] 朱金达.面向方案设计的产品全生命周期知识驱动关键技术研究.天津：河北工业大学，2017.
[91] 周丽雯.健康革命——针对中老年群体的家用智能医疗产品创新设计探讨.重庆：四川美术学院，2015.
[92] 尧敏.云计算时代中小企业的IT服务管理创新（IT服务设计和服务持续改进流程优化）.上海：华东理工大学，2016.
[93] 吴景生.试论云计算时代的移动互联网产品设计策略.科学技术创新，2013，000（030）：174.
[94] 寇睿.云计算产品的概念认知与图形设计方法研究.长沙：湖南大学，2015.
[95] 张欣，何倩琪，王天宇.基于物联网的城市智能交通车位网设计研究.美苑，2014（2）：92-95.
[96] 李雪.数据化养花系统产品开发实践.武汉：湖北工业大学，2016.
[97] 张歆.糖尿病住院病患移动医疗护理产品的系统设计研究.无锡：江南大学，2016.
[98] 周洪雷，王俊，董琳.基于云计算概念的家居服创新型设计.纺织导报，2013（008）：79-80.
[99] 陈嘉嘉.探索工业设计教育新方向——以服务为导向的产品系统设计.全国高等学校工业设计教育研讨会.教育部，中国机械工业教育协会，中国工业设计协会，2013.
[100] 胡志刚，周丽先，乔现玲.面向区域企业产品创新服务平台的知识管理探讨.商业经济研究，2013（032）：83-84.
[101] 陈亦舜，孙瑶，靳宗晗，等.云计算技术下的智能家具.科技创新与应用，2015（022）：29.
[102] 王宗彦，吴淑芳，刘超然.云架构下产品协同设计平台研究.全国现代制造集成技术学术会议.计算机集成制造系统编辑部，2014.
[103] 本刊首席时政观察员.依托云计算提高附加值实现新升级以工业设计驱动中国制造转型升级.领导决策信息，2019（16）.
[104] 朱娜.基于云计算的创新虚拟教学平台设计.电脑迷，2000（004）：127.
[105] 刘浩伟，平海鹏.云数据中心绿色节能设计及应用实践.通讯世界，2000（010）：262-263.
[106] 齐夏兵.用智能化设计推动产品绿色制造.九三学社，2016（9）.
[107] 高德芳，赵勇，郭杨，等.基于混合鱼群-蚁群算法的模块化产品配置设计.机械，2007，34（001）：7-10.
[108] 章小红，李世其，王峻峰.基于蚁群算法的产品拆卸序列规划方法.计算机辅助设计与图形学学报，2007（03）：387-391.
[109] 张燕，余隋怀，陈登凯，等.基于遗传蚁群算法的产品配色方法研究.图学学报，2013，34（003）：79-84.
[110] 王有远，徐新卫，周日贵.基于蚂蚁算法的协同产品设计链合作伙伴选择研究.现代图书情报技术，2006，1（11）：81-84.
[111] 胡志涛.基于功能方法树的机械产品概念设计方案生成与优选研究.长沙：长沙理工大学，2013.
[112] 丁博，于晓洋，孙立镌.基于遗传-蚁群算法的CAD产品快速建模.计算机工程与应用，2013（15）：10-13，26.
[113] 刘娜婷.数据分析在互联网产品创新设计中的应用：以旅游垂直社区产品设计为例.北京：北京大学，2014.
[114] 胡树华.产品创新管理：产品开发设计的功能成本分析.北京：科学出版社，2000.
[115] 张融雪.基于蚁群算法的产品虚拟设计方法.沈阳工程学院学报：自然科学版，2012，08（003）：69-72.
[116] 刘晓阳.基于知识重用的复杂产品概念设计技术及其应用.哈尔滨：哈尔滨工业大学，2015.
[117] 李燚，魏小鹏，赵婷婷.基于蚁群算法的产品配置方法及其应用.计算机工程与应用，2008，44（009）：94-97.
[118] 王瑞红.基于认知思维和智能算法的产品意象造型设计研究.兰州：兰州理工大学，2015.
[119] 王宇晖.基于语义学的设计理论与方法在自动穿管机造型设计中应用研究.武汉：华中科技大学，2013.
[120] 徐浩桐，翟心蝶，闫浩安，等.飞跳一体智能飞行器设计.现代防御技术，2020（4）：8-15.
[121] 刘宇.中国网络文化发展二十年（1994—2014）网络技术编.长沙：湖南大学出版社，2014.
[122] 熊拥军.数字图书馆个性化服务研究与实践：基于新型决策支持系统.北京：国防工业出版社，2012.
[123] 杨良斌.信息分析方法与实践.长春：东北师范大学出版社，2017.
[124] 刘军，阎芳，杨玺.物联网与物流管控一体化.北京：中国财富出版社，2017.
[125] 张曾莲.基于非营利性、数据挖掘和科学管理的高校财务分析、评价与管理研究.北京：首都经济贸易大学出版社，2014.
[126] 吴笑凡，曹洪泽.审计数据采集与分析.北京：清华大学出版社，2017.
[127] 李月恩，王震亚，徐楠.感性工程学.北京：海洋出版社，2009.
[128] 景广超，姜立军，邓学雄，等.基于互联网的工业设计云数据统计分析研究.包装工程，2014，035（022）：58-62.
[129] 段然.基于云计算的服装设计供应链协同策略与应用研究.上海：东华大学，2017.
[130] 文家富.云设计模式下的汽车模具设计知识工程方法研究.天津：天津大学，2017.